COMPUTER
VISION

Feature detection and Application

U0235152

计算机视觉

特征检测及应用

刘红敏　王志衡 ／著

机械工业出版社
CHINA MACHINE PRESS

本书立足于计算机视觉特征检测这一基础技术问题，介绍了特征点、线和区域的检测方法，并给出具体的检测应用实例，旨在为相关技术人员提供特征检测及应用方面的最新研究进展，促进特征检测技术在社会经济生活领域的应用和发展。

本书内容分为两部分：特征检测方法和特征检测技术应用。在特征检测方法方面，第 2 章介绍特征点检测方法，第 3~5 章介绍特征线检测方法，第 6 章介绍斑状区域检测方法，第 7~9 章介绍规则形状（如多边形、三角形、圆和椭圆）检测方法。在特征检测技术应用方面，第 10~11 章介绍图像对称性检测技术，第 12 章介绍新闻图像中字幕检测方法，第 13~14 章介绍珠宝的自动定位与测量技术，第 15 章介绍手镯的检测和自动测量技术。

本书适合计算机视觉、图像处理和模式识别等研究、应用和开发领域的科技工作者和高等院校师生阅读，也可作为其他相关领域研究人员的参考用书。

图书在版编目（CIP）数据

计算机视觉特征检测及应用/刘红敏，王志衡著 .—北京：机械工业出版社，2018. 10
ISBN 978-7-111-60973-5

Ⅰ.①计… Ⅱ.①刘… ②王… Ⅲ.①计算机视觉-研究 Ⅳ.①TP302.7

中国版本图书馆 CIP 数据核字（2018）第 218461 号

机械工业出版社（北京市百万庄大街 22 号　邮政编码 100037）
策划编辑：李馨馨　　　　责任编辑：李馨馨
责任校对：张艳霞　　　　责任印制：张　博
三河市国英印务有限公司印刷

2018 年 10 月第 1 版·第 1 次
169mm×239mm · 16. 25 印张 · 309 千字
0001-3000 册
标准书号：ISBN 978-7-111-60973-5
定价：69.00 元

前　　言

计算机视觉和图像处理是当前热门的研究课题，相关技术以其简便、实用性强的特点，在社会经济生活的各个领域得到广泛应用，且已渗透到人们生活的方方面面，如目前新型的手机指纹锁、人脸刷卡支付系统、停车场自动收费系统等。

图像的特征一般分为三大类：点特征、线特征和区域特征。图像局部特征在保留图像中物体重要特征信息的同时，有效减少了信息的数据量。因而特征检测是计算机视觉和图像处理的基础环节，特征检测算子的检测性能直接决定了后续图像处理与分析的效率和结果精度。本书针对计算机视觉的基础环节——特征检测，结合作者多年来的相关研究成果，系统介绍了特征点、线、区域和规则几何图形检测的新方法。在此基础上，给出特征检测技术在图像对称性检测、新闻标题字幕检测、珠宝自动定位与测量以及手镯尺寸自动检测等方面的应用实例。本书专注计算机视觉特征检测技术，提供了特征检测方面前沿性和实用性技术。

本书需要读者掌握计算机视觉和图像处理的基础知识，在阅读本书之前至少要对图像处理的概念和内容有基本了解，若读者对相关知识内容存在疑惑，可参考《数字图像处理》（Rafael C. Gonzalez）等书籍。

本书由多年从事计算机视觉领域的科研工作者编写，书中的内容安排经过认真的讨论与审定。全书由刘红敏和王志衡共同撰写，其中刘红敏负责第1、5~15章，王志衡负责2、3、4章，全书由刘红敏统稿和整理。

本书的顺利出版，感谢河南理工大学计算机科学与技术学院的资助。感谢机械工业出版社李馨馨编辑的辛勤付出，他们对出版物追求完美、细致入微的专业态度给我留下深刻的印象。

由于作者水平有限，书中难免存在纰漏和谬误之处，请读者原谅，并提出宝贵意见。

刘红敏

2018 年 2 月于河南焦作

目　　录

前言

第 1 章　绪论 ……………………………………………………… *1*

　1.1　特征点检测方法 …………………………………………… *3*

　　1.1.1　常见的特征点检测方法 ………………………………… *3*

　　1.1.2　尺度不变特征点检测 …………………………………… *7*

　　1.1.3　仿射不变特征点检测 …………………………………… *9*

　1.2　特征线检测 ……………………………………………… *10*

　　1.2.1　Canny 边缘检测 ………………………………………… *10*

　　1.2.2　规则图形检测 …………………………………………… *13*

　1.3　特征区域检测方法 ………………………………………… *14*

　　1.3.1　最大稳定极值区域特征检测 …………………………… *14*

　　1.3.2　仿射不变特征区域检测 ………………………………… *15*

第 2 章　基于局部方向分布的角点检测及亚像素定位 ………… *17*

　2.1　基于局部方向分布的角点检测 …………………………… *18*

　　2.1.1　方向线及局部方向分布 ………………………………… *18*

　　2.1.2　局部方向描述子 ………………………………………… *19*

　　2.1.3　角点检测 ………………………………………………… *20*

　2.2　基于局部方向分布的角点定位 …………………………… *23*

　　2.2.1　角点定位的基本原理 …………………………………… *23*

　　2.2.2　确定支撑像素 …………………………………………… *23*

　　2.2.3　权重计算 ………………………………………………… *24*

　　2.2.4　梯度均衡与权重计算 …………………………………… *25*

　　2.2.5　虚假角点识别 …………………………………………… *26*

　2.3　算法概述 …………………………………………………… *26*

　2.4　实验 ………………………………………………………… *26*

　　2.4.1　角点检测 ………………………………………………… *27*

　　2.4.2　角点定位精度比较（模拟图像） ……………………… *28*

　　2.4.3　角点定位精度比较（真实图像） ……………………… *28*

　2.5　本章小结 …………………………………………………… *29*

第3章　伪球滤波与边缘检测 ·············· 31

　3.1　拽物线和拽物线滤波器 ·············· 32

　　3.1.1　拽物线 ·············· 32

　　3.1.2　拽物线滤波器 ·············· 33

　　3.1.3　离散拽物线滤波器 ·············· 36

　　3.1.4　模拟实验 ·············· 36

　3.2　伪球和伪球滤波器 ·············· 38

　　3.2.1　伪球 ·············· 38

　　3.2.2　伪球滤波器 ·············· 39

　　3.2.3　离散伪球滤波器 ·············· 40

　3.3　伪球的偏微分和伪球边缘检测算子 ·············· 41

　　3.3.1　伪球滤波器的偏微分 ·············· 41

　　3.3.2　基于伪球的边缘检测算子 ·············· 43

　　3.3.3　模拟图像实验 ·············· 43

　　3.3.4　真实图像实验 ·············· 46

　3.4　本章小结 ·············· 48

第4章　内积能量与边缘检测 ·············· 49

　4.1　图像梯度与内积能量 ·············· 50

　　4.1.1　图像梯度 ·············· 50

　　4.1.2　内积能量的数学期望与方差 ·············· 52

　　4.1.3　梯度幅值及其数学期望与方差 ·············· 53

　4.2　内积能量与图像梯度的性能比较 ·············· 54

　4.3　基于内积能量的边缘检测算子 ·············· 57

　　4.3.1　边缘检测算子 ·············· 57

　　4.3.2　真实图像的噪声实验 ·············· 57

　　4.3.3　模拟实验（定量比较） ·············· 58

　　4.3.4　更多真实图像的实验结果 ·············· 60

　4.4　本章小结 ·············· 61

第5章　基于缺席重要性的点线特征检测与匹配 ·············· 63

　5.1　均值缺席重要性的构造 ·············· 65

　5.2　标准差缺席重要性的构造 ·············· 65

　5.3　缺席重要性与图像结构的关系 ·············· 66

　5.4　基于缺席重要性的特征检测算法 ·············· 67

　　5.4.1　基于缺席重要性的特征线检测 ·············· 67

5.4.2   基于缺席重要性的特征点检测 ·· 70

  5.5 本章小结 ·· 73

第6章 图像斑状特征位置与尺寸自动检测方法 ·········· 75

  6.1 斑状特征建模与极值能量函数构造 ···························· 77

  6.2 极值能量函数的极值特性分析 ··································· 78

    6.2.1   理论分析 ·· 78

    6.2.2   直观分析 ·· 81

  6.3 算法概述 ·· 83

  6.4 实验结果 ·· 84

    6.4.1   模拟图像实验 ·· 84

    6.4.2   特征稳定性实验 ·· 87

    6.4.3   真实图像实验 ·· 88

  6.5 本章小结 ·· 89

第7章 基于基元表示的多边形检测方法 ····················· 91

  7.1 点基元提取 ·· 93

    7.1.1   360°的局部方向描述子 ··································· 93

    7.1.2   基于描述子提取点基元 ··································· 95

  7.2 基元组合条件 ·· 95

  7.3 多边形检测 ·· 97

    7.3.1   三维基元提取与三角形检测 ···························· 97

    7.3.2 $n+1$维基元提取与$n+1$边形检测 ·············· 97

  7.4 基于基元表示的多边形检测方法总结 ······················· 98

  7.5 实验结果 ·· 99

    7.5.1   模拟图像实验 ·· 99

    7.5.2   真实图像实验 ·· 100

  7.6 本章小结 ·· 102

第8章 基于距离分布的规则几何图形检测方法 ········· 103

  8.1 基本概念 ·· 104

    8.1.1   点点距离和点线距离 ····································· 104

    8.1.2   点线距离分布 ·· 105

    8.1.3   形状能量 ·· 106

  8.2 候选图形检测 ·· 107

    8.2.1   形状中心检测 ·· 107

    8.2.2   形状半径检测 ·· 108

8.2.3 候选图形验证 ································· *108*

8.3 形状检测 ····································· *110*

8.3.1 圆检测 ····································· *110*

8.3.2 多边形检测 ································· *110*

8.4 算法总结 ····································· *110*

8.5 实验结果 ····································· *112*

8.5.1 模拟实验 ··································· *112*

8.5.2 真实实验 ··································· *115*

8.6 本章小结 ····································· *117*

第9章 基于几何特性的椭圆检测方法 ············· *119*

9.1 椭圆中心定位 ································· *121*

9.1.1 内积 ······································· *121*

9.1.2 内积对称性能量 ····························· *121*

9.1.3 内积一致性能量 ····························· *122*

9.1.4 中心定位和轮廓点提取 ······················· *124*

9.2 椭圆检测 ····································· *124*

9.2.1 椭圆焦点定位 ······························· *124*

9.2.2 椭圆参数确定 ······························· *125*

9.2.3 椭圆验证 ··································· *125*

9.3 算法总结与分析 ······························· *125*

9.3.1 算法总结 ··································· *125*

9.3.2 算法复杂度分析 ····························· *127*

9.4 实验结果 ····································· *127*

9.4.1 模拟实验 ··································· *127*

9.4.2 真实实验 ··································· *128*

9.5 扩展实验 ····································· *131*

9.6 本章小结 ····································· *132*

第10章 基于曲线匹配技术的图像对称性检测 ······· *133*

10.1 图像对称性模型 ····························· *134*

10.2 基于IOMSD曲线匹配的反射对称性检测 ······· *136*

10.2.1 基于IOMSD描述子确定对称曲线对 ········· *137*

10.2.2 确定梯度对称点对 ························· *138*

10.2.3 定位对称轴 ······························· *138*

10.3 基于IOMSD描述子的对称性检测实验结果 ····· *139*

10.3.1 IOMSD 在镜面翻转实验中的应用 ·················· *139*

10.3.2 反射对称性检测 ················· *140*

10.3.3 倒影图像反射对称性检测 ·················· *144*

10.4 基于改进 MSCD 的反射对称性检测 ·················· *145*

10.4.1 MSCD 描述子构造 ·················· *146*

10.4.2 MSCD 描述子改进 ·················· *147*

10.4.3 局部反射对称性检测 ·················· *148*

10.4.4 全局反射对称性检测 ·················· *149*

10.5 基于改进 MSCD 的对称性检测实验 ·················· *150*

10.5.1 改进 MSCD 描述子匹配实验 ·················· *150*

10.5.2 基于改进 MSCD 描述子进行反射对称性检测实验 ·················· *151*

10.6 本章小结 ·················· *156*

第 11 章 图像的旋转对称性特征检测 ·················· *157*

11.1 旋转对称能量特征的构造 ·················· *159*

11.2 旋转对称性检测 ·················· *161*

11.2.1 模拟图像实验 ·················· *161*

11.2.2 真实图像实验 ·················· *164*

11.3 图像修复中的应用 ·················· *166*

11.4 本章小结 ·················· *167*

第 12 章 新闻标题字幕自动检测技术 ·················· *169*

12.1 基于 MFSR 的新闻标题字幕定位方法 ·················· *171*

12.1.1 标题字幕特征分析及预处理 ·················· *171*

12.1.2 标题字幕区域定位 ·················· *172*

12.1.3 标题字幕区域定位算法伪代码 ·················· *175*

12.1.4 标题字幕区域过滤 ·················· *175*

12.2 字幕定位实验 ·················· *176*

12.2.1 图像集 ·················· *177*

12.2.2 参数选择 ·················· *177*

12.2.3 结果与分析 ·················· *179*

12.3 标题字幕文字行切分算法 ·················· *182*

12.3.1 预处理 ·················· *183*

12.3.2 单字符宽度确定 ·················· *184*

12.3.3 基于模板切分字符 ·················· *185*

12.3.4 算法伪代码 ·················· *187*

12.4 文字行切分实验 ……………………………………………… 187

12.4.1 参数选择 …………………………………………………… 188

12.4.2 结果与分析 ………………………………………………… 189

12.5 本章小结 ………………………………………………………… 192

第13章 珠宝图像目标自动定位技术 …………………………… 193

13.1 常用目标定位方法 ……………………………………………… 194

13.2 算法流程 ………………………………………………………… 196

13.3 目标主轴提取 …………………………………………………… 197

13.3.1 获取待定位珠宝图像中目标的质心 ……………………… 197

13.3.2 提取不规则目标的主轴方向 ……………………………… 198

13.3.3 目标主轴及第二主轴的长度计算 ………………………… 199

13.4 姿态优化 ………………………………………………………… 199

13.5 尺寸优化 ………………………………………………………… 200

13.6 实验 ……………………………………………………………… 201

13.6.1 模拟图像实验 ……………………………………………… 201

13.6.2 真实图像实验 ……………………………………………… 205

13.7 本章小结 ………………………………………………………… 208

第14章 珠宝尺寸自动测量技术 ………………………………… 209

14.1 相机模型 ………………………………………………………… 210

14.2 相机标定 ………………………………………………………… 212

14.2.1 标定原理 …………………………………………………… 213

14.2.2 映射关系 …………………………………………………… 213

14.3 珠宝图像中目标测量算法 ……………………………………… 214

14.3.1 算法流程 …………………………………………………… 215

14.3.2 特征点提取 ………………………………………………… 216

14.3.3 基于主成分分析的目标检测 ……………………………… 216

14.3.5 基于单应矩阵的珠宝测量 ………………………………… 219

14.4 实验 ……………………………………………………………… 220

14.4.1 目标定位实验 ……………………………………………… 220

14.4.2 珠宝尺寸测量实验 ………………………………………… 223

14.5 本章小结 ………………………………………………………… 230

第15章 手镯尺寸自动测量技术 ………………………………… 231

15.1 手镯边缘提取 …………………………………………………… 233

15.2 手镯内外径检测 ………………………………………………… 235

15.2.1 特征能量函数 ……………………………………… 235

15.2.2 同心圆检测 …………………………………………… 237

15.3 手镯尺寸大小测量 …………………………………… 237

15.4 实验结果 ……………………………………………… 238

15.4.1 鲁棒性测试 …………………………………………… 238

15.4.2 真实图像实验结果 …………………………………… 240

15.4.3 尺寸测量及误差 ……………………………………… 241

15.5 本章小结 ……………………………………………… 243

参考文献 …………………………………………………… 244

第 1 章

绪 论

视觉是人类智能的重要组成部分，人类获取的信息70%~80%来自视觉。计算机视觉是信息科学领域具有挑战性的重要分支之一，其中心任务是通过对单幅或多幅二维图像进行分析计算来获得图像的内容信息。众所周知，计算机不认识图像，只认识数字。为了使计算机能够"理解"图像，从而具有类似于人的"视觉"，人们需要从图像中提取有用的数据或信息，得到图像的"非图像"表示或描述，如数值、符号或向量等。这一过程就是特征检测，而检测出的这些"非图像"的表示或描述就称之为特征。图像特征检测是计算机视觉中的重要问题和关键技术之一，也是各种视觉任务的基础环节，其目的是从图像中提取稳定、可靠的特征。图像特征检测在如下诸多领域有着极其重要的应用[1-2]。

（1）物体识别　物体识别是计算机视觉的基本内容和应用之一，其主要任务是将单一物体的目标图像与图像集合中的图像进行比较，找到与目标图像内容一致的图像，从而达到识别出目标的目的。该过程需要利用特征检测技术来提取图像中目标的信息。

（2）视频跟踪　视频跟踪是计算机视觉的重要应用，其主要目的在于进行视觉监控或者通过自动跟踪目标的运动轨迹分析目标的行为。近几年来，随着匹配技术的发展，进行特征检测并在不同视频帧之间进行特征匹配已成为视频跟踪的主流方式之一。

（3）遥感图像配准　随着新型遥感传感器的不断投入使用，多种航空和卫星遥感平台每天都会获得大量图像数据，利用计算机对这些遥感图像进行自动分析已成为世界各国的迫切需求。典型的应用有信息融合和变化检测，前者将不同传感平台的图像进行集成分析，利用这些互补信息获得准确的地球资料，来实现诸如分类、测量和识别等高层任务；后者对同一地区不同时刻获取的图像进行分析比较，来监控和检测目标场景的变化。在遥感图像处理中，无论是目标识别、变化检测还是几何配准等环节均需要首先检测图像中点、线和区域等特征。

（4）三维重建　三维重建的任务是通过两幅或多幅不同视角下拍摄的图像来恢复场景的三维几何结构，其主要步骤由图像获取、特征检测、特征匹配、三维坐标恢复和三维显示等组成。显然，特征检测与定位是恢复图像三维结构信息的前提条件，特征检测的准确性将直接影响到三维重建的效果和精度。

（5）图像检索　随着计算机技术、网络技术和数字图像设备的发展与普及，全世界的数字图像的容量正以惊人的速度增长，如何有效地对大规模图像数据库进行管理并快速检索出所需图像是目前一个相当重要又富有挑战性的研究课题。基于内容的图像检索技术正是为了解决这一问题应运而生的，并在近年来受到越来越多的关注，其在许多领域具有广泛的应用前景。本质上说，基于图像内容的检索就是获取请求图像特征、查找与请求图像特征近似的图像的过程。

此外，特征检测自动工件检测、视频数据压缩、合成高分辨率图像、基于图像的建模和绘制、模式分类、图像拼接以及增强现实等应用中也具有重要的应用前景。可以说，特征检测是诸多计算机视觉应用和图像处理的共性核心问题。

图像特征主要包括点特征、线特征和区域特征，其历史可追溯到 20 世纪 70 年代，Moravec[3]基于自相关函数提出了最早的角点检测算子，至 2004 年 Lowe 做出了里程碑式的成果，提出了高效的尺度不变特征变换（Scale Invariant Feature Transform，SIFT）[4]。历经 30 多年的发展，图像特征已经发展得较为成熟。但由于图像成像机理条件多变和几何形变的复杂多样，不同应用对图像特征检测的具体要求也各不相同，还有许多问题需要进一步深入研究，如光照条件比较差情况下的特征检测、大视角变换时稳定特征的检测等。总之，图像特征的检测目前依旧是一个具有重大意义而又有挑战性的课题，本书正是在这种背景下对图像特征检测问题展开研究，主要研究图像中点、线、区域、规则图形（如多边形、圆和椭圆）等各种特征的鲁棒性及高精度提取，以及特征检测技术在图像对称性检测、新闻字幕提取和珠宝尺寸自动测量方面的应用。下面分别从特征点、特征线和特征区域三方面介绍特征检测方面的研究发展。

1.1　特征点检测方法

特征点是图像最基本的特征，又称兴趣点、关键点，它指的是图像灰度值发生剧烈变化的点或者在图像边缘上曲率较大的点（即两个边缘的交点）。特征点是图像特征的局部表达，对遮挡有一定的鲁棒性，且具有较好的辨识性，不同物体上的点容易区分。通常图像中可以检测到成百上千的特征点。通过特征点的匹配能够完成图像的匹配，识别出图像中的目标物体。

1.1.1　常见的特征点检测方法

1. Harris 与 Hessian 检测算子

Moraves[3]第一个给出了特征点的检测算法，该算法是基于图像灰度自相关函数的，它使用一个邻域窗口在图像平面的四个方向（水平的正负方向和竖直的正负方向）上平移，计算原始窗口与平移窗口之间的灰度变化量。如果四个方向上的最小变化量大于某个设置的阈值，则将原始窗口中心的图像点作为特征点输出。Harris 检测算子[5]在 Moraves 的基础上进行了数学简化，它使用图像的一阶差分来刻画图像灰度的自相关性，并利用一阶差分的自相关矩阵来避免平移操作。Harris 的自相关矩阵定义如下：

$$\boldsymbol{H}(x,y) = \begin{bmatrix} \sum\limits_{(x_i,y_i)\in\Omega} G_i \cdot \Delta_x^2(x_i,y_i) & \sum\limits_{(x_i,y_i)\in\Omega} G_i \cdot \Delta_x(x_i,y_i) \cdot \Delta_y(x_i,y_i) \\ \sum\limits_{(x_i,y_i)\in\Omega} G_i \cdot \Delta_x(x_i,y_i) \cdot \Delta_y(x_i,y_i) & \sum\limits_{(x_i,y_i)\in\Omega} G_i \cdot \Delta_y^2(x_i,y_i) \end{bmatrix}$$

$$(1-1)$$

式中，G_i 是高斯加权函数，即 $G_i = \dfrac{1}{2\pi\sigma_I}\exp\left(-\dfrac{(x_i-x)^2+(y_i-y)^2}{2\sigma_I^2}\right)$，它表示距窗口中心越远的点对特征点的贡献越小；$\Delta_x(x_i,y_i)$ 和 $\Delta_y(x_i,y_i)$ 分别表示水平和竖直方向的差分：

$$\Delta_x(x_i,y_i) = f(x_i+1,y_i) - f(x_i-1,y_i) \qquad (1-2)$$
$$\Delta_y(x_i,y_i) = f(x_i,y_i+1) - f(x_i,y_i-1) \qquad (1-3)$$

Harris 指出，式（1-1）所定义的矩阵可以描述图像在窗口内的结构，如果矩阵的两个特征值较大且比较接近，则窗口中心点对应于一个角点；如果矩阵的两个特征值相差较大或者都比较小，则窗口中心点对应于一个边缘点或均匀区域（指具有相近灰度值的区域）内的点。为了计算方便，Harris 使用下述函数来检测特征点：

$$C(x,y) = \det(\boldsymbol{H}(x,y)) - k\mathrm{tr}^2(\boldsymbol{H}(x,y)) \qquad (1-4)$$

式中，det 和 tr 分别表示方阵的行列式和迹；k 是常数，一般取 $0.04 \leq k \leq 0.06$。

当 C 是较大的正值时，窗口中心点是特征点；当 C 是较小的正值时，窗口中心点是边缘点；当 C 是负值时，窗口中心点是均匀区域点。Harris 检测算法就是根据上述原理来实现角点检测的，虽然 Harris 检测算法是为检测角点而设计的，但在实际应用中也能检测出在各个方向灰度变化都很剧烈的点，因此 Harris 检测算法所检测的角点通常也称为 Harris 特征点。

Hessian 矩阵具有同 Harris 矩阵相似的形式和特征点检测性质：

$$\boldsymbol{H}(x,y) = \begin{bmatrix} I_{xx}(x,y) & I_{xy}(x,y) \\ I_{xy}(x,y) & I_{yy}(x,y) \end{bmatrix} \qquad (1-5)$$

式中，$I_{xx}(x,y)$、$I_{yy}(x,y)$、$I_{xy}(x,y)$ 分别表示图像进行对应的二阶高斯滤波后点 (x,y) 处的值。相对于 Harris 矩阵，Hessian 矩阵检测出的特征点具有更高的定位精度，但同时二阶差分使得它对噪声的影响更加敏感。

2. CSS 检测算子

Mokhtarian 同时利用 Canny 边缘检测技术和曲率空间技术[6]，通过在边缘上寻找曲率较大的极值点来检测角点的初始位置，然后通过多尺度跟踪定位角点的准确位置，提出了著名的 CSS 角点检测算法（已被 MPEG-7 采用）。

将边缘近似看作一条曲线，设曲线的参数方程为 $\Gamma(u,\sigma)=(x(u,\sigma),y(u,\sigma))$，则曲线 Γ 上任意一点处的曲线曲率定义为：

$$k(u,\sigma)=\frac{x_u(u,\sigma)y_{uu}(u,\sigma)-x_{uu}(u,\sigma)y_u(u,\sigma)}{(x_i^2(u,\sigma)+y_u^2(u,\sigma))^{3/2}} \tag{1-6}$$

其中，

$$x_u(u,\sigma)=x(u)\otimes g_u(u,\sigma),\ x_{uu}(u,\sigma)=x(u)\otimes g_{uu}(u,\sigma)$$
$$y_u(u,\sigma)=y(u)\otimes g_u(u,\sigma),\ y_{uu}(u,\sigma)=y(u)\otimes g_{uu}(u,\sigma)$$

在曲线上，变化平缓的普通边缘点处的曲率 $k(u,\sigma)$ 的值一般比较小，而在角点位置处，曲率 $k(u,\sigma)$ 有着较大的值并能达到局部极大值。因此，通过在边缘上计算并寻找曲率达到局部极大值的点能够达到检测角点的目的。CSS 角点检测算子的具体步骤如下：

1）利用 Canny 边缘检测算子进行边缘检测。

2）重新连接所得边缘中的间断部分，识别并标记其中的 T 形角点。

3）利用曲线曲率极大值在边缘图像上进行角点检测。

4）进行从粗到细的多尺度跟踪来重新精确定位角点。

5）比较合并步骤 2）、3）获得的位置足够接近的角点。

3. LoG 与 DoG 检测算子

高斯拉普拉斯（Laplacian of Gaussian，LoG）算子是二阶微分算子，实际上它等价于首先利用高斯函数对图像进行平滑，然后对图像进行二阶差分运算，其连续函数的数学表达式为：

$$\nabla^2 G_\sigma(x,y)=\frac{\partial^2 G}{\partial^2 x}+\frac{\partial^2 G}{\partial^2 y}=\frac{1}{\pi\sigma^4}\left(\frac{x^2+y^2}{2\sigma^2}-1\right)\exp\left(-\frac{x^2+y^2}{2\sigma^2}\right) \tag{1-7}$$

通过对上式进行离散采样，即可获得 LoG 模板。LoG 算子在中心附近的值为正数，而模板边缘处的值为负值，直观上可以看作一个区域内环和外环的差异响应，LoG 的这种性质与图像中局部块状（Blob）点的结构相一致，因此，LoG 能够有效地检测出图像中的 Blob 结构。

在尺度空间中，为达到尺度不变性，Lindeberg 提出了尺度正则化的 LoG 算子：$\sigma^2\nabla^2 G$[7]，Mikolajczyk 指出在众多的特征点检测方法中，$\sigma^2\nabla^2 G$ 能够提供最为稳定的特征点[8]。由于高斯函数关于尺度 σ 的偏导数：

$$\frac{\partial G_\sigma(x,y)}{\partial\sigma}=\frac{1}{\pi\sigma^3}\left(\frac{x^2+y^2}{2\sigma^2}-1\right)\exp\left(-\frac{x^2+y^2}{2\sigma^2}\right)=\sigma\nabla^2 G_\sigma(x,y) \tag{1-8}$$

是 LoG 算子的 σ 倍，它们仅相差一个常数因子，因此它们具有完全相同的特征点检测性能。又有：

$$\sigma \nabla^2 G = \frac{\partial G}{\partial \sigma} \approx \frac{G(x,y,k\sigma) - G(x,y,\sigma)}{k\sigma - \sigma} \tag{1-9}$$

即

$$G(x,y,k\sigma) - G(x,y,\sigma) = (k-1)\sigma^2 \nabla^2 G \tag{1-10}$$

因此，在尺度空间中 $\sigma^2 \nabla^2 G$ 能够利用高斯的差分来近似，Lowe 将这种高斯差分算子称为 DoG（Difference of Gaussian）算子，相对于 LoG 算子，DoG 算子具有更高的计算效率。

4. SUSAN 检测算子

与常见算子有着完全不同的工作原理，Smith 和 Brady[9] 提出了最小核值相似区（Smallest Univalue Segment Assimilating Nucleus，SUSAN）。其基本工作原理是：对于图像中的任意一点 (x_0, y_0)，选定在以它为中心的一个圆形邻域窗口，该邻域窗口内亮度与中心点相同或者相近的像素组成的区域称为 USAN 区域，USAN 区域的大小用以下两式进行计算：

$$C(x,y) = \begin{cases} 1, & |I(x,y) - I(x_0,y_0)| \leq t \\ 0, & |I(x,y) - I(x_0,y_0)| > t \end{cases} \tag{1-11}$$

$$\text{USAN}(x_0, y_0) = \sum_{(x,y) \neq (x_0,y_0)} C(x,y) \tag{1-12}$$

式中，$I(x,y)$ 表示点 (x,y) 处的灰度值；t 为设定的阈值。将 USAN 区域大小与一个给定阈值 g（一般取窗口面积的一半）进行比较，可得到一个响应函数：

$$R(x_0, y_0) = \begin{cases} g - \text{USAN}(x_0, y_0), & \text{USAN}(x_0, y_0) < g \\ 0, & \text{USAN}(x_0, y_0) \geq g \end{cases} \tag{1-13}$$

对应于图像中平滑区域位置处的点，其利用式（1-11）和式（1-12）计算所得的 USAN 值一般接近其窗口内像素点的个数，于是利用式（1-13）得到的响应值一般为 0；对应于图像中边缘两侧的点，其 USAN 值一般接近其窗口面积的 1/2，其最终得到的响应值很小；而位于角点附近的点由于 USAN 值通常小于窗口面积的一半，因此最终将获得较大的响应。实际应用中，利用式（1-11）比较两个点的灰度值是否相似对参数 t 的选择比较敏感，为克服这种问题，一般使用如下函数代替式（1-11）来计算两个像素点之间的灰度相似度：

$$C(x,y) = \exp\left\{ -\left(\frac{|I(x,y) - I(x_0,y_0)|}{t} \right)^6 \right\} \tag{1-14}$$

5. 其他特征点检测方法

基于自适应阈值和动态支持区域策略，He 和 Yung[10] 提出了一种改进型的 CSS 算法。Zhang 等[11] 在深入研究角点在尺度空间的极值性质后，指出利用多个尺度曲率乘积能够有效地进行自适应尺度选择，从而避免了 CSS 算法的多尺度跟踪。Zhong[12] 从理论上分析了 CSS 算法直接用于检测平面曲线角点时的性能，指出将尺度空间图像变换到树状图的方法能够提高算法的鲁棒性。

Arrebola[13] 等提出的算法同时利用了曲线多分辨率像素连接技术和轮廓链表编码技术，能够有效检测曲线轮廓上的角点，但该算法不能直接用于灰度图像的角点提取。基于小波变换的角点检测算法[14] 易于进行多尺度分析并具有较高的鲁棒性，但频域变换需要大量计算导致算法效率不高。此外，协方差传播理论和支持向量机技术也被引入角点检测领域。文献中还提出了许多其他的角点检测方法[15,16]。

为比较各种角点检测算法的性能，Mokhtarian 提出了衡量角点检测算法性能的五条准则：①真实角点检测能力；②虚假角点抑制能力；③角点定位精度；④噪声鲁棒性；⑤计算效率。通过对常见的角点检测算子分析比较，Harris 算子、SUSAN 算子和 CSS 算子具有最好的角点检测性能。但实际上，由于诸多因素（噪声、滤波平滑效果、角点附近的其他边缘等）的影响，常见检测算子检测出角点的位置与其真实位置之间经常存在偏差。

1.1.2　尺度不变特征点检测

Lindeberg[7] 对特征检测的尺度选择问题进行了深入研究，提出了一种基于尺度归一化高斯拉普拉斯 LoG 算子的特征检测方法。通过使用不同尺度的高斯核函数对高分辨率图像连续地进行平滑处理，可以建立起一个三维尺度空间，然后通过在该尺度空间中检测 LoG 算子的极大值来进行特征点检测。由于 LoG 算子是圆形对称的，用它检测出来的特征主要是类似于局部块状（Blob）的结构，即灰度均匀的、可近似为椭圆的区域的中心。

利用 DoG 算子近似 LoG 算子（式 1-9），Lowe 提出了具有更高计算效率的尺度空间金字塔建立方法，具体步骤如下：在尺度空间中，利用 LoG 算子（$\sigma^2 \nabla^2 G$）检测出的特征点具有最好的稳定性。由于 LoG 可以用 DoG 来近似（式 1-9），为提高算法的运算效率，Lowe 采用了 DoG 算子来建立尺度空间金字塔图像结构，如图 1-1 所示，首先利用高斯核函数对原始图像进行平滑处理，并将其尺寸放大一倍；然后将图像通过高斯核函数进行连续平滑与下采样获得一系列平滑图像；最后对同一层上（图像尺寸相同）相邻的两个平滑图像相减得到 DoG 多尺度空间表示。建立高斯金字塔后，通过将 DoG 金字塔尺度

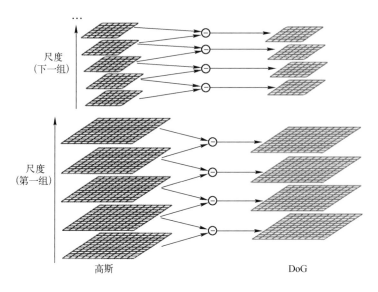

图 1-1　利用 DoG 建立尺度空间示意图

空间中每个点与其相邻尺度和相邻位置的点逐个进行搜索比较来进行特征点检测：如图 1-2 所示，如果该点处的值大于或者小于其 26 个邻域位置的值，则该点将被检测为关键特征点。

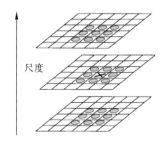

图 1-2　DoG 尺度中间中进行特征点检测示意图

Mikolajczyk 和 Schmid[17] 将 Harris 特征检测算法扩展为尺度不变的 Harris-Laplace 算子。原始的 Harris 特征只具有旋转不变性，为了适应图像分辨率的变化，在自相关矩阵中加入尺度参数。尺度自适应的 Harris 自相关矩阵定义如下：

$$M = \mu(x, \sigma_1, \sigma_D) = \sigma_D^2 g(\sigma_1) \cdot \begin{bmatrix} I_x^2(x, \sigma_D) & I_x(x, \sigma_D) I_y(x, \sigma_D) \\ I_x(x, \sigma_D) I_y(x, \sigma_D) & I_y^2(x, \sigma_D) \end{bmatrix}$$

$$(1-15)$$

式中，σ_1，σ_D 分别是积分尺度和微分尺度。矩阵中的局部导数采用尺度大小为 σ_D 的高斯内核计算，然后采用尺度大小为 σ_1 的高斯加权计算邻域窗口内所有导数的平均。积分尺度和微分尺度之间一般可取为倍数关系，并可将积分尺度作为特征点的特征尺度。

Mikolajczyk 和 Schmid 将多尺度下的 Harris 特征检测与 Lindeberg 的自动尺度选择方法相结合，通过计算 LoG 算子的极值来选择特征点的最稳定尺度，提出了一种迭代方法在三维尺度空间中由粗到精地搜索特征点的精确位置和尺度，这种算法被称为 Harris-Laplace 检测算子。同样的思想也可以用于基于 Hessian 矩阵的特征检测算法：特征点的位置通过 Hessian 矩阵行列式的局部极大值确定，尺度则通过 LoG 算子的局部极大值来确定，这种算法被称为 Hessian-Laplace 检测算子。相对于 Harris-Laplace 算子，Hessian-Laplace 算子在尺度空间中的定位精度更高，但对图像噪声更加敏感。此外，Kadir 和 Brady[18] 采用信息熵作为显著性度量，通过计算描述子的熵的局部极值来选择显著尺度，这种算法检测出来的区域称为显著区域。

1.1.3 仿射不变特征点检测

在特征检测方面，近年来对仿射不变特征区域的研究取得了很大的进展。1997 年 Alvarez 和 Morales[19] 提出了一种仿射不变算法来检测角点特征。他们采用了仿射形态学多尺度分析的方法，对提取的每个特征点，将对应于同一局部图像结构在不同尺度下检测出来的点连成一链，然后用这个点链形成的平分线（Bisector）来计算角点的位置和方向。实际上，由于图像中的纹理会严重影响局部最大值的定位精度，因此不同尺度下检测出来的点并不是完全沿着一条直的平分线。这类方法对那些由直线或者近似直线形成的角点效果较好，但并不能全面地解决仿射不变性区域检测的问题。

Lindeberg 和 Garding[20] 提出了一种迭代算法来检测局部块状结构的仿射不变特征，该工作为仿射不变特征检测提供了很好的理论基础。式（1-15）的二阶矩矩阵描述了图像局部结构的各向异性的形状，因此通过归一化的方法可以将仿射形变转换为旋转。如图 1-3 所示，X_L 和 X_R 分别为左图和右图中的点，它们之间满足仿射变换 $X_R = AX_L$。其中 M_L 和 M_R 分别代表左图中的点 M_L 和右图中的点

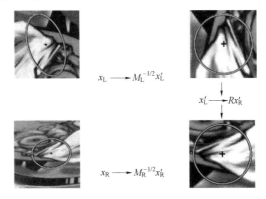

图 1-3　通过二阶矩矩阵变换将仿射形变归一化为旋转

M_R 点邻域的二阶矩矩阵，则仿射变换 A 可以定义为：$A = M_R^{-1/2} \cdot R \cdot M_L^{1/2}$，其中 R 为一旋转矩阵。因此，通过图中的坐标变换可将仿射形变归一化为仅仅相差一个旋转因子。Lindeberg 和 Garding 首先在各向同性的尺度空间中提取局部极值作为特征点，然后利用二阶矩矩阵的性质通过迭代计算来调整特征点的尺度和形状。但是该方法在进行特征点初始位置检测时没有考虑仿射不变性，而且在迭代过程中也没有进行调整，因此在仿射形变剧烈的情况下检测获得的特征的定位误差较大。

Baumberg[21] 将这种归一化仿射形状的思路用于匹配和识别中，首先在多个尺度下检测 Harris 特征点，然后采用 Lindeberg 提出的迭代算法调整特征点邻域的形状以适应图像的局部结构。在该方法中，特征点的尺度和位置在迭代中都是固定的，因此在大的仿射形变下不能保持不变性。Schaffalitzky 和 Zisserman[22] 将 Harris-Laplace 检测算法进行扩展使其具有仿射不变性，他采用尺度不变的 Harris-Laplace 算法来检测特征的位置和尺度，然后采用 Baumberg 的方法消除仿射形变，因此也带来了和文献［21］中同样的问题。

Mikolajczyk 和 Schmid[17] 在 Harris-Laplace 的基础上提出了一种仿射不变的 Harris-Affine 算法。这种方法也是基于 Lindeberg 的二阶矩矩阵变换的思路，首先采用多尺度的 Harris 检测算法提取角点特征，然后在迭代过程中不断调整特征点的尺度、位置和形状。积分尺度的选择采用了 LoG 算子，计算微分尺度时则引入了一个各向同性度量值，选择能够达到最大度量值（即二阶矩矩阵的两个特征值相等）的微分尺度。通过这种处理，Harris-Affine 特征能够在大仿射形变下依然保持较好的不变性，这也是对前面提到的几种类似算法的改进。当然，这个算法也可以用于基于 Hessian 矩阵的方法，即 Hessian-Affine 特征检测算法。

1.2　特征线检测

作为最常见的图像底层特征，图像边缘包含丰富的信息，人眼可通过简单的边缘轮廓识别出复杂的目标。而在现实生活和工业生产中需要处理大量的人工环境图像，如道路两旁的交通标志牌、工业产品质量自动检测中的规则产品、建筑物等，这些人工环境图像中包含大量的线和规则图形信息。有效提取这些线和图形信息，可辅助完成相关的计算机视觉任务。

1.2.1　Canny 边缘检测

Canny 提出了衡量边缘检测算法性能的三个理论标准[23]：检测性能、定位精度和单边响应，理论上，只有当三个准则同时被最大化时边缘检测算法才具有最优的性能。检测性能包括对真实边缘的检测性能和对虚假边缘的抑制性能两个方面，用信号输出和噪声输出值比（SNR）来度量：

$$SNR = \frac{\left| \int_{-W}^{W} G(-x) f(x) \, dx \right|}{n_0 \sqrt{\int_{-W}^{W} f^2(x) \, dx}} \tag{1-16}$$

式中，$f(x)$ 表示优化算子；$G(x)$ 表示理想边缘；n_0 为噪声方差水平，假设检测算子具有有限的边缘响应 $[-W,\ W]$。SNR 越大表明算法的检测性能越好，反之算法的检测性能越差。

边缘定位精度的度量准则为（式中 $f'(x)$ 表示 $f(x)$ 的导数）：

$$localization = \frac{\left| \int_{-W}^{W} G'(-x) f'(x) \, dx \right|}{n_0 \sqrt{\int_{-W}^{W} f'^2(x) \, dx}} \tag{1-17}$$

边缘检测算法对于单一边缘应该具有单一的边缘输出，因此边缘响应在真实的边缘处应达到极大值。但是由于噪声的影响，同一边缘附近边缘响应可能出现多个极大值，相邻的两个极大值之间的偏差为：

$$x_{max} = 2\pi \left| \frac{\int_{-\infty}^{\infty} f'^2(x) \, dx}{\int_{-\infty}^{\infty} f''^2(x) \, dx} \right|^{1/2} = kW \tag{1-18}$$

噪声可能引起的虚假边缘的个数为 $N_n = 2W/x_{max} = 2/k$，为使边缘检测算子对同一边缘具有单一边缘响应，应最大化 x_{max} 以使检测算子对噪声响应的极大值个数 N_n 趋近于零。

理论上已经证明，Canny 算子是对上述三个检测准则同时优化的结果，因此，理论上 Canny 算子是一种最优的边缘检测算子，实际上 Canny 算子已经成为边缘检测的标准算法。经典的 Canny 算子主要由四个步骤组成：首先用高斯滤波器平滑图像；接着用高斯一阶偏导的有限差分来计算梯度的幅值和方向；然后对梯度幅值进行非极大值抑制（NMS）；最后用双阈值算法检测和连接边缘。

但是，Canny 算子在高斯滤波过程中在抑制噪声的同时也使图像损失了部分边缘信息，因而影响了边缘的定位精度。噪声抑制性能和边缘定位精度成为所有边缘检测算子相互矛盾的两个性能要求，这也是导致边缘检测成为最困难的问题之一的主要内在原因。通常进行边缘检测时通过参数调整来获得噪声抑制性能和边缘定位精度两方面的折中效果。

近几十年来，对边缘检测的研究大多集中在解决噪声抑制性能和边缘定位精度之间的这种矛盾上，文献中提出了大量的方法来使得在有效地抑制噪声的条件下能够对边缘保持较高的定位精度。中值滤波是最常用的简单滤波方法之一，它在保持边缘定位精度的条件下具有一定的去除图像中噪声的能力。频域变换为图像的内容分析提供了有力的工具，通过整体变换进行噪声估计和局部变换进行边缘分析相结合，能够同时达到平滑噪声和保持边缘的目的。Lindeberg[7] 分析了边缘检测算子的平滑性和定位精度之间的矛盾，认为选取合适的尺度是取得较好折中效果的有效步骤，并通过在尺度空间内搜索使边缘强度达到极大值的位置来自动选取合适的局部尺度参数，一定程度上缓和了这一矛盾。Rivera 和 Marroquin[24] 从图像复原的角度利用边缘保持的正则化方法对这一问题进行了深入的探讨。Gijbels 等[25] 将灰度图像视为图像曲面，通过估计其表面的不连续性并采用局部线性核平滑的方法，在保持图像边缘的同时能够有效地去除平滑区域的噪声。

尺度选择是进行边缘检测最为重要也是最为困难的问题之一，尺度选择过大可能会导致许多对比度较小的边缘检测不出来并且影响边缘的定位精度，尺度选择过小又将导致所检测出的边缘点中包含大量噪声点。如何对图像进行多尺度分析和选择合适的尺度目前是边缘检测最为热门的方向之一。早期在边缘检测多尺度分析方面的工作主要是边缘聚焦法，该方法利用一系列从粗到细的尺度参数分别进行边缘检测，同时通过对边缘进行跟踪来确定边缘检测的合适参数和边缘的相对准确位置。通过在尺度空间中分析图像边缘的极值特性，Lindeberg 提出了一种进行自动边缘尺度选择的基本思想：在没有其他任何先验知识的前提下，如果定义的正则化能量函数在某一尺度上达到局部极大值，则这一尺度可以看作该点处的特征尺度之一。Lindeberg 构造了两个基于高斯函数的正则化能量函数来进行自适应边缘尺度检测：

$$G_{\gamma-morm}L = \sigma^{\gamma}(L_x^2 + L_y^2) \tag{1-19}$$

$$T_{\gamma-norm}L = \sigma^{3\gamma}(L_x^3 L_{xxx} + L_y^3 L_{yyy} + 3L_x^2 L_y L_{xxy} + 3L_x L_y^2 L_{xyy}) \tag{1-20}$$

式中，σ 表示计算梯度时所用高斯函数的尺度参数；L_x、L_y、L_{xxy} 和 L_{xyy} 分别是图像与高斯函数的各阶偏微分模板卷积后某一像素点处的值。同 Lindeberg 的思想完全不同，Elder 和 Zucker[26] 提出了一个完全基于局部信息的尺度选择算法。Elder 认为，在边缘检测过程中边缘点和噪声点仅仅基于图像内容信息很难区分开来，边缘检测算子应该检测出图像中所有的真正边缘，同时控制由噪声引起的虚假边缘点以最小概率检测出来。通过对高斯函数的扩散方程进行概率分析，Elder 引入了最小可靠尺度来保证大于这一尺度进行边缘检测获得的边缘点是噪声点的概率小于某一设定值。

目前常见边缘检测算法大体上可以分为四类：基于高斯函数的算法、形态学的算法、基于频域的算法和彩色边缘检测算法。Nguyen 和 Ziou[27] 通过实验系统地比较了常见的边缘检测算子的性能，并指出绝大多数情况下 Canny 算子具有最好的检测性能。但是，Canny 算子也有一定的局限性，Basu[28] 分析后指出："Canny 算子在进行非极大值抑制时简单地将梯度幅值比其梯度方向上相邻点梯度幅值大的像素点检测为边缘点，而没有考虑到这种差异是否大于随机误差导致的变化"。因此 Canny 算子对于较弱边缘附近的噪声非常敏感，当图像中存在较大的随机噪声时，算法的抗噪能力急剧下降。

1.2.2　规则图形检测

在圆检测方面，基于 Hough 变换的方法被广泛地应用[29]，该类方法使用边缘检测的结果将直线的检测问题转化为参数空间的投票问题，对投票结果进行局部极大值检测，确定圆心的位置和圆半径值，实现圆检测。但该类方法存在计算量大、占内存空间大、效率低下的缺点。为了克服该缺点，其他的方法被提出来，如模板匹配技术、遗传算法和最小二乘方法。大部分的方法在噪声条件下能获得较好的准确性。

针对椭圆检测，根据其检测原理相关方法可分为三类：基于拟合的方法、基于 Hough 变换的方法和基于曲线弧的方法。第一类方法主要利用边缘点，基于代数拟合、正交最小二乘法拟合或最大似然估计建立椭圆数学模型。基于 Hough 变换的方法通过在变换空间中找到局部极值点获取椭圆的参数。尽管要考虑鲁棒性，但利用标准 Hough 变换产生一个五维椭圆参数空间是不切实际的，涉及大量计算成本与内存需求。为了提高效率和减少空间需求，随机 Hough 变换（Randomized Hough Transform，RHT）和概率 Hough 变换（Probabilistic Hough Transform，PHT）利用边缘点的子集求解椭圆参数。降低时间成本和内存的另一种方法需求是分解五维参数空间至低维子空间，从而逐步确定椭圆参数[30]。最近，基于曲线弧的方法被提出[31]。该类方法首先基于连续性找到曲线弧，然后验证有效的曲线弧，最后利用 RANSAC 等算法进行拟合，获取参数值。该类方法需要少量的计算和存储负载，对于图像内容较为简单的应用，要优于基于 Hough 变换的方法。但是，由于其严重依赖边缘弧检测的准确性，对于包含复杂轮廓的图像检测精度将下降。

多边形检测方面，广义 Hough 变换（GHT）利用多边形的几何特性，将变量空间图形的检测问题转化为参数空间的聚类问题，实现多边形的直接检测。其特点是简单直接，但由于计算量大，一般只适用于三角形等边数较少的多边形检测。Lara 等[32] 提出了平行算法识别图像中的多边形，该算法在已知图像中直线及其端点的条件下，首先计算直线间的交叉点，并设计四个矩阵来表示端点及交叉点的相互位置关系，然后由一个端点出发，按照规则遍历各端点或交叉点，直至构成封闭序列，从而实现多边形检测。该方法可检测出图像中独立的多边形，不适用于图像中多边形有嵌套的情况。Barnes 等[33]提出的方法首先获得图像边缘，然后依据正多边形的几何特性，利用后验概率定义正多边形的概率密度函数，接着通过计算正多边形边数和方向偏角来实现道路标识牌中正多边形的检测。Manay 等[34]采用梯度方向匹配的方法获取图像角点及其夹角、方向等信息，对比给定多边形的边数、夹角等信息，基于模板匹配实现航拍图像中指定多边形的检测。施俊等[35]利用可调滤波器获取图像的能量图和方向角度图，在此基础上，计算图形边缘的角度信息和线条数量，实现指定多边形的检测。此外，文献[36，37]中还提出了少量其他多边形检测方法。

1.3 特征区域检测方法

1.3.1 最大稳定极值区域特征检测

Matas 等[38]提出了一种基于局部灰度极值的区域特征检测算法，称为最大稳定极值区域（Maximally Stable Extremal Region，MSER）。首先他采用了一种类似于分水岭（Water-Shed）的方法来检测灰度区域，然后用椭圆拟合不规则区域的边缘。进行椭圆拟合之前获得的原始 MSER 区域具有真正意义上的射影不变性，而进行拟合后获得的椭圆区域特征仅对仿射具有良好的不变性。

MSER 特征检测的基本原理如下。对于一幅灰度图像 I，给定一个阈值 T（$T=0,1,\cdots,255$）将图像进行二值化：假设图像中灰度值大于等于 T 的像素为白色，小于 T 的像素为黑色。当阈值 T 从 0 到 255 依次增大时，可以形成 256 幅连续变化的图像。最初的图像是白色的，紧接着代表较小灰度值的黑色小点出现在白色的图像上，随着阈值的增大，黑点生长并形成小的连接区域；在某些阈值上，一些小的区域会连接形成一些较大的区域；最后形成一个黑色图像。对于区域 $Q \in I$，若它内部像素的灰度值均小于区域边界上像素的灰度值，即 $p \in Q, q \in \partial Q, I(p) < I(q)$（$\partial Q$ 表示区域 Q 的边界），则该区域被称为极小值区域。反之，若它内部像素的灰度值均大于区域边界上像素的灰度值，则该区域被称为极大值区域。显然，在图像阈值 T 从小到大变化过程中，所有阈值图像上形成的连接区域都是极小值区域；当阈值 T 从大到小变化过程中，所有阈值图像上形成的连接区域都是极大值区域。并且，这些阈值图像变化过程中形成的一系列极值区域是相互嵌套的，每组嵌套区域内，有一类性质较为稳定的区域，这类区域在较大的阈值范围内有较小的变化，被定义为最稳定极值区域。其数学定义如下：

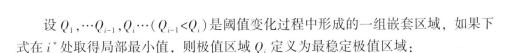

设 $Q_1, \cdots Q_{i-1}, Q_i \cdots (Q_{i-1} < Q_i)$ 是阈值变化过程中形成的一组嵌套区域，如果下式在 i^* 处取得局部最小值，则极值区域 Q_i 定义为最稳定极值区域：

$$q(i) = |Q_{i+\Delta} \backslash Q_{i-\Delta}| / |Q_i| \qquad (1\text{-}21)$$

式中，$|\cdot|$ 表示集的势；Δ 是一个设定的参数；$Q_{i+\Delta} \backslash Q_{i-\Delta}$ 表示属于区域 $Q_{i+\Delta}$ 且不属于区域 $Q_{i-\Delta}$ 的像素点组成的集合。在阈值从小到大和从大到小变化形成的一系列二值图像中，利用式（1-21）可以分别检测出图像中的最稳定极大值区域和最稳定极小值区域，它们统称为最稳定极值区域。

最稳定极值区域具有如下显著性质：①良好的射影不变性；②可靠的稳定性和重复出现性；③对光照视角等图像变化具有良好的鲁棒性；④可以检测出各种大小、形状不同的区域；⑤算法实现简单、速度快，特别是 Nister 和 Stewenius[39] 提出快速 MSER 算法以后，MSER 区域的检测能够在线性时间内完成。

1.3.2 仿射不变特征区域检测

Tuytelaars 和 Van Gool[40] 提出了两种仿射不变区域特征的检测算法，这两种算法都是通过计算某些度量函数的极值来确定仿射不变区域的。第一种是基于边缘的方法，从 Harris 角点开始沿着两个方向的直线或曲线边缘进行搜索，这个角点与两条边缘能够产生一个平行四边形，然后通过计算某些度量函数的极值来确定这个平行四边形。这种方法依赖于图像中边缘的稳定提取，并且其检测出特征的数量受角点与边缘结构的限制。另一种方法是基于灰度的，直接从图像中提取局部灰度极值点，然后沿径向搜索灰度极值点，这些点组成的轮廓区域是仿射不变的，最后用一个椭圆来拟合这个不规则区域。

Kadir 等[41] 将尺度不变的显著区域扩展为仿射不变区域。他们用椭圆替代了原来的圆形窗口，在椭圆窗口区域中计算灰度概率密度函数的信息熵，然后搜寻熵达到局部极值时的尺度和椭圆参数，并将这些参数确定的区域作为仿射不变的显著区域。Mikolajczyk 对上述具有仿射不变性的区域检测方法系统地进行比较后指出，它们在不同的图像上各有优势，不存在一种方法在总体性能方面显著优于其他方法。

第 2 章

基于局部方向分布的角点检测及亚像素定位

长期以来，角点检测一直是计算机视觉、图像理解以及模式识别中最为基础和经典的课题之一，在图像匹配、遥感配准、图像拼接、物体识别和三维重建等诸多领域有着重要应用。文献中已有许多角点检测算法提出。为比较各种角点检测算法的性能，Mokhtarian 提出了衡量角点检测算法性能的五条准则：真实角点检测能力、虚假角点抑制能力、角点定位精度、噪声鲁棒性和计算效率。对常见的检测算子分析比较后发现，Plessey 算子、Kitchen & Rosenfeld 算子、SUSAN 算子和 CSS 算子具有最好的角点检测性能。但是，这些文献在进行比较时没有进行角点定位精度的分析。实际上，由于诸多因素（噪声、滤波平滑效果和角点附近的其他边缘等）的影响，常见检测算子检测出的角点位置与真实位置之间经常存在偏差。

为提高角点检测的定位精度，本章[42]通过引入方向线和局部方向分布的概念，定义了新的角点度量（绝对角点能量和相对角点能量），并提出了一种新型的角点检测及定位方法——基于局部方向分布的角点检测及亚像素定位算法。该算法将角点定位问题转化为直线交点的拟合问题，能够较准确地将角点定位到亚像素精度。

2.1　基于局部方向分布的角点检测

2.1.1　方向线及局部方向分布

记图像 $I(x,y)$ 中的点 $X_i(x_i,y_i)$，其梯度向量为 $\mathrm{grad}(X_i)=[d_{ix},d_{iy}]$，则经过点 X_i 且与其梯度方向垂直的直线可表达为：

$$l_i : d_{ix}x + d_{iy}y - (d_{ix}x_i + d_{iy}y_i) = 0 \qquad (2-1)$$

对 l_i 系数向量的 L^2 范数进行归一化，可得：

$$l_{oi} : \frac{d_{ix}}{\|l_i\|}x + \frac{d_{iy}}{\|l_i\|}y - \frac{(d_{ix}x_i + d_{iy}y_i)}{\|l_i\|} = 0 \qquad (2-2)$$

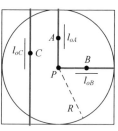

图 2-1　方向线

式中，$\|l_i\| = \sqrt{d_{ix}^2 + d_{iy}^2 + (d_{ix}x_i + d_{iy}y_i)^2}$。$l_{oi}$ 被定义为点 X_i 的方向线，它与点 X_i 的主要边缘方向一致（如图 2-1 所示，l_{oA}，l_{oB}，l_{oC} 分别表示点 A，B，C 的方向线）。

像素点的结构类型主要由其附近边缘点（梯度较大的点）的分布所决定，但并非所有边缘点都对其结构类型有贡献。如在图 2-1 中，角点 P 主要由 PA、PB 上的边缘点组成，边缘点 C 对于构成角点 P 没有任何贡献。无论点 P 是一维边缘点或者多维角点（包括 L、T、Y、X 四种类型），只有方向线通过点 P 的边缘点才对其结构有所贡献。

对于图像点 P，考虑其支撑区域 Ω（以点 P 为中心、R 为半径的一个圆形区域，如图 2-1 所示）内的边缘点，方向线通过或非常接近点 P 的边缘点称为点 P 的支撑像素点，点 P 的所有支撑像素点的方向线在各个方向上的分布称为 P 的局部方向分布。局部方向分布的引入使得我们能够有效地区分对点 P 结构"有贡献"和"无贡献"的像素点，从而在进行角点检测定位时能够排除"无贡献"边缘点的干扰，这是本章的角点检测定位算法具有较高精度的内在原因之一。

2.1.2 局部方向描述子

为了描述某一点 P 的局部方向分布，下面构造一个 N 维向量来统计点 P 的支撑区域 Ω 内各个方向上的梯度分布，该向量称为点 P 的局部方向描述子。具体构造过程如下：

1）为点 P 的支撑区域 Ω 内的像素点 X_i 分配权重，以体现不同的像素点具有不同的重要性。记点 P 到 X_i 的方向线的距离为 d_1，P 到 X_i 的距离为 d_2（如图 2-2 所示）。令 T_S 是距离阈值，按以下规则为点 X_i 分配权重：

① 当 $d_1 > T_S$ 时，X_i 不是支撑像素，因此点 X_i 的权重为 0。

② X_i 的梯度幅值越大，对应权重越大，即 X_i 的权重与其梯度幅值成正比。

③ X_i 的权重随 d_1 的增大而减小，采用高

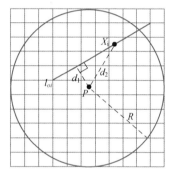

图 2-2 计算局部方向分布描述子

斯权重函数 $W_o(X_i) = \dfrac{1}{\sqrt{2\pi}\,\sigma_1} \mathrm{e}^{-d_1^2/2\sigma_1^2}$ 来描述。其中，$\sigma_1 \in [0.5T_S, 0.8T_S]$。

④ X_i 的权重随 d_2 的增大而减小，采用高斯权重函数 $W_{P1}(X_i) = \dfrac{1}{\sqrt{2\pi}\,\sigma_2} \mathrm{e}^{-d_2^2/2\sigma_2^2}$ 来描述。其中，$\sigma_2 \in [0.5R, 0.8R]$。

综合①②③④，X_i 的权重设置为：

$$W_{\mathrm{D}}(X_i) = \begin{cases} 0, & d_1 > T_S \\ W_o(X_i) \cdot W_{P1}(X_i) = \dfrac{1}{2\pi\sigma_1\sigma_2} \mathrm{e}^{-\left(\frac{d_1^2}{2\sigma_1^2} + \frac{d_2^2}{2\sigma_2^2}\right)} \cdot \mathrm{mag}(X_i), & d_1 \leqslant T_S \end{cases} \quad (2-3)$$

式中，$\mathrm{mag}(X_i)$ 表示 X_i 的梯度幅值。

2）根据 X_i 的权重和方向线，建立点 P 的局部方向描述子。将直线的方向区间 $\Delta = [0, 180)$ 等分为 N 个子区间：$\Delta_k, = [\theta_{k-1}, \theta_k) = \left[\dfrac{180(k-1)}{N}, \dfrac{180k}{N}\right), k = 1, 2,$

$\cdots,N$。对 $X_i \in \Omega$，如果 X_i 方向线的方向 $\theta(X_i) \in \Delta_k$，则按下述方式定义一个 N 维向量 $\boldsymbol{V}(X_i) = [v_0, v_1, \cdots, v_{N-1}]$：

$$v_n = \begin{cases} \dfrac{\theta_k - \theta}{\delta} W_D(X_i), & n = (k-1) \bmod (N) \\[2mm] \dfrac{\theta - \theta_{k-1}}{\delta} W_D(X_i), & n = k \bmod (N) \\[2mm] 0, & \text{其他} \end{cases} \tag{2-4}$$

式中，$k \bmod N$ 表示 k 整除 N 所得的余数，其中，$\delta = |\theta_k - \theta_{k-1}| = 180/N$，上式中的两个非零分量是 X_i 的权重在区间 Δ_k 两个端点方向上的线性插值。点 P 的局部方向描述子由下式计算：

$$\boldsymbol{H}(P) = \sum_{X_i \in \Omega} \boldsymbol{V}(X_i) \tag{2-5}$$

为了提高算法的计算效率，式（2-3）中两个高斯函数乘积部分可通过查找表技术来实现（使用半径为 R 的区域计算描述子时，需要建立大小为 $\pi R^2 \cdot 180$ 的查找表）。如果不考虑构造查找表的计算时间开销，使用查找表技术，局部方向描述子的计算复杂度相当于进行同样大小的模板卷积运算。实验表明查找表技术能够大大节省算法的计算时间开销。

2.1.3 角点检测

点 P 局部方向描述子 $H(P)$ 给出了梯度幅值在各个方向上的加权分布，称描述子的分量 h_n 为描述子在方向 θ_n 上的能量。为了分析局部方向描述子所包含的图像局部结构信息，我们定义以下统计量：

- 各个方向上的能量总和 $E_T = \sum\limits_{n=0}^{N-1} h_n$ 定义为描述子的总边缘能量。总边缘能量是点 P 的所有支撑像素点边缘强度的累加。

- 在各个方向中，能量最大的方向定义为描述子的主方向，记为 θ_M。描述子的主方向表示经过点 P 的边缘中最主要边缘的方向。

- 在主方向附近的能量累加 $E_M = \sum\limits_{n \in [M-\Delta, M+\Delta]} h_n$ 定义为描述子的主边缘能量，其中，Δ 是一个较小的正整数。描述子的主边缘能量表示经过点 P 的边缘中最主要边缘的强度。

- 总边缘能量与主边缘能量的差 $E_A = E_T - E_M$ 定义为描述子的绝对角点能量。描述子的绝对角点能量表示经过点 P 的边缘中除最主要边缘外的其他边缘的强度和。

- 绝对角点能量与主边缘能量的比值 $E_R = A_A / E_M$ 定义为描述子的相对角点能

量。E_R 越小表明点 P 越接近一维边缘结构；反之说明点 P 附近存在多维结构。

图 2-3a 为不同类型角点的真实图像，图 2-3b 为图 2-3a 所示中心点的角点能量图，图 2-3c 是图 2-3a 所示中心点的局部方向描述子，图 2-3d 是对图 2-3a 进行局部累加的结果。显然，对于一维边缘上的点（图 2-3a 上），由于其周围支撑像素点的方向线趋向一致，描述子的边缘能量集中分布在主方向附近（图 2-3c 上），

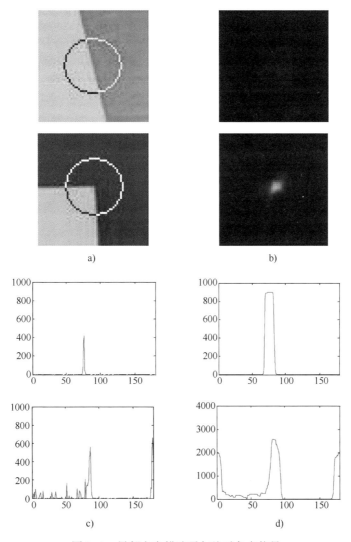

图 2-3　局部方向描述子与绝对角点能量

a）角点图像　b）绝对角点能量　c）方向描述子　d）方向描述子（累加）

因而绝对角点能量（图 2-3d 上）和相对角点能量都很小。对于多维结构的角点（图 2-3c 下），描述子的能量集中分布在多个方向附近（图 2-3c 下），因此有着较大的绝对角点能量（图 2-3b）和相对角点能量。绝对角点能量 E_A 和相对角点能量 E_R 有效地揭示了描述子中包含的图像角点结构信息（图 2-4 给出了不同类型的角点的绝对角点能量分布图，每组上一幅表示角点图像，下一幅表示其对应绝对角点能量），因而可以用来进行角点检测。在这里，我们定义图像的绝对角点能量 E_A 的局部极大点为图像的角点。在实际检测中，为了得到稳定的角点和控制角点数目，还设置绝对角点能量 E_A 和相对角点能量 E_R 大于某个阈值。

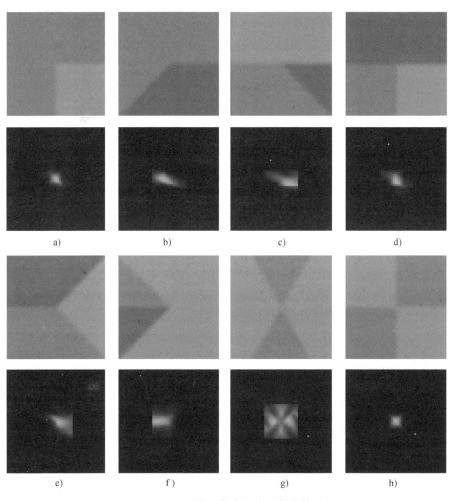

图 2-4　不同类型角点的绝对角点能量

2.2　基于局部方向分布的角点定位

2.2.1　角点定位的基本原理

四种常见类型（L、T、Y、X）的角点均可建模为两条或多条具有不同方向的直线的交点[31-32]。在本节中，这些构成角点的直线被定义为角点的支撑线，以角点为中心的圆形区域称为角点的支撑区域，支撑区域内支撑线上的像素被定义为角点的支撑像素。基于该角点模型，角点的定位问题可以简化为支撑线交点的拟合问题。

如图 2-5 所示，对于 L 形角点 P，L_1、L_2 为其两条支撑线，黑色圆点表示其支撑像素。在理想情况下，对于位于角点 P 支撑线上的支撑像素 X_i，其方向线 l_{oi} 与角点 P 的一条支撑线方向一致，即 $l_{oi}P^T = 0$。假设点 P 共有 K 个支撑像素，则可得到角点 P 的 K 个线性约束：$l_{o1}P^T = 0$，$\cdots$，$l_{oi}P^T = 0$，$\cdots$，$l_{oK}P^T = 0$。考虑到不同的支撑像素应具有不同的重要性，对各约束进行加权（权重函数 $W_L(X_i)$ 由 2.3.4 节中的式（2-15）给出），并整理成矩阵形式：

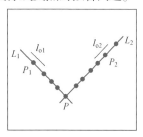

图 2-5　角点模型

$$AP = 0 \tag{2-6}$$

其中，

$$A = \begin{bmatrix} \dfrac{d_{1x}}{m(X_1)} & \dfrac{d_{1y}}{m(X_1)} & -\dfrac{d_{1x}x_1 + d_{1y}y_1}{m(X_1)} \\ \cdots & \cdots & \cdots \\ \dfrac{d_{ix}}{m(X_i)} & \dfrac{d_{iy}}{m(X_i)} & -\dfrac{d_{ix}x_i + d_{iy}y_i}{m(X_i)} \\ \cdots & \cdots & \cdots \\ \dfrac{d_{Kx}}{m(X_K)} & \dfrac{d_{Ky}}{m(X_K)} & -\dfrac{d_{Kx}x_K + d_{Ky}y_K}{m(X_K)} \end{bmatrix} \tag{2-7}$$

$$m(X_i) = \|l_i\| / W_L(X_i) \tag{2-8}$$

$P = [x, y, 1]^T$ 表示角点 P 的齐次坐标。利用最小线性二乘技术求解式（2-8），即可获得角点的精确位置。

2.2.2　确定支撑像素

在利用式（2-6）拟合角点 P 的位置之前，必须首先确定角点 P 的支撑像素。根据支撑像素的定义，点 X_i 为 P 的支撑像素应满足下列 3 个条件：①点 X_i

在 P 的支撑区域内；②点 X_i 为边缘点（梯度幅值较大），这就需要进行图像二值化；③点 P 到 X_i 方向线的距离小于一定的阈值。

文献中已提出许多二值化方法，本节采用 Chen[43] 的自适应二值化算法（Wolf[44] 认为它是最好的二值化算法），该算法利用局部均值和标准差自动地为某一位置选取合适的二值化阈值：

$$T = \text{mean} + k \cdot \text{std} \tag{2-9}$$

其中，mean 和 std 分别为该位置局部区域内梯度幅值的均值和标准差；k 为常数（一般取 $0.2 \sim 0.3$）。

当某一局部区域变化过于平缓或者包含的边缘点过多时，直接采用式（2-9）进行二值化所得的边缘点容易过少或者过多。为克服这个问题，取另外两个阈值 T_l、T_h 来限定二值化后所得的边缘点占总像素数的比例（一般 T_l 取 $25\% \sim 30\%$，T_h 取 $10\% \sim 15\%$）。因此，最终的局部二值化阈值为：

$$T_{bi} = \min(\max(T, T_l), T_h) \tag{2-10}$$

2.2.3　权重计算

权值函数 $W_L(X_i)$ 和 $W_D(X_i)$ 类似，但考虑到距离角点太近的像素点的梯度方向不太稳定，为了减小它们对拟合角点位置时所产生的不稳定性，应分配较小的权重。因此，支撑像素点 X_i 到角点初始检测位置的距离 d_2 的加权不再使用函数 $W_{P1}(X_i)$，而使用文献 [34] 中使用的权重函数：

$$W_{P2}(X_i) = d_2 e^{-d_2^2/2\sigma_3^2} \tag{2-11}$$

它的形状如图 2-6 所示，显然该函数在中心附近具有较小的函数值。综上所

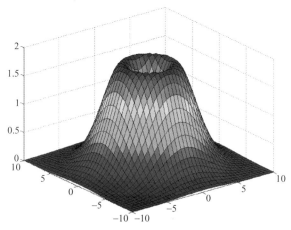

图 2-6　权重函数 W_{P2}

述，可得到一个初始的权值函数 $W_{L1}(X_i)$：

$$W_{L1}(X_i) = W_O(X_i) \cdot W_{P2}(X_i) \cdot \mathrm{mag}(X_i) \tag{2-12}$$

2.2.4　梯度均衡与权重计算

图 2-7a 是一幅模拟角点图像，图 2-7b 为其梯度幅值图，由于构成角点的两条边缘的对比度较大，低梯度边缘上的像素相对于高梯度边缘上的像素在角点拟合中的作用很小，导致角点的亚像素拟合位置很不稳定。为克服这种由对比度引起的不稳定问题，我们引入一个平滑函数 $f(x)$ 来进行梯度均衡以调节构成角点的边缘对比度（$f(x)$ 的形状如图 2-8 所示）：

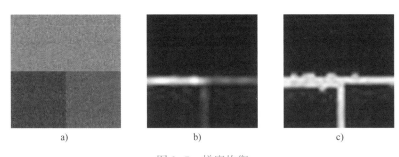

图 2-7　梯度均衡

a）角点图像　b）梯度幅值图　c）均衡梯度幅值图

$$f(x) = \alpha - (\alpha - 1)\mathrm{e}^{\beta(1-x)} \quad (\alpha > 1, \beta > 0) \tag{2-13}$$

记 $\{X_S\}$ 为角点的所有支撑像素，首先对 $\{\mathrm{mag}(X_S)\}$ 的均值归一化，然后利用 $f(x)$ 进行均衡，均衡后的梯度幅值为：

$$\mathrm{mag}'(X_i) = \alpha - (\alpha - 1)\mathrm{e}^{\beta(1-\mathrm{mag}(X_i)/\mathrm{mean}(\mathrm{mag}\{X_S\}))}$$

$$\tag{2-14}$$

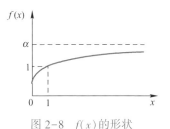

图 2-8　$f(x)$ 的形状

式中，α 为边缘最大对比度控制参数（一般可取 1.5 ~ 2.0）；β 为常数。

通过利用式（2-14）对梯度进行均衡，所有像素的梯度被限定为不超过均值的 α 倍，能够有效解决高对比度边缘构成的角点位置拟合的不稳定问题（图 2-7b、c 为图 2-7a 在进行均衡处理前后对比）。梯度均衡后，加权函数 $W_L(X_i)$ 的形式为（利用 $\mathrm{mag}'(X_i)$ 代替式（2-12）中的 $\mathrm{mag}(X_i)$）：

$$W_L(X_i) = W_O(X_i) \cdot W_{P2}(X_i) \cdot \mathrm{mag}'(X_i) \tag{2-15}$$

2.2.5 虚假角点识别

如果初始检测角点为虚假角点（附近只有一维结构存在），则"角点"的支撑像素定义的方向线将会趋向一致，式（2-7）中的矩阵 A 的任意两行近似线性相关，导致其解很不稳定，导致求解式（2-7）所得的角点位置与角点的初始检测位置的偏差很大，而对于真实角点这种偏差一般都很小，因此这种偏差为虚假角点的检测提供了一种有效的手段。实验表明利用角点的拟合位置与初始检测位置的偏差大小来进行虚假角点识别是十分有效的。

2.3 算法概述

综合 2.2 节的讨论，本节对基于局部方向分布的角点检测与定位算法做一概述。

1. 角点检测

1）计算图像各点处的梯度，方向线。

2）利用查找表技术计算各点的局部方向描述子。

3）计算各点描述子的绝对角点能量 E_A 和相对角点能量 E_C。

4）利用 E_A 和 E_C 进行角点检测。

2. 角点定位

1）进行局部二值化并计算角点的支撑像素。

2）根据式（2-15）为角点的各支撑像素分配权重。

3）利用最小二乘技术求解式（2-7）获得角点的精确位置。

4）通过角点的拟合位置和初始检测位置的偏差来进行虚假角点识别。

2.4 实验

实验目的是通过与常用角点检测算法（Plessey 算子、Kitchen & Rosenfeld 算子、SUSAN 算子、CSS 算子）进行对比，检验本章提出的角点检测与定位算法（LoD）的性能（包括角点检测和定位精度两方面）。实验由三部分组成：2.4.1 节在真实图像上对比各算法在角点检测方面的性能；2.4.2 节利用模拟图像比较各算法的角点定位精度；2.4.3 节通过三维重建的方法在真实图像上间接比较各算法的角点定位精度。

由于本章提出的基于局部方向分布的算法和四种角点检测算法都有一些参数需要调整，不同的参数选择可能会导致不同的试验对比结果，为保证实验的可靠性，必须合理地进行参数选择。2.4.1 节选取使算法结果达到最好的参数。2.4.2 节和 2.4.3 节在保证实验图像中的目标角点都能够成功检测出来的前提下，对比各算法的最好结果。需要特别指出的是，实验表明，本文提出的 LoD 算法，对三个加权参数和梯度均衡参数的选取均不太敏感，窗口大小的选择对角点检测有一定的影响。因此应用时应根据图像的条件选取适当的窗口大小（本节实验中，2.4.1 节和 2.4.3 节窗口半径为 15，2.4.2 节窗口半径大小为 12）。

2.4.1　角点检测

图 2-9 是在角点检测算法的比较中被广泛使用的真实图像，其中，图 2-9a~d 是由 Mokhtarian 提供的实验结果，图 2-9e 是 LoD 算法的结果。可以看出，在真实角点检测和虚假角点抑制方面，在四个常用的角点检测算子中，CSS 算子表现出最好的性能，本章算法具有和 CSS 相当的角点检测性能。在角点定位方面，四种检测算子检测出的角点中许多明显偏离了真实位置，而 LoD 算法提供的角点位置较为准确。

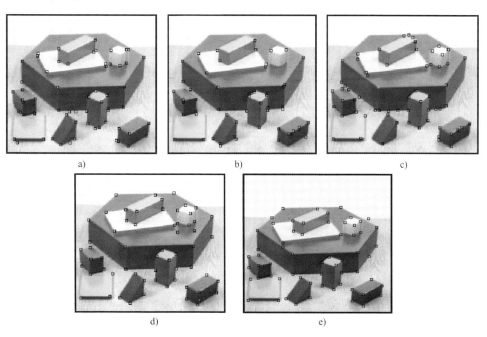

图 2-9　真实图像上不同算法角点检测定位结果

a）Kitchen&Rosenfeld　b）Plessey　c）SUSAN　d）CSS　e）LoD

2.4.2　角点定位精度比较（模拟图像）

本小节主要通过在模拟图像上的实验来比较各种算法的角点定位误差，使用模拟图像的原因是我们知道目标角点的真实位置，从而能够直接测量定位误差。图 2-10a 是实验中所使用的 24 幅模拟图像集，包含了各种类型的角点，第一至四行分别为 L、T、Y 和 X 类型的角点图像，每种类型均有 6 个不同角度的角点图像。角点图像的大小为 100×100 像素，图像中像素灰度值分别为 120（较亮）、100（灰色）和 80（较暗）。在实验过程中，首先对图像进行高斯模糊（尺度大小为 0.5）以模拟图像获取时的模糊效果，然后加入不同水平的高斯噪声来测试各算法的鲁棒性，同一噪声水平进行 20 次独立实验。角点的定位误差被定义为 24 个目标角点检测位置的绝对误差均值，图 2-10b 是四种常用检测算法和 LoD 算法的定位误差对比图。在四种常用四个角点检测算法中，CSS 检测算法在角点定位精度和鲁棒性两方面均有最为出色的表现，而 SUSAN 算子在噪声较大时定位精度较差。相对于常用四个检测算子，LoD 算法不但具有最高的定位精度，而且也具有最强的鲁棒性。

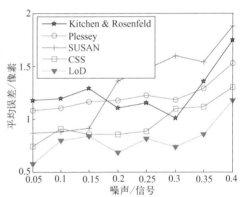

图 2-10　角点定位误差对比

a）模拟图像集　b）定位误差对比

2.4.3　角点定位精度比较（真实图像）

由立体视觉的知识[45]可知，在摄像机标定的前提下，通过三维点在两幅不同视角图像上的像点，可以重建该点的三维空间坐标。三维重建误差主要是由像点定位误差和摄像机标定误差造成的，忽略摄像机标定误差（基于三维标定物的标定方法具有很高的标定精度[45]），可以认为重建误差主要来自像点的定位误差。因此，可以使用三维重建误差来间接评估各算法的角点定位精度。记三维空间中两个角点之间距离的测量值为 $\text{length}_{\text{GT}}$，利用角点检测算法检测图像角点并进行三维重建所得到的距离为 $\text{length}_{\text{recovery}}$，我们使用下述误差来间接评估各算法的角点定位误差：

$$\text{error} = \frac{\text{abs}(\text{length}_{\text{recovery}} - \text{length}_{\text{GT}})}{\text{length}_{\text{GT}}} \tag{2-16}$$

图 2-11 是实验中使用的同一场景两幅图像（图像大小为 2048×1536 像素），该场景由若干积木块和一个三维标定块组成，其中，积木提供了各种类型的角点，三维标定块用于摄像机标定。在标定块的三个可见面上分别手工选取 12 个点，采用 DLT 方法[45]标定摄像机。积木上的 19 条线段的端点被选择为目标角点，首先应用各种检测算法确定目标角点的二维图像坐标，然后利用标定获得的投影矩阵重建三维空间点。表 2-1 给出了各种算法重建误差的比较。通过对比可以看出，在四个常用的角点检测算子中，Plessey 和 CSS 算子具有相当的定位精度，优于 Kitchen & Rosenfeld 算子和 SUSUAN 算子。相对于四个常用的角点检测算子，LoD 算子具有更高的定位精度。

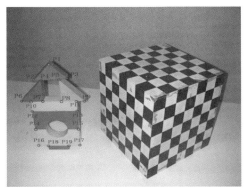

图 2-11　同一场景不同角度拍摄的两幅图像

2.5　本章小结

本章通过引入局部方向分布、角点能量等概念，提出了一种新的基于局部方向分布的角点检测和亚像素定位算法。相对于常见的角点检测算法，该算法在角点定位精度方面具有更加优越的性能。本章的主要贡献在于：①引入了方向线、局部方向分布、绝对角点能量、相对角点能量等来分析图像角点的局部结构；②基于新的角点度量，提出了一种新的简单有效的角点检测算法；③通过对角点支撑像素的方向线进行拟合，巧妙地将角点准确地定位至亚像素精度，这在精度要求较高的场合如摄像机标定、三维重建、视觉场景测量等，LoD 算法具有重要的应用价值。

但本章提出的基于局部方向分布的角点检测算子没有考虑图像中可能存在的尺度变化，如何将该描述子推广到多尺度图线空间上是一个潜在的研究问题。

表 2-1　三维重建误差比较

Line	GT（%）	K&R（%）	Plessey（%）	SUSAN（%）	CSS（%）	LoD（%）
P1P2	70	13.64	7.90	7.28	6.86	4.20
P1P3	70	6.73	8.06	7.58	3.97	4.28
P2P3	99	6.51	4.67	5.82	3.53	3.62
P4P6	99	8.96	5.58	5.05	8.89	5.72
P4P7	70	9.57	6.40	4.73	9.00	2.24
P6P7	70	12.64	9.55	8.84	9.21	4.65
P5P9	99	0.81	2.27	7.26	0.34	0.19
P5P8	70	2.14	1.25	3.60	0.63	1.32
P8P9	70	1.99	0.73	1.76	0.48	0.82
P10P11	140	5.42	3.09	3.85	3.44	3.17
P10P12	35	6.37	8.13	14.07	5.40	6.23
P11P13	35	5.26	7.90	4.93	15.44	2.29
P12P13	140	4.08	3.32	5.26	3.17	3.41
P12P14	68	5.37	8.09	8.30	9.24	8.81
P13P15	68	8.68	4.55	7.43	0.99	0.92
P14P16	68	10.71	4.60	4.10	11.7	4.71
P15P17	68	1.71	6.11	12.6	6.46	5.54
P16P17	140	4.48	4.59	4.21	1.94	4.86
P18P19	70	2.49	4.03	2.69	4.15	4.12
Mean	0	6.19	5.33	6.28	5.52	3.7

第 3 章

伪球滤波与边缘检测

边缘检测是图像处理中最为经典和基础的问题之一，常见的边缘检测算子（如 Robert、LoG、Canny 等）基本上都是基于一阶或者二阶微分的。为减小噪声的影响，一般在利用差分模板对数字图像进行边缘增强前首先对其进行滤波（平滑），高斯滤波是最为常见的选择。但是滤波在平滑图像的同时也使图像损失了部分边缘信息，因而影响了边缘的定位精度。平滑性和定位精度成了所有滤波器和边缘检测算子相互矛盾的两个性能要求，这也是导致边缘检测成为最困难的问题之一的主要内在原因。

针对滤波器的噪声平滑与边缘保持之间的这一矛盾，本章[46]从滤波器的核函数入手，将数学上的拽物线函数引入图像处理领域，针对其在中心处没有定义的缺陷，通过构造双二次曲线与之光滑对接，使其处处 2 阶可微并具备了良好的滤波性质。基于拽物线函数，本章提出了拽物线滤波器的概念，除了尺度参数外，拽物线滤波器还引入了边缘保持参数，边缘保持参数的引入使其能够相对独立地调整平滑性能和边缘定位性能。将 1D 拽物线滤波器推广到 2D 图像上，我们得到 2D 伪球滤波器，相对于高斯滤波器，伪球滤波器在保持平滑性的条件下能够获得更高的边缘定位精度。Pellegrino 和 Nguyen 等通过实验系统地比较了常见的边缘检测算子的性能，并指出，大多数情况下，Canny 算子具有最好的性能。但基于高斯函数的 Canny 算子同样具有平滑性和定位精度之间的矛盾。为改进其性能，我们用伪球作为核函数取代经典 Canny 算子中使用的高斯函数，形成了一种能够缓和这种矛盾的新型边缘检测算子，称为基于伪球的边缘检测算子。

3.1 拽物线和拽物线滤波器

3.1.1 拽物线

拽物线[47]是一条平面曲线（见图 3-1），其方程为：

$$t(x) = \sigma \log_2 \left(\frac{\sigma + \sqrt{\sigma^2 - x^2}}{|x|} \right) - \sqrt{\sigma^2 - x^2}, 0 | x | \leqslant \sigma \quad (\sigma > 0)$$

$$(3-1)$$

拽物线有下述微分与积分性质：

- 在区间 $[-\sigma, \sigma]$ 内除中心外，拽物线有任意阶连续导函数并且不难计算：

$$\left(\frac{\mathrm{d}t}{\mathrm{d}x} \right)^2 = \frac{\sigma^2 - x^2}{x^2}, \quad 0 < | x | \leqslant \sigma \quad (3-2)$$

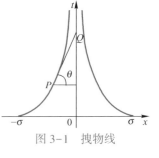

图 3-1　拽物线

这是拽物线的微分方程。

- 令 $P(x_0, y_0)$ 是拽物线上的任一点，Q 是 P 点的切线与 t 轴的交点，则 P 点

与 Q 点之间的距离：

$$\| P-Q \| = \sqrt{x_0^2\tan^2\theta+x_0^2} = \sqrt{x_0^2(\mathrm{d}t/\mathrm{d}x)\mid_{x=x_0}^2+x_0^2} = \sigma \qquad (3-3)$$

因此，拽物线上任一点沿该点切线到 t 轴的距离总是等于 σ。

- 拽物线在区间$[-\sigma,\sigma]$上（绝对）可积与平方可积，并且有：

$$a = \int_{-\sigma}^{\sigma} t(x)\,\mathrm{d}x = \frac{\pi\sigma^2}{2} \qquad (3-4)$$

即拽物线与 x 轴围成的面积是半径为 $f(x)$ 的圆的面积的一半。

- 由性质 3，拽物线与任何有界函数的 $f(x)$ 的卷积总存在：

$$\hat{f}(x) = (t*f)(x) = \int_{-\sigma}^{\sigma} t(u)f(x-u)\,\mathrm{d}u \qquad (3-5)$$

3.1.2　拽物线滤波器

根据拽物线性质 4，拽物线可作为一维连续信号滤波器的核函数。但是，拽物线在中心处的值为无穷大，具有冲激效应，如果直接将拽物线作为一维信号滤波器的核函数，其响应信号与原信号基本相同，不能获得理想的滤波效果。为了使得拽物线具有滤波性能，我们必须补充定义拽物线在中心处的值。为此，可以通过下述方式来实现：选取一个充分小的中心对称区间$[-\varepsilon,\varepsilon]$和一个关于中心对称的光滑曲线 q，使得拽物线和曲线 q 在区间的两个端点处能光滑拼接。在这里，我们选择 q 为双二次函数：

$$q(x) = ax^4+bx^2+c, \quad x\in[-\varepsilon,\varepsilon] \qquad (3-6)$$

使得它与拽物线在两个端点 ε 和$-\varepsilon$ 处有相同的值和相同的 1、2 阶导数，即满足下述约束：

$$q(\varepsilon)=t(\varepsilon), \quad q'(\varepsilon)=t'(\varepsilon), \quad q''(\varepsilon)=t''(\varepsilon) \qquad (3-7)$$

如果式（3-7）得到满足，则必然有：

$$q(-\varepsilon)=t(-\varepsilon), \quad q'(-\varepsilon)=t'(-\varepsilon), \quad q''(-\varepsilon)=t''(-\varepsilon) \qquad (3-8)$$

由于拽物线 $t(x)$ 与双二次曲线 $q(x)$ 都是关于 y 轴对称的，只需在 $x>0$ 时求解方程组（3-7）即可。$x>0$ 时，拽物线的各阶导数为：

$$t(x) = \sigma\log_2\left(\frac{\sigma+\sqrt{\sigma^2-x^2}}{x}\right) - \sqrt{\sigma^2-x^2} \qquad (3-9)$$

$$t'(x) = \frac{\partial t}{\partial x}$$

$$= \sigma\,\frac{x}{\sigma+\sqrt{\sigma^2-x^2}}\,\frac{\dfrac{-x}{\sqrt{\sigma^2-x^2}}x-(\sigma+\sqrt{\sigma^2-x^2})}{x^2} - \frac{-x}{\sqrt{\sigma^2-x^2}}$$

$$= \cfrac{\cfrac{\sigma x^2}{\sqrt{\sigma^2-x^2}}+\sigma\left(\sigma+\sqrt{\sigma^2-x^2}\right)}{x\left(\sigma+\sqrt{\sigma^2-x^2}\right)}-\cfrac{-x}{\sqrt{\sigma^2-x^2}} \tag{3-10}$$

$$= \cfrac{-\sigma x}{\sqrt{\sigma^2-x^2}\left(\sigma+\sqrt{\sigma^2-x^2}\right)}-\cfrac{\sigma}{x}-\cfrac{-x}{\sqrt{\sigma^2-x^2}}$$

$$= \cfrac{-\sigma x+x\left(\sigma+\sqrt{\sigma^2-x^2}\right)}{\sqrt{\sigma^2-x^2}\left(\sigma+\sqrt{\sigma^2-x^2}\right)}-\cfrac{\sigma}{x}$$

$$= \cfrac{x}{\left(\sigma+\sqrt{\sigma^2-x^2}\right)}-\cfrac{\sigma}{x}$$

$$= -\cfrac{\sqrt{\sigma^2-x^2}}{x}$$

$$t''(x)=\frac{\partial t'}{\partial x}=\cfrac{\cfrac{-x}{\sqrt{\sigma^2-x^2}}-\sqrt{\sigma^2-x^2}}{x^2}=\cfrac{\sigma^2}{x^2\sqrt{\sigma^2-x^2}} \tag{3-11}$$

$x>0$ 时，双二次曲线的各阶导数为：

$$q(x)=ax^4+bx^2+c,\quad q'(x)=4ax^3+2bx,\quad q''(x)=12ax^2+2b \tag{3-12}$$

将式（3-9）~式（3-12）带入方程组（3-7）可得：

$$\begin{cases} \sigma\log_2\left(\cfrac{\sigma+\sqrt{\sigma^2-\varepsilon^2}}{\varepsilon}\right)-\sqrt{\sigma^2-\varepsilon^2}=a\varepsilon^4+b\varepsilon^2+c & （\text{I}）\\[3mm] -\cfrac{\sqrt{\sigma^2-\varepsilon^2}}{\varepsilon}=4a\varepsilon^3+2b\varepsilon & （\text{II}）\\[3mm] \cfrac{\sigma^2}{\varepsilon^2\sqrt{\sigma^2-\varepsilon^2}}=12a\varepsilon^2+2b & （\text{III}）\end{cases} \tag{3-13}$$

从式（3-13 II、III）中消去 b 可得：

$$\frac{\sigma^2}{\varepsilon^2\sqrt{\sigma^2-\varepsilon^2}}\varepsilon+\frac{\sqrt{\sigma^2-\varepsilon^2}}{\varepsilon}=12a\varepsilon^3-4a\varepsilon^3 \tag{3-14}$$

整理可得：

$$a=\frac{2\sigma^2-\varepsilon^2}{8\varepsilon^4\sqrt{\sigma^2-\varepsilon^2}} \tag{3-15}$$

将式（3-15）带入式（3-13 II）中整理，可得：

$$b=\frac{3\varepsilon^2-4\sigma^2}{4\varepsilon^2\sqrt{\sigma^2-\varepsilon^2}} \tag{3-16}$$

将式（3-15）和式（3-16）带入式（3-13 I），整理可得：

$$c = \frac{3\varepsilon^2 - 2\sigma^2}{8\sqrt{\sigma^2 - \varepsilon^2}} + \sigma \log_2 \left(\frac{\sigma + \sqrt{\sigma^2 - \varepsilon^2}}{\varepsilon} \right) \qquad (3-17)$$

确定了 a, b, c 后，我们就确定了一个双二次函数 $q(x)$，它能与拽物线在区间 $[-\varepsilon, \varepsilon]$ 的两个端点处进行光滑拼接。令

$$T(x) = \begin{cases} q(x), & 0 \le x \le \varepsilon \\ t(x), & \varepsilon \le x \le \sigma \\ 0, & x > \sigma \end{cases} \qquad (3-18)$$

对 $T(x)$ 进行归一化可得：

$$TF(x) = \frac{1}{S} T(x), \quad -\infty < x < \infty \qquad (3-19)$$

式中，$S = \displaystyle\int_{-\sigma}^{\sigma} T(x)\,\mathrm{d}x$ 是归一化常数。

以式（3-19）为核函数的滤波器称为 1D 拽物线滤波器，记为 TF。对任何一维信号 $f(x)$，滤波器 TF 的响应信号是核函数（3-19）与 $f(x)$ 卷积：

$$\hat{f}(x) = (TF * f)(x) = \int_{-\infty}^{\infty} TF(u) f(x - u)\,\mathrm{d}u \qquad (3-20)$$

在滤波器 TF 中，有两个可供调节的参数：σ 和 ε。σ 称为尺度参数，它决定了核函数的支撑区间的大小；ε 称为边缘控制参数（这里，1D 信号的"边缘"是指信号的尖点或具有较大曲率的点），它决定了响应信号保持原信号边缘的能力。当 ε 固定时，σ 越大响应信号 $\hat{f}(x)$ 越平滑；当 σ 固定时，ε 越小响应信号保持边缘的能力越强（见图3-2）。

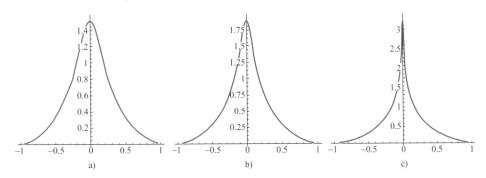

图 3-2　拽物线滤波器 TF（$\sigma = 1$）

a）$\varepsilon = 1/5$　b）$\varepsilon = 1/10$　c）$\varepsilon = 1/100$

3.1.3　离散拽物线滤波器

对于数字信号的滤波，需要离散滤波器。由 3.2.2 节的连续型拽物线滤波器，我们可以构造相应的离散拽物线滤波器。令 $\{TF_j \mid j=1,2,\cdots,N+1\}$ 是来自核函数 $TF(x)$ 在区间 $[-\sigma,\sigma]$ 的抽样，以它为模板的离散滤波器称为离散型拽物线滤波器。对任何一维离散信号 $\{f(i) \mid i=0,\pm1,\pm2,\cdots\}$，离散滤波器 TF 的响应信号是 TF_j 与 f_j 离散卷积：

$$\hat{f}(I) = (TF_j * f_j)(i) = (1/s) \sum_{j=1}^{2N+1} TF_j f_{i-(N+j-1)} \tag{3-21}$$

式中，$s = \sum_{j=1}^{2N+1} TF_j$ 是归一化常数。

离散滤波器 TF 的模板 TF_j 取决于抽样方式，在本章中我们以均匀抽样的方式来构造模板，即在区间 $[-\sigma,\sigma]$ 上等步长抽取核函数 $TF(x)$ 的 $2N+1$ 个点形成序列作为模板 TF_j：

$$TF_j = TF(\sigma(j-N-1)/N), j=1,2,\cdots,2N+1 \tag{3-22}$$

3.1.4　模拟实验

实验目的是检验 1D 拽物线滤波器的平滑噪声能力和保持信号边缘能力，并与高斯滤波器进行比较。拽物线滤波器的核尺度取 $\sigma=1$，边缘控制参数 ε 分别取 10^{-1}，10^{-2}，10^{-3}。离散模板 TF_i 是来自于 $TF(x)$ 在区间 $[-1,1]$ 上的均匀抽样（步长为 $1/25$）：$TF_i = TF((i-12-1)*25)$。我们取两个高斯滤波器与之比较：

1）高斯滤波器的核尺度被选择为使得其中，心处的值等于拽物线滤波器中心处的值（称作等高高斯滤波器）。

2）高斯滤波器的核尺度被选择为伪球滤波器的尺度参数的 $1/3$（高斯函数在 3 倍方差处衰减至 $e^{-4.5} \approx 0.011$，此时高斯函数和伪球函数几乎具有相当的宽度，此滤波器称作等宽高斯滤波器）。

三个核函数的形状对比如图 3-3 所示。实验中，所使用的离散信号来自于下面连续信号在区间 $[-8,8]$ 的均匀抽样（步长为 $1/25$，如图 3-4a 中红色虚线所示）：

$$g(x) = x\sin(3\pi x/2)/2$$

实验中加入均值为 0、方差为 0.1 高斯噪声，如图 3-4a 黑色实线所示。

如图 3-4 所示为实验结果。图 3-4b~h 中红色虚线表示原始信号，黑色实线表示不同滤波器对加噪声后的信号进行滤波的结果：图 3-4c~e 分别是参数为 ε

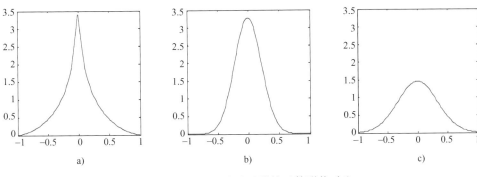

图 3-3　实验中三个滤波器核函数形状对比

a）伪球函数　b）等高高斯函数　c）等宽高斯函数

=0.1,0.01,0.001 时伪球滤波的结果，图 3-4f～h 是对应的三个等高高斯滤波的结果，图 3-4b 是对应的等宽高斯滤波的结果。其中，error 表示滤波后的信号与原始信号在极值位置（边缘）处的绝对误差的平均值，用于衡量滤波器的边缘保持性能。可以看出：

1）拽物线滤波器的边缘控制参数越小，平滑噪音的能力越差，保持边缘的能力越强。

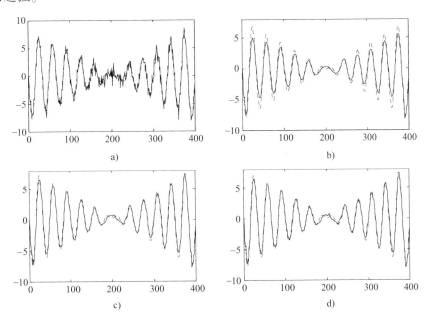

图 3-4　拽物线滤波器与高斯滤波器的比较

a）　b）error=0.9647　c）error=0.3893　d）error=0.3677

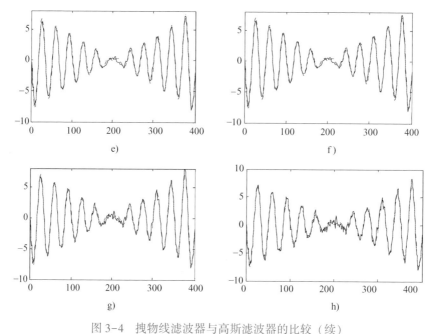

图 3-4　拽物线滤波器与高斯滤波器的比较（续）

e）error=0.3576　f）error=0.3814　g）error=0.3911　h）error=0.4845

2）相对于等高高斯滤波器，拽物线滤波器具有更好的噪声平滑性能。

3）相对于等宽高斯滤波器，拽物线滤波器具有更好的边缘保持性能（相对原始信号边缘处的损失 error 小）。

本实验表明拽物线滤波器在噪声平滑和边缘保持两个矛盾的方面具有更好的性能表现。

3.2　伪球和伪球滤波器

3.2.1　伪球

伪球是拽物线（式（3-1））绕其对称轴旋转所形成的旋转曲面（见图 3-5a），其方程为：

$$P(x,y)=\sigma\log_2\left(\frac{\sigma+\sqrt{\sigma^2-(x^2+y^2)}}{\sqrt{x^2+y^2}}\right)-\sqrt{\sigma^2-(x^2+y^2)},0<x^2+y^2\leqslant\sigma^2 \quad （3-23）$$

伪球有下述性质：

● 伪球函数在中心处无定义：$\lim\limits_{(x,y)\to(0,0)}P(x,y)=+\infty$。

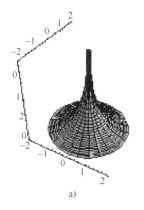 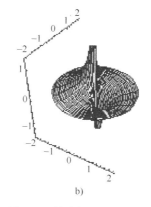 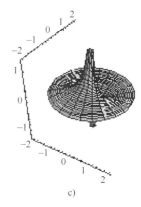

a)   b)   c)

图 3-5 伪球与它的偏导数

a) 伪球 b) X 方向上的偏导数 c) Y 方向上的偏导数

- 伪球函数在区域 $G = \{(x,y) \mid 0 \leqslant x^2 + y^2 \leqslant \sigma^2\}$ 上（绝对）可积[42]，且

$$V = \iint_G P(x,y)\mathrm{d}x\mathrm{d}y = \frac{\pi\sigma^3}{3} \qquad (3-24)$$

即伪球的体积是以半径为 σ 的球体的体积的 1/4。因此，伪球函数与任何有界函数的积在区域 G 上总是可积的。

- 伪球函数在区域 $G^o = \{(x,y) \mid 0 < x^2 + y^2 \leqslant \sigma^2\}$ 有任意阶连续偏导数，图 3-5b、c 给出了两个一阶偏导数的图示。
- 伪球曲面的显著几何特征是在每一点的高斯曲率恒等于常数 $-1/\sigma^2$[42]。

3.2.2 伪球滤波器

与构造拽物线滤波器类似，如果将伪球直接作为 2D 信号滤波器的核函数，则其滤波响应信号与原信号基本相同，不能获得滤波效果。考虑式（3-18）所示拽物线滤波器核函数 $F(x)$ 的旋转面：

$$\mathrm{PS}(x,y) = T(\sqrt{x^2 + y^2}) = \begin{cases} q(\sqrt{x^2 + y^2}), & 0 \leqslant x^2 + y^2 \leqslant \varepsilon^2 \\ t(\sqrt{x^2 + y^2}), & \varepsilon^2 \leqslant x^2 + y^2 \leqslant \sigma^2 \\ 0, & x^2 + y^2 > \sigma^2 \end{cases} \qquad (3-25)$$

对上式进行归一化：

$$\mathrm{PSF}(x,y) = \frac{1}{K}\mathrm{PS}(x,y) \qquad (3-26)$$

式中，$K = \iint\limits_{x^2 + y^2 \leqslant \sigma^2} \mathrm{PS}(x,y)\mathrm{d}x\mathrm{d}y$ 为归一化常数以式（3-26）所示函数为二元核函

数的滤波器称为伪球滤波器 PSF。对任何 2D 信号 $f(x,y)$，滤波器 PSF 的响应信号为：

$$\hat{f}(x,y) = (\mathrm{PSF}*f)(x,y) = \iint \mathrm{PSF}(u,v)f(x-u,y-u)\mathrm{d}u\mathrm{d}v \qquad (3-27)$$

与 1D 滤波器 TF 相同，在伪球滤波器 PSF 中，参数 σ 称为尺度参数，参数 ε 称为边缘控制参数。当 ε 固定时，σ 越大，滤波器的平滑性能越强；当 σ 固定时，ε 越小，滤波器的边缘保持能力越强（见图 3-6）。

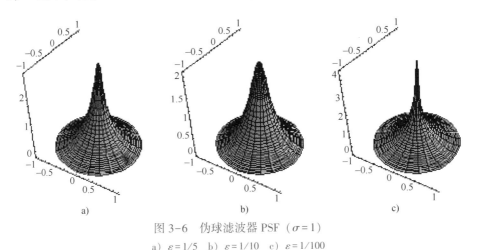

图 3-6　伪球滤波器 PSF（$\sigma=1$）

a）$\varepsilon=1/5$　b）$\varepsilon=1/10$　c）$\varepsilon=1/100$

3.2.3　离散伪球滤波器

与构造离散拽物线滤波器类似，我们可以根据连续型伪球滤波器构造相应的离散型伪球滤波器。令 $\{\mathrm{PSF}_{ij} \mid i,j=1,2,\cdots,2N+1\}$ 是来自二元核函数 $\mathrm{PSF}(x,y)$（式 3-26）在区域 $[-\sigma,\sigma]\times[-\sigma,\sigma]$ 内的均匀抽样，即：

$$\mathrm{PSF}_{ij}=\mathrm{PSF}(\sigma(i-N-1)/N,\sigma(i-N-1)/N),i,j=1,2,\cdots,2N+1 \qquad (3-28)$$

以 $\{\mathrm{PSF}_{ij}\}$ 为模板的二维离散滤波器称为离散型伪球滤波器。对任何二维离散信号 $f_{ij} \mid i,j=0,\pm1,\pm2,\cdots\}$，离散型伪球滤波的响应信号是 PSF_{ij} 与 f_{ij} 离散卷积（模板 $\{\mathrm{PSF}_{ij}\}$ 经过归一化）：

$$\hat{f}(\mathrm{PSF}_{uv}*f_{uv})_{ij} = (1/k)\sum_{u=1}^{2N+1}\sum_{v=1}^{2N+1}\mathrm{PSF}_{uv}f_{i-(N+u-1),j-(N+v-1)} \qquad (3-29)$$

式中，$k=\sum\limits_{u=1}^{2N+1}\sum\limits_{u=1}^{2N+1}\mathrm{PSF}_{uv}$ 是归一化常数。

3.3　伪球的偏微分和伪球边缘检测算子

3.3.1　伪球滤波器的偏微分

式（3-26）所示伪球滤波器 $PSF(x,y)$ 处处一阶可导（导函数见图 3-5b、c），利用式（3-18）和式（3-25）将式（3-26）展开，可得：

$$PSF(x,y)=\frac{1}{K}PS(x,y)=\frac{1}{K}\begin{cases}q(x,y)\\t(x,y)\\0\end{cases}$$

$$=\frac{1}{K}\cdot\begin{cases}a(x^2+y^2)^2+b(x^2+y^2)+c, & 0\leqslant x^2+y^2\leqslant\varepsilon^2\\[2mm]\sigma\log_2\left(\dfrac{\sigma+\sqrt{\sigma^2-(x^2+y^2)}}{\sqrt{x^2+y^2}}\right)-\sqrt{\sigma^2-(x^2+y^2)}, & \varepsilon^2\leqslant x^2+y^2\leqslant\sigma^2\\[2mm]0, & x^2+y^2>\sigma^2\end{cases}$$

$$(3-30)$$

式中，$K=\iint\limits_{x^2+y^2\leqslant\sigma^2}PS(x,y)\mathrm{d}x\mathrm{d}y$ 为归一化常数。

① $0\leqslant x^2+y^2\leqslant\varepsilon^2$ 时

$$\begin{aligned}PSX(x,y)&=\frac{1}{K}\frac{\partial q(x,y)}{\partial x}\\&=\frac{1}{K}(2a(x^2+y^2)2x+b2x)\qquad(3-31)\\&=\frac{1}{K}(4ax^3+4axy^2+2bx)\end{aligned}$$

② $\varepsilon^2\leqslant x^2\leqslant\sigma^2$ 时，为简化表达，令

$$A(x,y)=\sqrt{\sigma^2-(x^2+y^2)}\qquad(3-32)$$

$$B(x,y)=\sqrt{x^2+y^2}\qquad(3-33)$$

则：

$$A'_x=\frac{\partial A}{\partial x}=\frac{-x}{\sqrt{\sigma^2-(x^2+y^2)}}=\frac{-x}{A}\qquad(3-34)$$

$$B'_x=\frac{\partial B}{\partial x}=\frac{x}{\sqrt{x^2+y^2}}=\frac{x}{B}\qquad(3-35)$$

于是伪球的一阶偏微分为：

$$\mathrm{PSX}(x,y)=\frac{1}{K}\frac{\partial t(x,y)}{\partial x}=\frac{1}{K}\frac{\partial}{\partial x}\left(\sigma\log_2\frac{A+\sigma}{B}-A\right)$$

$$=\frac{1}{K}\left[\sigma\frac{B}{A+\sigma}\frac{(A+\sigma)_x'B-B_x'(A+\sigma)}{B^2}-A_x'\right] \quad (3-36)$$

$$=\frac{1}{K}\frac{\sigma AB_x'+\sigma^2 B_x'+AA_x'B}{(A+\sigma)B}$$

将式（3-34）和式（3-35）带入式（3-36）：

$$\mathrm{PSX}(x,y)=-\frac{1}{K}\frac{\sigma A\frac{x}{B}+\sigma^2\frac{x}{B}+A\frac{-x}{A}B}{(A+\sigma)B}=-\frac{1}{K}\frac{Ax}{B^2(A+\sigma)}\left(\sigma+\frac{\sigma^2-B^2}{A}\right) \quad (3-37)$$

由式（3-32）和式（3-33）可得：

$$\sigma^2-B^2=A^2 \quad (3-38)$$

将式（3-38）带入式（3-37）：

$$\mathrm{PSX}(x,y)=-\frac{1}{K}\frac{Ax}{B^2(A+\sigma)}\left(\sigma+\frac{A^2}{A}\right)$$

$$=-\frac{1}{K}\frac{Ax}{B^2} \quad (3-39)$$

$$=-\frac{x\sqrt{\sigma^2-(x^2+y^2)}}{K(x^2+y^2)}$$

③ $x^2+y^2>\sigma^2$ 时

$$\mathrm{PSX}(x,y)=0 \quad (3-40)$$

综合①②③，可得：

$$\mathrm{PSX}(x,y)=\frac{\partial}{\partial x}\mathrm{PSF}(x,y)$$

$$=\frac{1}{K}\cdot\begin{cases}4ax^3+4axy^2+2bx, & 0\leqslant x^2+y^2\leqslant\varepsilon^2\\ -\dfrac{x\sqrt{\sigma^2-(x^2+y^2)}}{(x^2+y^2)}, & \varepsilon^2<x^2+y^2\leqslant\sigma^2\\ 0, & x^2+y^2>\sigma\end{cases} \quad (3-41)$$

式中，$K=\iint\limits_{x^2+y^2\leqslant\sigma^2}\mathrm{PS}(x,y)\mathrm{d}x\mathrm{d}y$。

同理，可得：

$$\mathrm{PSY}(x,y)=\frac{\partial}{\partial y}\mathrm{PSF}(x,y)$$

$$= \frac{1}{K} \cdot \begin{cases} 4ay^3 + 4ax^2y + 2by, & 0 \leqslant x^2 + y^2 \leqslant \varepsilon^2 \\ -\dfrac{y\sqrt{\sigma^2 - (x^2 + y^2)}}{(x^2 + y^2)}, & \varepsilon^2 < x^2 + y^2 \leqslant \sigma^2 \\ 0, & x^2 + y^2 > \sigma \end{cases} \qquad (3\text{-}42)$$

式中，$K = \iint\limits_{x^2 + y^2 \leqslant \sigma^2} \mathrm{PS}(x,y)\mathrm{d}x\mathrm{d}y$

同构造其他边缘检测器的方法类似，我们只要对式（3-41）和式（3-42）进行抽样即可获得两个方向上的边缘检测模板：

$$\mathrm{PSX}_{ij} = \mathrm{PSX}(\sigma(i-N-1)/N, \sigma(j-N-1)/N) \qquad (3\text{-}43)$$

$$\mathrm{PSY}_{ij} = \mathrm{PSY}(\sigma(i-N-1)/N, \sigma(j-N-1)/N) \qquad (3\text{-}44)$$

式中，$i,j = 1,2,\cdots,2N+1$，式（3-43）和式（3-44）称为 X、Y 方向上的伪球边缘检测器。

3.3.2 基于伪球的边缘检测算子

经典的 Canny 算子[10] 主要由四个步骤组成：首先用高斯滤波器平滑图像；接着用高斯一阶偏导的有限差分来计算梯度的幅值和方向；然后对梯度幅值进行非极大值抑制（NMS）；最后用双阈值算法检测和连接边缘。为提高算法的边缘保持性能（定位精度），我们分别用伪球滤波器和伪球边缘检测器代替高斯滤波器和高斯边缘检测器，即先用模板 PSF_{ij}（式（3-28））对图像进行平滑，接着用两个伪球边缘检测算子模板 PSX_{ij}、PSY_{ij}（式（3-43）、式（3-44））计算梯度的幅值和方向，然后进行非极大值抑制、双阈值检测和连接，形成了基于伪球的边缘检测算子。

3.3.3 模拟图像实验

定量比较边缘检测算子的性能，文献中已经提出了许多方法。本节参考 Nguyen[27] 提出的方法，侧重比较算法的平滑性能和定位精度。Nguyen 共定义了六种误差来定量衡量算法的性能。为了方便比较，参考 Nguyen 的定义，这里定义滤波误差和定位误差来分别衡量算法的平滑性和定位精度。以下定义中像素支撑区域是指沿垂直于理想边缘方向，边缘像素两边的一定大小的区域（如图 3-7a 中较暗部分所示），支撑区域内检测出的边缘像素称为有效边缘像素，反之则为无效边缘像素。

1. 滤波误差

滤波误差主要由边缘冗余（像素的支撑区域内检测出多个边缘点，如图 3-7b 所示）和噪音冗余（支撑区域外存在假边缘，如图 3-7c 所示）两种情况造成。图像的滤波误差定义为边缘冗余像素与噪音冗余像素的总数与理想边缘像素总数的比值。

2. 定位误差

定位误差主要由边缘像素丢失（在像素的支撑区域内没有检测出边缘点，如图 3-7d 所示）和边缘像素错位（检测出的像素位置与理想位置有偏差，如图 3-7e 所示）两种情况造成。像素丢失时该像素的误差定义为支撑区域的半径，像素错位时该像素的误差定义为像素检测位置与理想位置的距离。图像的定位误差定义为各像素误差的总和与理想边缘像素总数的比值。

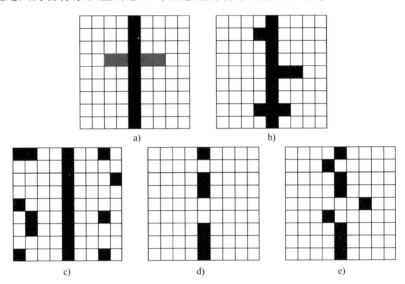

图 3-7 边缘误差产生的几种情况

a）理想边缘　b）边缘冗余　c）噪声冗余　d）像素丢失　e）像素错位

3. 实验图像

我们采用 Nguyen 所设计的合成图像，如图 3-8a 所示为原始图像，图 3-8b 为加入均值为 0 方差为 0.1 的高斯噪声后的图像（图像的像素取值范围归一化为 [0,1]），图像大小为 256×256。图中从左到右在 40，80，160，200，240 处分别有 5 个不同类型边缘、依次分别为阶跃型边缘、台阶型边缘、倒台阶型边缘、脉冲型边缘和倒脉冲型边缘（具体见文献 [73]）。其中，阶跃型边缘根据下式产生：

$$I(x,y)=\begin{cases} c\left(1-\dfrac{1}{2}e^{-\mu(x-\mathrm{LoC_{edge}})}\right) & x\leqslant\mathrm{LoC_{edge}} \\ ce^{-\mu(x-\mathrm{LoC_{edge}})}/2 & x>\mathrm{LoC_{edge}} \end{cases} \tag{3-45}$$

式中，$\mathrm{LoC_{edge}}$ 控制边缘的位置；μ 控制边缘的陡峭程度；c 控制边缘的高度。台

图 3-8 实验图像

a) 原始图像 b) 加入噪声后的图像

阶型边缘和脉冲型边缘由两个阶跃型边缘获得：$I(x,y)+aI(x-\Delta,y)$，$a>0$ 时表示台阶型边缘，$a<0$ 时表示脉冲型边缘。

4. 试验结果

图 3-9 为实验结果比较。图 3-9a、b 分别表示滤波误差和定位误差。其中，纵轴坐标表示误差，横轴坐标表示 σ 依次增大的 10 个采样点的标号，对于经典 Canny 算子，对应 σ 分别取 1.0、1.2、1.4、…、2.8，对于基于伪球的边缘检测算子，对应 σ 分别取 3.0、3.6、4.2、…、8.4。四条曲线分别对应经典 Canny 算子（CC）的结果和 $\varepsilon=10^{-1},10^{-2},10^{-3}$ 时基于伪球的边缘检测算子（PsC）的结果。显然，随着边缘保持参数 ε 的减小，基于伪球的边缘检测算子的定位精度有所提高，但平滑噪声的能力有所下降。在噪声误差相当的情况下（横轴坐标大于 6 时），基于伪球的边缘检测算子的定位精度明显优于经典的 Canny 算子。

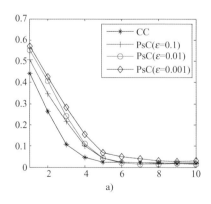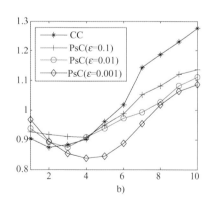

图 3-9 基于伪球的边缘检测算子（PsC）与经典 Canny 算子（CC）的性能比较

a) 滤波误差 b) 定位误差

3.3.4 真实图像实验

如图3-10a所示为一幅教堂图像，图3-10b～d为分别用基于伪球的边缘检测算子、等高高斯Canny算子（高斯函数的尺度被选择为使其中，心和伪球的中心高度相等）、等宽高斯Canny算子（高斯函数的尺度被选择为伪球的尺度参数的1/3）对其进行边缘检测的结果。其中，$\sigma_p = 3.0$，$\varepsilon = 0.1$，模板大小为15×15。

a)

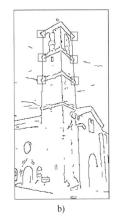  

b)　　　　　　　　c)　　　　　　　　d)

图3-10　教堂图像及其边缘检测结果对比

a）教堂图像　b）伪球算子的结果　c）等高高斯算子的结果　d）等宽高斯算子的结果

显然，基于伪球的边缘检测算子（见图3-10b）和等宽高斯Canny算子（见图3-10d）在平滑微小细节方面的表现相当，而等高高斯Canny算子（见图3-10c）对微小细节的平滑效果较差。为比较三者的定位精度，我们将图3-10中拐角处（每幅图中的六个红色方框）的细节分别放大（见图3-11）。可以看出，图3-10b、c（基于伪球的边缘检测算子和等高高斯Canny算子）的定位精度相当并且高于图3-10d（等宽高斯Canny算子）的定位精度。实验结果表明基于伪球的

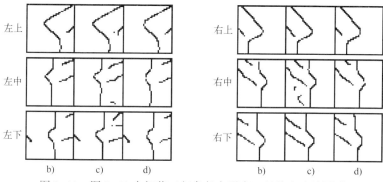

图 3-11　图 3-10 中细节（红色长方形内）的放大比较图示

边缘检测算子在平滑噪声和定位精度两方面能够同时取得更好的效果。

图 3-12 为其他四组实验结果比较，其中，图 3-12a、d、g、j 为原始图像，图 3-12b、e、h、k 为经典高斯 Canny 算子的检测结果，图 3-12c、f、i、l 为基于伪球边缘检测算子的检测结果（通过调节其尺度参数和边缘保持参数使其检测结果在平滑性方面的表现和经典 Canny 算子相当）。可以看出，图 3-12c、f、i、l 分别相对于图 3-12b、e、h、k 在边缘的保持上效果更好。

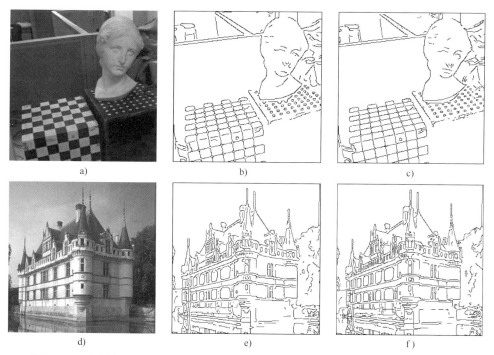

图 3-12　试验结果对比：第一列为实验图像，第二列为经典 Canny 算子的检测结果，第三列为基于伪球的边缘检测算子的检测结果

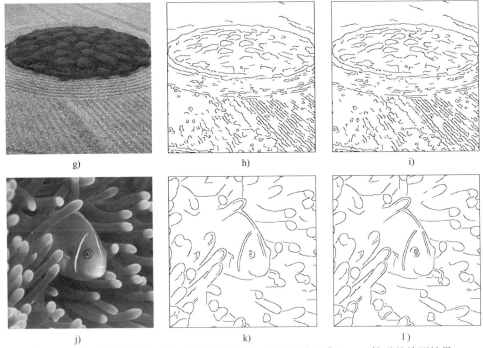

图 3-12 试验结果对比：第一列为实验图像，第二列为经典 Canny 算子的检测结果，
第三列为基于伪球的边缘检测算子的检测结果（续）

3.4 本章小结

本章深入研究了拽物线和伪球的性质，通过对其原点处的值重新进行补充定义，提出了一种基于伪球的滤波器和边缘检测算法。基于伪球的滤波器和边缘检测算法具有如下特点：

1）尽管伪球函数的公式表达相对比较复杂，但由于数字图像滤波实际上是图像与相应的离散模板进行卷积，一旦计算出滤波所需的模板，算法的复杂度和计算量便与函数本身的复杂度没有任何关系。模板的计算几乎不需要时间开销，因此基于伪球的算法和基于高斯函数的算法具有完全相同的算法复杂度。

2）伪球滤波器的边缘保持参数的引入，使相对独立地调整滤波性能和边缘定位性能成为可能，增加了其灵活性。但由于它增加了需要调整的参数，所以在工程实现上比其他滤波器复杂。在要求高精度边缘的场合，伪球滤波器是一种好的选择。

3）本章补充定义后的伪球函数具有处处 2 阶可微的性质，使得在利用高斯函数作为核函数的许多场合，同样能够采用伪球作为核函数，从某种意义上说，伪球函数可以作为高斯函数的一种补充。

第 4 章

内积能量与边缘检测

为减小噪声的影响，一般的边缘检测算法在利用差分模板对图像进行边缘增强前首先对其进行高斯滤波。但高斯滤波过程在抑制噪声的同时也使图像损失了部分边缘信息，因而影响了边缘的定位精度。通常进行边缘检测时通过高斯核函数的尺度参数的调整来获得噪声抑制性能和边缘定位精度两方面的折中效果。针对边缘检测过程中噪声抑制和定位精度之间的这一矛盾，第 3 章提出了具有更好折中性能的伪球滤波器和基于伪球的边缘检测算子，本章继续研究边缘检测这一经典和基础的问题。

Canny 提出了衡量边缘检测算法性能的三个理论准则：检测性能、定位精度和单边响应，Canny 算子正是对三个准则同时进行优化的结果，因此，理论上 Canny 算子是一种最优的边缘检测算子。Nguyen[27] 等通过实验系统地比较了常见的边缘检测算子的性能后指出，在绝大多数情况下，Canny 算子具有最好的性能。实际上，Canny 算子已经成为边缘检测的标准算法。Canny 算子主要由四个步骤组成：首先用高斯滤波器平滑图像；接着用高斯一阶有限差分来计算梯度的幅值和方向；然后进行非极大值抑制（Non-Maximum Suppression，NMS）；最后用双阈值算法检测和连接边缘。但是，Canny 算子也有一定的局限性，Canny 算子在进行非极大值抑制时简单地将梯度幅值比梯度方向上相邻点梯度幅值大的像素点检测为边缘点，而没有考虑到这种差异是否大于随机误差导致的变化。因此 Canny 算子对于较弱边缘附近的噪声非常敏感；同时，当图像中存在较大的噪声时，算法的抑制噪声能力急剧下降。

本章[48] 从分析图像中噪声的分布入手，在图像梯度空间引入内积能量这一数学运算，通过对内积能量与高斯梯度幅值的输出信噪比进行理论分析比较，证明了内积能量比高斯梯度幅值在边缘检测方面具有更好的性能，从而提出了一种在抑制噪声的同时能够有效地增强图像边缘的新思路，一定程度上缓和了边缘检测中噪声抑制和定位精度之间的矛盾问题。将内积能量与 Canny 算子相结合，形成了一种新的边缘检测算子——基于内积能量的边缘检测算子。相对于 Canny 算子，在具有相当边缘定位精度的条件下，基于内积能量的边缘检测算子除具有对图像中噪声和细节更强的抑制能力外，还具有对参数选择不敏感的特性，具有较大的实用价值。

4.1　图像梯度与内积能量

4.1.1　图像梯度

真实图像中的噪声通常使用加性高斯噪声来建模[49-50]。如果 $f(x,y)$、$f_r(x,$

y) 和 $\xi(x,y)$ 分别表示图像点 $X(x,y)$ 处的实际灰度值、理想灰度值和噪声，则有：

$$f(x,y) = f_r(x,y) + \xi(x,y) \tag{4-1}$$

式中，ξ 服从零均值、σ 标准差的高斯分布，即 $\xi \sim N(0,\sigma^2)$。

记图像点 $X(x,y)$ 处的梯度为 $\vec{g}(X) = [f_x(X), f_y(X)]$。在数字图像处理中，通常用离散梯度模板计算图像点的梯度，大小为 $N\times N$（$N = 2R+1$，R 为模板的尺寸）的梯度模板的一般形式为：

$$T_x = \begin{bmatrix}
-T(1) & \cdots & -T(R) & 0 & T(R) & \cdots & T(1) \\
-T(R+1) & \cdots & -T(2R) & 0 & T(2R) & \cdots & T(R+1) \\
\cdots & \cdots & \cdots & \cdots & \cdots & \cdots & \cdots \\
-T((N-2)R+1) & \cdots & -T((N-1)R) & 0 & T((N-1)R) & \cdots & T((N-2)R+1) \\
-T((N-1)R+1) & \cdots & -T(NR) & 0 & T(NR) & \cdots & T((N-1)R+1)
\end{bmatrix} \tag{4-2}$$

$$T_y = T'_x \tag{4-3}$$

其中，$'$ 表示矩阵转置。

于是，

$$f_x(X) = \sum_{i=1}^{NR} T(i)\left(f_r(x+i,y) - f_r(x-i,y)\right) + \sum_{i=1}^{NR} T(i)\left(\xi(x+i,y) - \xi(x-i,y)\right) \tag{4-4}$$

$$f_y(X) = \sum_{i=1}^{NR} T(i)\left(f_r(x,y+i) - f_r(x,y-i)\right) + \sum_{i=1}^{NR} T(i)\left(\xi(x,y+i) - \xi(x,y-i)\right) \tag{4-5}$$

记：

$$f_{rx}(X) = \sum_{i=1}^{NR} T(i)\left(f_r(x+i,y) - f_r(x-i,y)\right) \tag{4-6}$$

$$f_{ry}(X) = \sum_{i=1}^{NR} T(i)\left(f_r(x,y+i) - f_r(x,y-i)\right) \tag{4-7}$$

$$\xi_x(X) = \sum_{i=1}^{NR} T(i)\left(\xi(x+i,y) - \xi(x-i,y)\right) \tag{4-8}$$

$$\xi_y(X) = \sum_{i=1}^{NR} T(i)\left(\xi(x,y+i) - \xi(x,y-i)\right) \tag{4-9}$$

则式（4-4）和（4-5）可改写为：

$$f_x(X) = f_{rx}(X) + \xi_x(X) \tag{4-10}$$

$$f_y(X) = f_{ry}(X) + \xi_y(X) \tag{4-11}$$

由于 $\xi(x+i,y)$，$\xi(x-i,y)$ 相互独立，且 $\xi(x+i,y)$，$\xi(x-i,y) \sim N(0,\sigma^2)$ 故 $\xi_x(X)$ 的数学期望和方差分别为：

$$\mathrm{E}\{\xi_x(X)\} = \sum_{i=1}^{NR} T(i)(\mathrm{E}\{\xi(x+i,y)\} - \mathrm{E}\{\xi(x-i,y)\}) = 0 \quad (4-12)$$

$$D\{\xi_x(X)\} = \sum_{i=1}^{NR} T^2(i)(D\{\xi(x+i,y)\} + D\{\xi(x-i,y)\})$$

$$= 2\sigma^2 \sum_{i=1}^{NR} T^2(i) \quad (4-13)$$

同理，$\xi_y(X)$ 的数学期望和方差分别为：

$$\mathrm{E}\{\xi_y(X)\} = 0 \quad (4-14)$$

$$D\{\xi_y(X)\} = 2\sigma^2 \sum_{i=1}^{NR} T^2(i) \quad (4-15)$$

于是，记

$$\sigma_T^2 = 2\sigma^2 \sum_{i=1}^{NR} T^2(i) \quad (4-16)$$

则有 $\xi_x(X), \xi_y(X) \sim N(0, \sigma_T^2)$。

4.1.2　内积能量的数学期望与方差

考虑点 $X(x,y)$ 为中心 r 为半径的一个圆形区域 $G(X) = \{X_i \mid \parallel X_i - X \parallel \leqslant r^2\}$ 内的图像点 $X_i(x_i,y_i)$，记 $\vec{g}(X) = [f_x(X), f_y(X)]$，$\vec{g}(X_i) = [f_x(X_i), f_y(X_i)]$ 分别为点 X 和 X_i 处的梯度，点 X 处的内积能量定义为：

$$\mathrm{IP}(X) = \sum_{X_i \in G(X) \& X_i \neq X} < \vec{g}(X), \vec{g}(X_i) > \quad (4-17)$$

将

$$\vec{g}(X) = [f_{rx}(X) + \xi_x(X), f_{ry}(X) + \xi_y(X)] \quad (4-18)$$

$$\vec{g}(X_i) = [f_{rx}(X_i) + \xi_x(X_i), f_{ry}(X_i) + \xi_y(X_i)] \quad (4-19)$$

带入式（4-17），由内积的线性性质可知：

$$\mathrm{IP}(X) = < \vec{g}(X), \sum_{X_i \in G} \vec{g}(X_i) >$$

$$= f_{rx}(X) \cdot \sum_{X_i \in G} f_{rx}(X_i) + f_{ry}(X) \cdot \sum_{X_i \in G} f_{ry}(X_i)$$

$$+ f_{rx}(X) \cdot \sum_{X_i \in G} \xi_x(X_i) + \xi_x(X) \cdot \sum_{X_i \in G} f_{rx}(X_i)$$

$$+ \xi_x(X) \cdot \sum_{X_i \in G} \xi_x(X_i) + f_{ry}(X) \cdot \sum_{X_i \in G} f_y(X_i)$$

$$+ \xi_y(X) \cdot \sum_{X_i \in G} f_{ry}(X_i) + \xi_y(X) \cdot \sum_{X_i \in G} \xi_y(X_i) \qquad (4\text{-}20)$$

因 $\xi_x(X), \xi_x(X_i), \xi_y(X), \xi_y(X_i) \sim N(0, \sigma_T^2)$，且相互独立，所以内积能量 $\mathrm{IP}(X)$ 的数学期望为：

$$
\begin{aligned}
E\{\mathrm{IP}(X)\} = & f_{rx}(X) \sum_{X_i \in G} f_{rx}(X_i) + f_{rx}(X) \cdot E\left\{ \sum_{X_i \in G} \xi_x(X_i) \right\} \\
& + E\{\xi(X)\} \cdot \sum_{X_i \in G} f_{rx}(X_i) + E\{\xi_x(X)\} \cdot E\left\{ \sum_{X_i \in G} \xi_x(X_i) \right\} \\
& + f_{ry}(X) \cdot \sum_{X_i \in G} f_{ry}(X_i) + f_{ry}(X) \cdot E\left\{ \sum_{X_i \in G} \xi_y(X_i) \right\} \qquad (4\text{-}21) \\
& + E\{\xi_y(X)\} \cdot \sum_{X_i \in G} f_{ry}(X_i) + E\{\xi_y(X)\} \cdot E\left\{ \sum_{X_i \in G} \xi_y(X_i) \right\} \\
= & f_{rx}(X) \cdot \sum_{X_i \in G} f_{rx}(X_i) + f_{ry}(X) \cdot \sum_{X_i \in G} f_{ry}(X_i)
\end{aligned}
$$

内积能量 $\mathrm{IP}(X)$ 的方差为：

$$
\begin{aligned}
D\{\mathrm{IP}(X)\} = & D\left\{ f_{rx}(X) \cdot \sum_{X_i \in G} f_{rx}(X_i) \right\} + f_{rx}^2(X) \cdot D\left\{ \sum_{X_i \in G} \xi_x(X_i) \right\} \\
& + \left(\sum_{X_i \in G} f_{rx}(X_i) \right)^2 \cdot D\{\xi_x(X)\} + D\left\{ \xi_x(X) \cdot \sum_{X_i \in G} \xi_x(X_i) \right\} \\
& + D\left\{ f_{ry}(X) \cdot \sum_{X_i \in G} f_{ry}(X_i) \right\} + f_{ry}^2(X) \cdot D\left\{ \sum_{X_i \in G} \xi_y(X_i) \right\} \qquad (4\text{-}22) \\
& + \left(\sum_{X_i \in G} f_{ry}(X_i) \right)^2 \cdot D\{\xi_y(X)\} + D\left\{ \xi_y(X) \cdot \sum_{X_i \in G} \xi_y(X_i) \right\} \\
= & (f_{rx}^2(X) + f_{ry}^2(X)) \cdot \sum_{X_i \in G} \sigma_T^2 + \left(\left(\sum_{X_i \in G} f_{rx}(X_i) \right)^2 + \left(\sum_{X_i \in G} f_{ry}(X_i) \right)^2 \right) \cdot \\
& \sigma_T^2 + 2 \cdot \sum_{X_i \in G} \sigma_T^4
\end{aligned}
$$

4.1.3　梯度幅值及其数学期望与方差

为了在下一节比较内积能量和梯度幅值在噪声抑制方面的性能，我们需要计算梯度幅值平方的数学期望与方差。点 $X(x,y)$ 处的梯度幅值平方为：

$$
\begin{aligned}
M^2(X) &= f_x^2(X) + f_y^2(X) \\
&= (f_{rx}(X) + \xi_x(X))^2 + (f_{ry}(X) + \xi_y(X)^2
\end{aligned} \qquad (4\text{-}23)
$$

所以，$M^2(X)$ 的数学期望为：

$$E\{M^2(X)\} = E\{(f_{rx}(X) + \xi_x(X))^2 + (f_{ry}(X) + \xi_y(X))^2\}$$

$$= E\left\{ \begin{matrix} f_{rx}^2(X) + 2f_{rx}(X)\xi_x(X) + \xi_x^2(X) \\ + f_{ry}^2(X) + 2f_{ry}(X)\xi_y(X) + \xi_y^2(X) \end{matrix} \right\}$$

$$= f_{rx}^2(X) + f_{ry}^2(X) + 2f_{rx}(X) \cdot E\{\xi_x(X)\} \quad (4-24)$$

$$+ 2f_{ry}(X) \cdot E\{\xi_y(X)\} + E\{\xi_x^2(X)\} + E\{\xi_y^2(X)\}$$

$$= f_{rx}^2(X) + f_{ry}^2(X) + 2\sigma_T^2$$

下面计算 $M^2(X)$ 的方差。由于 $\xi_x(X)$，$\xi_y(X) \sim N(0, \sigma_T^2)$，从概率论的知识可知：

$$\left(\frac{\xi_x(X)}{\sigma_T}\right)^2, \left(\frac{\dot{\xi_y}(X)}{\sigma_T}\right)^2 \sim \chi^2(1) \quad (4-25)$$

根据 χ^2 分布的性质可得：

$$D \cdot \left[\left(\frac{\xi_x(X)}{\sigma_T}\right)^2\right] = D\left\{\left(\frac{\xi_y(X)}{\sigma_T}\right)^2\right\} = 2 \quad (4-26)$$

于是，

$$D\{\xi_x^2/(X)\} = D\{\xi_y^2(X)\} = 2\sigma_T^4 \quad (4-27)$$

因此，我们有：

$$D\{M^2(X)\} = D\{(f_{rx}(X) + \xi_x(X))^2 + (f_{ry}(X) + \xi_y(X))^2\}$$

$$= D\left\{ \begin{matrix} f_{rx}^2(X) + 2f_{rx}(X)\xi_x(X) + \xi_x^2(X) \\ + f_{ry}^2(X) + 2f_{ry}(X)\xi_y(X) + \xi_y^2(X) \end{matrix} \right\}$$

$$= D\{f_{rx}^2(X)\} + D\{f_{ry}^2(X)\} + 4f_{rx}^2(X) \cdot D\{\xi_x(X)\} \quad (4-28)$$

$$+ 4f_{ry}^2(X) \cdot D\{\xi_y(X)\} + D\{\xi_x^2(X)\} + D\{\xi_y^2(X)\}$$

$$= 4(f_{rx}^2(X) + f_{ry}^2(X)) \cdot \sigma_T^2 + 4\sigma_T^4$$

4.2 内积能量与图像梯度的性能比较

下面通过比较内积能量和梯度幅值平方的数学期望与方差，从数学上分析内积能量和梯度幅值在抑制噪声方面的性能。

设邻域 G 的半径 r，则 G 内包含的像素点个数为 $N = \pi r^2$。为了便于比较，我们假定在 X 局部范围内的其他边缘点有相近梯度（这是一个非常合理的假定，因为边缘的梯度在边缘方向上是连续的），并且这些点的个数为 n，显然有 $n > 4r$（至少位于理想边缘两侧且与之相邻的像素点为边缘点）。在 X 局部范围内的非边缘点的梯度幅值小且梯度方向与 X 的梯度方向相差很大，所以非边缘点的梯度与 X 的梯度内积非常小，即非边缘点的梯度对 X 的内积能量贡献也非常小，可以忽略不计。于是有：

$$\sum_{X_i \in G} f_{rx}(X_i) \approx n \cdot f_{rx}(X) \tag{4-29}$$

$$\sum_{X_i \in G} f_{ry}(X_i) \approx n \cdot f_{ry}(X) \tag{4-30}$$

将式（4-29）和式（4-30）带入式（4-21）和式（4-22）可得：

$$E\{\mathrm{IP}(X)\} = f_{rx}(X) \cdot \sum_{X_i \in G} f_{rx}(X_i) + f_{ry}(X) \cdot \sum_{X_i \in G} f_{ry}(X_i)$$
$$\approx n(f_{rx}^2(X) + f_{ry}^2(X)) \tag{4-31}$$

$$D\{\mathrm{IP}(X)\} \approx n(f_{rx}(X) + f_{ry}^2(X)) \cdot \sigma_T^2 + n^2(f_{rx}^2(X)$$
$$+ f_{ry}^2(X)) \cdot \sigma_T^2 + 2N \cdot \sigma_T^4 \tag{4-32}$$
$$= (n^2 + n)(f_{rx}^2(X) + f_{ry}^2(X)) \cdot \sigma_T^2 + 2N \cdot \sigma_T^4$$

对于噪声点，即当 $f_{rx}(X) = f_{ry}(X) = f_{rx}(X_i) = f_{rx}(X_i) = 0$ 时，梯度幅值平方和内积能量的数学期望与方差分别为：

$$E\{M^2(X)\}_{Noise} = 2\sigma_T^2 \tag{4-33}$$

$$D\{M^2(X)\}_{Noise} = 4\sigma_T^2 \tag{4-34}$$

$$E\{\mathrm{IP}(X)\}_{Noise} = 0 \tag{4-35}$$

$$D\{\mathrm{IP}(X)\}_{Noise} = 2N \cdot \sigma_T^4 \tag{4-36}$$

本节通过比较边缘信号输出与噪声信号输出的比值（信噪输出比）来衡量算法的噪声抑制性能，显然，信噪输出比越大，算法对噪声的抑制性能越好。

- 考虑边缘信号与噪声的输出均值（式（4-24）、式（4-31）、式（4-33）和式（4-35）），梯度幅值平方与内积能量的信噪输出比分别为：

$$\rho_{AM} = \frac{f_{rx}^2(X) + f_{ry}^2(X) + 2\sigma_T^2}{2\sigma_T^2}$$
$$= \frac{f_{rx}^2(X) + f_{ry}^2(X)}{2\sigma_T^2} + 1 \tag{4-37}$$

$$\rho_{AIP} = \frac{n(f_{rx}^2(X) + f_{ry}^2(X))}{0} \tag{4-38}$$

- 考虑边缘信号与噪声的输出方差（式（4-28）、式（4-32）、式（4-34）和式（4-36）），梯度幅值平方与内积能量的信噪输出比分别为：

$$\rho_{VM} = \frac{4(f_{rx}^2(X) + f_{ry}^2(X)) \cdot \sigma_T^2 + 4\sigma_T^2}{4\sigma_T^2}$$
$$= \frac{f_{rx}^2(X) + f_{ry}^2(X)}{\sigma_T^2} + 1 \tag{4-39}$$

$$\rho_{VIP} = \frac{(n^2+n)(f_{rx}^2(X)+f_{ry}^2(X)) \cdot \sigma_T^2 + 2N \cdot \sigma_T^4}{2N \cdot \sigma_T^4}$$

$$= \frac{f_{rx}^2(X)+f_{ry}^2(X)}{\sigma_T^2} \frac{n^2+n}{2N} + 1$$

$$> \frac{f_{rx}^2(X)+f_{ry}^2(X)}{\sigma_T^2} \left(\frac{8}{\pi} + \frac{2}{\pi r}\right) + 1$$

$$> \frac{f_{rx}^2(X)+f_{ry}^2(X)}{\sigma_T^2} \cdot 2.5 + 1$$

(4-40)

比较式（4-37）与式（4-39）、式（4-38）与式（4-40），可得：

$$\rho_{AM} \ll \rho_{AIP}$$ (4-41)

$$\rho_{VM} < \rho_{VIP}$$ (4-42)

通过以上的数学分析可得：相对于梯度幅值平方，内积能量具有更大的信噪输出比，因此在保持相当定位精度的条件下具有更强的噪声抑制性能。

● 直观比较

图 4-1a 是一幅加入高斯噪声的模拟图像，图 4-1b 和 c 分别为图 4-1a 中区域 A（噪声点为中心）和区域 B（边缘点为中心）的梯度分布。直观上看：噪声点附近的梯度呈随机分布，方向很难与该噪声点一致，因而有较小的内积能量；此外，各点与噪声点内积运算的结果符号有正有负，可相互抵消，因

a)

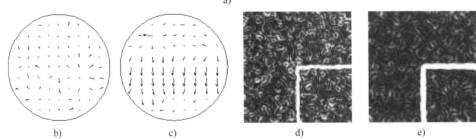

b)　　　　c)　　　　d)　　　　e)

图 4-1　梯度分布、梯度幅值图及内积能量图

a）加入噪声的图像　b）A 区的梯度分布　c）B 区的梯度分布　d）梯度幅值平方图　e）内积能量图

此，噪声点的内积能量非常小。而边缘点附近各点的梯度均与其梯度趋向一致，使得内积运算后能够获得较大的内积能量。因此，仅由噪声引起的非边缘点因缺乏边缘结构的有效支撑，经内积能量运算后在很大程度上得到抑制；而有边缘结构支撑的边缘点经过内积能量运算后会被大大增强。图 4-1d 和 e 分别为图 4-1a 的梯度幅值平方图和内积能量图，内积能量在抑制噪声方面明显具有更好的性能表现。

4.3　基于内积能量的边缘检测算子

4.3.1　边缘检测算子

基于 4.2 节的分析，相对于梯度幅值，内积能量在具有相当定位精度的条件下具有更好噪声抑制性能。为提高经典 Canny 算子的噪声抑制性能，用式（4-17）定义的内积能量（开方）代替高斯梯度幅值（非极大值抑制过程各点的方向依旧采用梯度方向），从而形成了基于内积能量的边缘检测算子。检测算子具体分为以下 4 个步骤：

1）利用高斯梯度模板计算图像各点的梯度。

2）利用式（4-17）计算图像各点的内积能量。

3）利用梯度方向和内积能量（开方）进行非极大值抑制。

4）进行双阈值连接。

4.3.2　真实图像的噪声实验

图 4-2 是经典 Canny 算子和基于内积能量的边缘检测算子在 Lena 图像上的检测结果。其中，图 4-2a 为加入均值为 0、方差为 40 的高斯噪声后的 Lena 图像；图 4-2b、c 分别为其梯度幅值图和内积能量图；图 d～h 分别为经典 Canny 算子在不同阈值（高阈值分别为图像均值的 1.0、1.2、1.4、1.6、1.8 倍，低阈值均为高阈值的 0.6 倍）的边缘检测结果；图 4-2i～m 分别为相同阈值设置下的基于内积能量的边缘检测结果。

通过图 4-2b、c 的对比可以看出：相对于梯度幅值图，在内积能量图中图像主要边缘得到增强，同时噪声和细小边缘得到有效抑制，两者之间的对比度加大。由图 d～h 可以看出：经典 Canny 算子的检测性能对二值化阈值的选择十分敏感（当阈值较小时，抑制噪能力非常差）；而图 4-2i～m 表明：基于内积能量的边缘检测算子能够在有效保持图像主要边缘的同时，有效地抑制图像噪声和细节。此外还可以看出，相对于经典 Canny 检测算子，基于内积能量的边缘检测算子具有对阈值选取不敏感的优良性质。

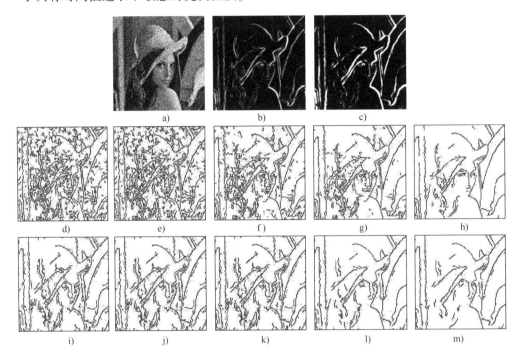

a)　　　　　　　　b)　　　　　　　　c)

d)　　　　e)　　　　f)　　　　g)　　　　h)

i)　　　　j)　　　　k)　　　　l)　　　　m)

图 4-2　两种算子的性能比较

4.3.3　模拟实验 (定量比较)

3.4.3 节参考 Nguyen 的定义定义了四种误差 (见图 3-7): 边缘冗余、噪声冗余、像素丢失和像素错位, 并定义滤波误差和定位误差来分别衡量算法的平滑性和定位精度。这里依旧采用 3.4.3 节的方法来比较基于内积能量的边缘检测算子与经典的 Canny 算子在滤波误差和定位精度两方面的性能。

1. 实验图像

实验图像采用 Nguyen[27] 所设计的模拟图像 (见图 4-3)。图中从左到右在 40、80、160、200、240 处分别有 5 个不同类型的边缘, 依次分别为阶跃型边缘、台阶型边缘、倒台阶型边缘、脉冲型边缘和倒脉冲型边缘。其中, 阶跃型边缘根据下式产生:

图 4-3　实验图像

$$I(x,y) = \begin{cases} c\left(1 - \dfrac{1}{2}e^{-\mu(x-\mathrm{LoC_{edge}})}\right) & x \leqslant \mathrm{LoC_{edge}} \\[3mm] \dfrac{c}{2}e^{-\mu(x-\mathrm{LoC_{edge}})} & x > \mathrm{LoC_{edge}} \end{cases} \qquad (4\text{-}43)$$

式中，$\mathrm{LoC_{edge}}$ 用于控制边缘的位置；μ 用于控制边缘的陡峭程度；c 用于控制边缘的高度。台阶型边缘和脉冲型边缘由两个阶跃型边缘获得，即 $I(x,y) + aI(x-\Delta, y)$，$a>0$ 时表示台阶型边缘，$a<0$ 时表示脉冲型边缘。

2. 实验结果

图 4-4 是经典 Canny 算子（CC）和基于内积能量的边缘检测算子（IPE）在加入高斯噪声的模拟图像上的实验结果。其中，图 4-4a、b 表示在高斯噪声方差为 0.3 时，两种算法在不同尺度水平上的检测性能对比。图 4-4c、d 表示在滤波尺度为 1.0 时，分别加入不同大小的噪声时两种算法的检测性能对比。实验中双阈值连接时的高低阈值分别为图像均值的 1.5 倍和 1.0 倍。通过对图 4-4a~d 的分析，可以得出如下结论：

① 图 4-4a、c 表明，两种边缘检测算法具有相当的边缘定位精度；并且滤波尺度越大或噪声水平越高，算法的边缘定位精度越差。

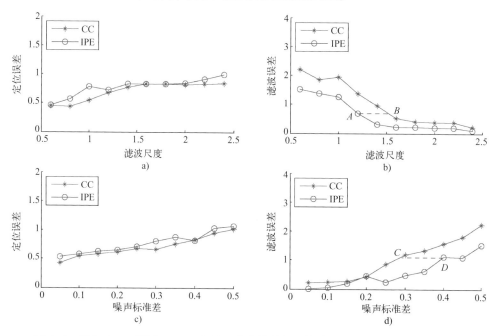

图 4-4　经典 Canny 算子（CC）和基于内积能量的边缘检测算子（IPE）的性能比较

a）尺度—定位误差曲线　b）尺度—滤波误差曲线

c）噪声—定位误差曲线　d）噪声—滤波误差曲线

② 图 4-4b、d 表明，基于内积能量的边缘检测算子比经典的 Canny 算子具有更强的噪声抑制能力。

③ 通过图 4-4b 中点 A 和点 B 的比较可得，保证相当滤波误差的条件下，对相同大小的噪声，基于内积能量的边缘检测算子比经典 Canny 算子具有更小的滤波尺度，因此基于内积能量的边缘检测算子具有更高的边缘定位精度（由①可知两种算法的边缘定位精度取决于滤波尺度，尺度越小，精度越高）。

④ 通过图 4-4d 中点 C 和点 D 的比较可得，在保证相当滤波误差的条件下，相同滤波尺度的基于内积能量的边缘检测算子比经典 Canny 算子能够抑制更大的噪声。

⑤ 图 4-4b、d 中基于内积能量的边缘检测算子的滤波误差曲线变化十分平缓，这表明它对尺度和噪声变化具有不敏感的良好特性。

总之，该实验表明，相对于经典的 Canny 算子，在具有相当定位精度的条件下，基于内积能量的边缘检测算子具有更好的噪声抑制性能。

4.3.4 更多真实图像的实验结果

图 4-5 给出了两种算法的真实图像实验的更多结果。其中，图 4-5a 列表示原始图像；图 4-5b 列和图 4-5c 列分别为梯度幅值图和内积能量图；图 4-5d 列和图 4-5e 列分别为经典 Canny 检测算子和基于内积能量的边缘检测算子的边缘检测结果。实验中两种算法的尺度参数和双阈值连接时的阈值参数完全相同。可以看出：在对微小细节的抑制方面，基于内积能量的边缘检测算子比经典 Canny 算子具有更好的性能；在对主要边缘的定位保持方面，基于内积能量的边缘检测算子的性能与经典的 Canny 算子相当，部分图像上基于内积能量的边缘检测算子的检测结果甚至更加完整，例如 a 列花圃的主轮廓、b 列白云的边缘、d 列海星最下面的触角、f 列羚羊的左羊角等。总之，两种检测算子的边缘定位精度相当，但基于内积能量的边缘检测算子在噪声抑制方面具有更优性能。

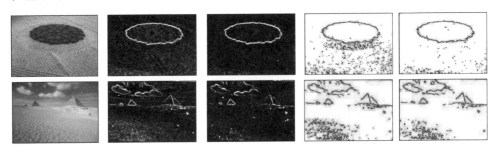

图 4-5 两种算子在真实图像上的检测结果对比

a）原始图像 b）梯度幅值图 c）内积能量图 d）Canny 边缘检测结果 e）本章方法边缘检测结果

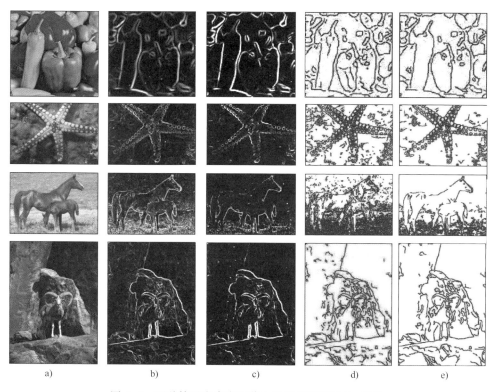

a)   b)   c)   d)   e)

图 4-5 两种算子在真实图像上的检测结果对比（续）

a）原始图像 b）梯度幅值图 c）内积能量图 d）Canny 边缘检测结果 e）本章方法边缘检测结果

4.4 本章小结

从某种意义上说，内积能量的引入为图像处理特别是特征检测提供了一种新的有力工具。相对于 Canny 算子，具有相当边缘定位精度的条件下，本章提出的基于内积能量的边缘检测算子对图像中的噪声和细节具有更强的抑制能力，并且对阈值参数调节不敏感，因此具有较大的实用价值。由内积能量的定义可以看出，内积能量的计算十分简单，计算一个点的内积能量只需要将该点梯度与周围邻域内各点梯度进行内积后求和即可，其时间开销仅相当于一次卷积或者滤波运算。因此，相对于经典的 Canny 边缘检测算子，基于内积能量的边缘检测算子只相当于增加了一次滤波运算，相对于其他步骤（计算高斯梯度、极大值抑制，双阈值连接）的计算开销总和，计算内积能量所增加的开销可以忽略不计。

第 5 章

基于缺席重要性的点线特征检测与匹配

本章[51]继续研究图像中特征点、线的检测问题：按照正常的逻辑，如果一件事物是重要的，那么该事物的缺席（丢失）将会造成重大影响，反之则不会。也就是说，缺席造成的影响可作为评估事物是否重要的一种度量方式。受这一思路的启发，我们考虑如下问题：在由众多像素组成的数字图像中，哪些像素具有较高的重要性？可否通过评估像素缺席（丢失）对其局部结构造成的影响来对各像素的重要性进行评估？具有较高重要性的像素对应着图像中的哪些结构信息？这些像素是否能够对图像结构分析与理解提供帮助？

　　基于上述考虑，本章的研究内容界定在利用像素缺席造成的影响对各像素点的重要性进行评估，并在此基础上分析像素重要性与图像局部结构的关系及其应用。首先，需要考虑的问题是如何定量评估像素缺席造成的影响，一个直观的思路是选取合适的局部统计量并通过对比缺席前后统计量的数值变化。下面以选取均值与标准差作为统计量为例具体分析图像中不同类型像素点的缺席重要性。如图 5-1 所示，三种 3×3 区域分别为平坦区域、边缘点和角点的局部结构（注：一个方格代表一个像素，方格内数字代表像素灰度值）。表 5-1 给出了图 5-1 中三种类型中心像素缺席前后局部区域均值与标准差的数值。可以看出：平坦区域中心像素的缺席对于局部灰度均值与标准差没有任何影响，边缘像素与角点像素的缺席则能造成较大响应。显然，通过评估中心像素缺席对局部统计量造成的不同影响，可以将边缘点、角点与普通像素区分开来，本章工作正是基于这种基本思想展开的。

255	255	255
255	255	255
255	255	255

a)

0	0	0
255	255	255
255	255	255

b)

0	255	255
0	255	255
0	0	0

c)

图 5-1　不同类型像素

a）平坦区域像素　b）边缘像素　c）角点像素

表 5-1　不同区域的局部均值和标准差

区　　域	统　计　量	出　　席	缺　　席	差　　值
图 5-1a	均值	255.0	255.0	0.0
	标准差	0.0	0.0	0.0
图 5-1b	均值	170.0	159.38	10.63
	标准差	120.21	123.45	3.24

（续）

区　域	统　计　量	出　席	缺　席	差　值
图 5-1c	均值	113.33	95.63	17.71
	标准差	126.71	123.45	3.26

5.1　均值缺席重要性的构造

对于图像中的任一点 X，定义以 X 为中心的 3×3 邻域为其支撑区域，记为 $G(X)$，选取均值作为局部区域的度量标准，根据上述缺席重要性的思想，可定义如下均值缺席重要性（Mean Absence Importance，MAI）。

首先，计算区域 $G(X)$ 内各点的灰度均值（其中 $I(X_i)$ 表示区域 $G(X)$ 内任一点 X_i 的灰度值，$\#G(X)$ 表示区域内像素个数）：

$$M(X) = \frac{1}{\#G(X)} \cdot \sum_{X_i \in G(X)} I(X_i) \tag{5-1}$$

然后，计算区域 $G(X)$ 内中心点 X 缺席时其他各像素灰度均值：

$$M'(X) = \frac{1}{\#G(X)-1} \cdot \sum_{X_i \in G(X) \& X_i \neq X} I(X_i) \tag{5-2}$$

则均值缺席重要性可定义为：

$$\text{MAI}(X) = |M(X) - M'(X)| \tag{5-3}$$

5.2　标准差缺席重要性的构造

与定义均值缺席重要性类似，选取标准差作为像素重要性的统计度量，可定义标准差缺席重要性（Standard Deviation Absence Importance，SDAI）。首先，计算区域 $G(X)$ 内各点的灰度标准差（其中 $\text{Std}(\cdot)$ 表示计算一个区域内各点的灰度标准差）：

$$S(X) = \text{Std}(G(X)) \tag{5-4}$$

然后，计算区域 $G(X)$ 内中心点 X 缺席情况下其他各点灰度标准差（其中 $G'(X)$ 表示 $G(X)$ 去除点 X 包含的区域）：

$$S'(X) = \text{Std}(G'(X)) \tag{5-5}$$

则标准差缺席重要性可定义为：

$$\text{SAI}(X) = |S(X) - S'(X)| \tag{5-6}$$

实验过程中，我们发现均值缺席重要性 $\text{MAI}(X)$ 与标准差缺席重要性

SAI(X)的比值可以用来区分边缘点与角点，于是本章将该比值取代式（5-6）中的标准差缺席重要性使用（**为表述方便，该比值仍称为标准差缺席重要性**）：

$$SDAI(X) = MAI(X) / SAI(X) \qquad (5-7)$$

5.3 缺席重要性与图像结构的关系

图像像素点主要包括平坦区域像素点、边缘点、角点等几种类型，下面分析各种不同类型像素点处的缺席重要性情况。图5-2给出了8种不同类型的像素结构，其中图5-2a～c为屋脊型边缘点，图5-2d、e为阶跃型边缘点，图5-2f～h为角点。图5-3为分别将它们的均值缺席重要性与标准差缺席重要性排列后的柱状图。可以看出，对于均值缺席重要性，三种类型的像素点均具有较大的响应，而对于标准差缺席重要性，三种类型的像素明显依次增强。与常用的梯度幅值相比，缺席重要性明显有两个优势：

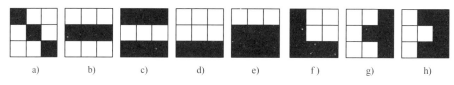

图5-2 不同类型的3×3区域

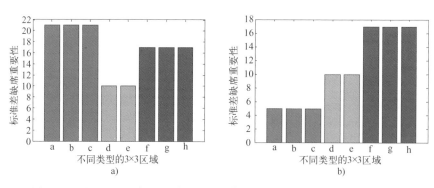

图5-3 图5-2所示各种区域对应的均值缺席重要性与标准差缺席重要性
a) 均值缺席重要性 b) 标准差缺席重要性

1）梯度幅值对阶跃型边缘具有单一响应，对于屋脊型边缘具有双边缘响应，而缺席重要性无论对阶跃型边缘还是对屋脊型边缘都具有单一响应，这为不同类型的边缘进行统一度量检测提供了条件。

2）梯度幅值在角点处具有较弱的值，导致基于梯度能量的边缘检测算法（如 Canny 算子）结果经常在角点处不连续，缺席重要性在角点处具有更大的能量，用于特征检测可产生更为连续的结果。

图 5-4 给出了边缘与角点模拟图像对应的缺席重要性能量图，显然，基于该能量图无论是边缘检测还是角点检测都能获得较好结果。

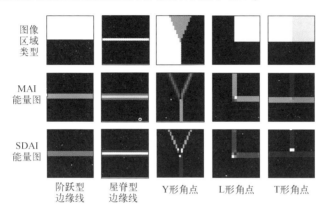

图 5-4   均值缺席重要性与标准差缺席重要性能量图

5.4   基于缺席重要性的特征检测算法

本节将定义的缺席重要性特征应用于构建一个新的特征检测算法，并和经典的检测算子做对比。当应用于边缘检测时，为了测试缺席重要性的性能，首先用 MAI 能量图代替图像的高斯梯度幅值。然后，通过阈值处理初步获得基于 MAI 能量图的边缘检测结果，但为了获得更好的边缘检测结果，我们在基于 MAI 能量图的边缘结果上执行后期细化等处理，从而获得单像素边缘。对于角点检测，首先计算图像中各个像素的 SDAI 值，然后通过进行阈值处理和进一步局部极大值检测来获得图像的角点。下面，模拟图像和真实图像均被用来计算新提出的边缘和角点检测算法的性能。

5.4.1   基于缺席重要性的特征线检测

图 5-5a 给出了一幅示例图片，该图片同时包含屋脊型边缘和阶跃型边缘。图 5-5b 和 c 是分别基于 Canny 和缺席重要性的边缘检测结果。很明显，Canny 检测算子对于阶跃型边缘生成了单边缘响应，但对于屋脊型边缘则生成了双边缘响应并且在边缘的钝角处产生了断点现象。与此相反，基于缺席重要性的算法则对

于两种类型的边缘均给出了单边缘响应，并且检测得到的边缘是连续的和完整的。

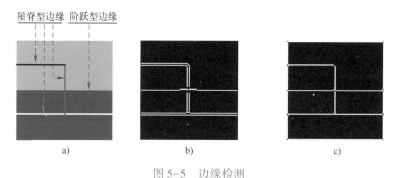

图 5-5　边缘检测

a）原始图像　b）Canny 边缘检测　c）AI 边缘检测

如图 5-6a 所示，一幅经典的用于边缘和角点检测的模拟图像被用来计算本章所提出的缺席重要性（Absence Importance，AI）理论的性能。该算法与 SUSAN 和 Canny 的对应对比结果如图 5-6b~d 所示。不难看出，SUSAN 和 AI 算法均能在钝角处获得连续的边缘。但对于在图中用圆圈标记的短边缘，边缘检测结果将发生弯曲现象，该现象可以在 SUSAN 和 Canny 边缘检测结果中观察到。相对地，本章提出的 AI 理论不仅不会产生该现象，反而给出了精确的边缘检测结果，如图 5-6d 所示。换句话说，本章提出的 AI 理论能够更精确地定位图像中的边缘。这是缺席重要性检测算法的另一个优势。

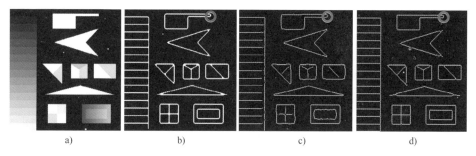

图 5-6　不同理论的边缘检测结果

a）原始图像　b）SUSAN　c）Canny　d）AI

图 5-7 给出了一个关于 SUSAN 和 AI 边缘检测的更清楚的例子。当 SUSAN 检测算子的模板中心像素落于图 5-7a 中的红色区域时，USAN 的面积是 21 或 25，并且在红色区域的像素被定义为边缘像素。当模板的中心像素落于图 5-7a

中的灰色区域时，USAN 面积是 11 或 15，相应的像素被定义为角点。很明显，SUSAN 在角点附近产生了一个弯曲的边缘。现在给出关于 AI 理论的一个分析。当模板的中心像素落于图 5-7b 中的红色区域时，MAI 缺席重要性是 0，并且这些像素将被定义为平坦区域像素。当模板的中心像素落于图 5-7b 中的深灰色区域时，MAI 缺席重要性是更大的，并且这些像素将被定义为边缘像素。很明显，基于缺席重要性理论的检测结果没有弯曲现象发生。

图 5-8 给出了基于 Canny 和 AI 的几幅真实图像的边缘检测结果。它进一步验证了本章所提出的 AI 理论相对于 Canny 检测算子的两个明显优势：

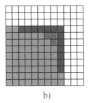

图 5-7   SUSAN 和 AI 的
边缘检测结果
a）SUSAN   b）AI

图 5-8   检测结果
a）原始图像   b）Canny   c）MAI

1）无论是屋脊型边缘还是阶跃型边缘，基于 AI 理论算法都给出了单边缘响应，然而对于屋脊型边缘，Canny 则给出了双边缘响应，同时对于阶跃型边缘，Canny 给出了单边缘，如图 5-8 用红色矩形标记所示。

2）基于 AI 理论算法相对于 Canny 算子给出了更连续的边缘，如图 5-8 中红色矩形标记所示。

5.4.2 基于缺席重要性的特征点检测

为了验证本章所提出基于 AI 理论的角点检测算法的性能，一个与 SUSAN 角点检测算子对比的实验在图 5-6a 中的经典模拟图像上实现。

图 5-9 给出了角点检测结果。可以看出，SUSAN 角点检测算子丢失了一个角点，并且检测出很多的冗余点，然而基于 AI 理论的角点检测算法则检测出了所有的角点，并且除了有一个误检点外没有冗余角点。因此，基于 AI 的检测算法在检测精度方面展现了更优越的性能。

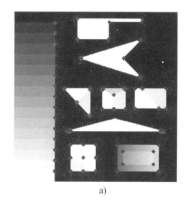

a)   b)

图 5-9　角点检测

a）SUSAN 结果　b）AI 结果

表 5-2　SUSAN、MAI、SDAI 角点检测耗时对比

理　　论	实 验 序 号								平均时耗/s
	1	2	3	4	5	6	7	8	
SUSAN	1.0296	1.1232	1.0920	1.0140	0.9828	1.0764	1.0452	1.2948	1.08225
MAI	0.9048	0.9048	0.8736	0.8424	0.8580	0.8268	0.8736	0.8580	0.86775
SDAI	1.3884	1.2636	1.2168	1.2480	1.2636	1.2012	1.2480	1.2636	1.26165

表 5-2 给出了 SUSAN 角点检测和基于 AI 理论的角点检测（分别命名为 MAI 和 SDAI）在时间消耗方面的对比结果。通过平均多次实验的运行时间来获得平均时间消耗。可以看出，基于 MAI 理论的检测算法消耗了更少的时间，SUSAN

算法第二，而基于 SDAI 理论的检测算法是最耗费时间的。因此，从某种意义上来说，在角点检测方面，基于 AI 理论的算子在运行时间方面更优于 SUSAN 算子。总体来说，本章提出的基于 AI 理论的算法在检测精度和运行时间消耗方面均展现了比 SUSAN 更好的结果。

更多的图片被用来计算本章所提出理论算法的性能，如图 5-10a 所示。四组图像分别是国际棋盘、栅栏、壁画和二维码。基于 MAI 算法的边缘检测结果如图 5-10b 所示。图 5-10c、d 和 e 分别展现了基于 MAI、SDAI 和 SUSAN 的角点检测结果。表 5-3 给出了上述三种算法角点检测数目的统计信息和角点检测的平均正确率。可以看出，基于 MAI 和 SDAI 理论的算法都可用于角点检测，并且后者展现出了比前者更好的性能。很明显，基于 MAI 和 SDAI 的角点检测的平均正确率比 SUSAN 检测算法的高。此外，基于 MAI 理论的算法也能很好地进行边缘检测。

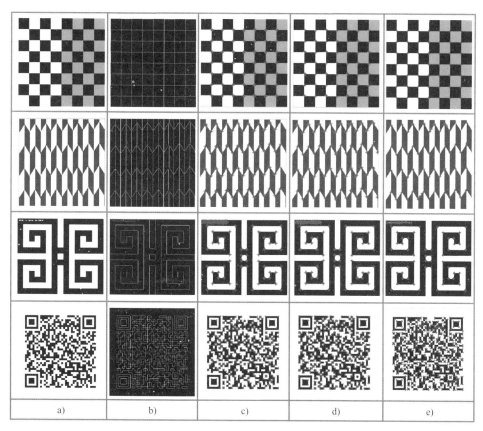

图 5-10　基于缺席重要性的角点检测和 SUSAN 比较结果

a）原始图像　b）MAI 边缘检测　c）MAI 角点检测　d）SDAI 角点检测　e）SUSAN 角点检测

表 5-3　图 5-10 中检测结果统计信息

图　　　像	角　点　数	MAI 丢失角点数	SDAI 丢失角点数	SUSAN 丢失角点数
国际棋盘	49	0	0	0
栅栏	60	2	0	12
壁画	52	0	0	0
二维码	872	51	47	194
总数	1033	53	47	206
平均正确率		94.87%	95.45%	80.06%

由表 5-2 可知，某种意义上，在角点检测方面，基于 AI 理论的算法在时间消耗方面优于 SUSAN 算子；由表 5-3 可知，基于 MAI 和 SDAI 算法的角点检测准确率明显高于 SUSAN 算子。基于 AI 理论的角点检测算法虽然具有这些优势，但也有其不足之处，在实验中发现基于 AI 理论的角点检测算法对椒盐噪声较为敏感。对图 5-10 的部分图像添加椒盐噪声，然后进行角点检测，实验结果如图 5-11所示。

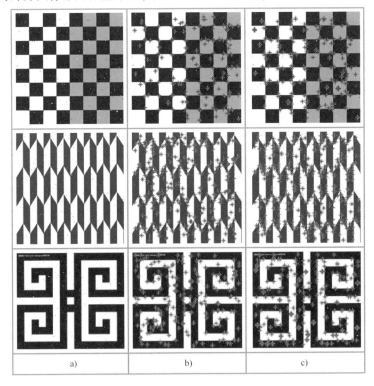

图 5-11　椒盐噪声实验结果

a）加椒盐噪声原图像　b）基于 MAI 的角点检测结果　c）基于 SDAI 的角点检测结果

图 5-11 的实验结果证实了基于 AI 理论的角点检测算法
对椒盐噪声较为敏感。其原因在于：椒盐噪声无疑是一个个
孤立的点，假设一个 3×3 平坦区域的中心像素是一个椒盐噪
声点，那么该区域如图 5-12 所示。计算该局部邻域的局部均
值缺席重要性和标准差缺席重要性，如表 5-4 所示。图 5-12

0	0	0
0	255	0
0	0	0

的均值缺席重要性和标准差缺席重要性均明显高于图 5-1c，

图 5-12　含椒盐噪声
点的 3×3 平坦区域

即椒盐噪声点的均值缺席重要性和标准差缺席重要性均高于
角点附近的点。因此，在局部极大值检测的过程中容易将椒盐噪声点误认为角
点，这是算法对椒盐噪声敏感的主要原因。

表 5-4　图 5-12 所示局部邻域的局部均值和标准差

区　　域	统　计　量	出　　席	缺　　席	缺席重要性
图 5-12	均值	28.33	0	28.33
	标准差	80.14	0	80.14

5.5　本章小结

本章引入了缺席重要性特征及其构造方式，给出了基于缺席重要性的特征检测算
法。与经典算法相比，该算法在边缘定位和角点检测方面具有一定优势，可推广用于
其他特征检测；但缺席重要性特征对噪声较为敏感，在应用前可首先对图像进行滤
波，以减少噪声的影响。

第 6 章

图像斑状特征位置与尺寸自动检测方法

特征检测一直是计算机视觉领域的经典问题，近年来该领域（特别是特征点与特征区域检测方面）取得了较大进展，产生了一批高效实用的算法，已有文献主要侧重在特征点及特征区域检测研究上。本章主要研究一副图像中明显与周围不同的区域特征（类似斑点，下文称斑状特征，理想斑状特征为均一圆形区域，实际检测过程中不局限于固定形状），如图 6-1 给出了几组包含斑状特征的自然场景与人工场景图像，如第 1 幅中的人头、第 2、3 幅图像中的花瓣与花朵、第 4 幅中的暗斑与亮斑、第 5 幅中豹子斑纹、第 6 幅中包含的文字、第 7 幅中的小窗户等均可视为斑状特征。我们分析发现，无论是自然场景还是人工场景图像中，斑状特征都是普遍存在的，提取斑状特征的位置与尺寸对于场景目标识别、内容理解等任务具有重要价值。与图像斑状特征相关的早期研究主要是单尺度拉普拉斯 LoG 算子，基于 LoG 算子极值能够提取出图像中较小的斑状特征的中心位置；在 LoG 的基础上，Lindeberg[14] 结合尺度空间理论提出了多尺度的拉普拉斯 LoG 算子；为提高运算效率，利用高斯差分代替近似高斯滤波，Lowe[5] 提出了在三维 DoG 尺度空间中搜索极值点来提取特征点的思路。本质上多尺度 LoG 与 DoG 在数学上是近似等价的，它们能够提取出图像中斑状特征的位置与尺寸。但是，大量实验后我们发现，对于图像中尺寸较小的斑状特征，多尺度 LoD/DoG 算子能够有效地提取出其中心位置与尺寸，而对于图像中尺寸较大的斑状特征，由于高斯滤波的平滑作用，多尺度 LoD/DoG 算子提取特征的尺寸偏离其真实值，且这种偏差随着高斯尺度的增大越来越明显。

从已有文献来看，目前还没有专门算法实现斑状特征的位置与尺寸准确提取。本章[52] 从斑状特征的梯度分布入手，首先根据其梯度分布构造具有极值响应的极值能量函数，然后对极值能量函数的极值特性进行理论分析与直观分析，最后给出了图像斑状特征位置与尺寸检测的实现算法。本章提出的斑状特征位置与尺寸检测算法由如下步骤组成：第一，基于极值能量函数构造三维极值能量空间；第二，在三维极值能量空间中进行极大值检测；第三，去除伪极大值并获得斑状特征的位置与尺寸。实验结果表明，本文方法能够有效准确地检测出图像中斑状特征的位置与尺寸，并对图像噪声、模糊、视角变化具有较强稳定性与鲁棒性。

图 6-1　包含斑状特征的真实图像

图 6-1   包含斑状特征的真实图像（续）

6.1   斑状特征建模与极值能量函数构造

如图 6-2a 所示，理想状态下，图像中的斑状特征可用圆形区域来建模：

$$f(x,y) = \begin{cases} 1, & x^2+y^2 \leqslant r_0^2 \\ 0, & x^2+y^2 > r_0^2 \end{cases} \tag{6-1}$$

图 6-2b 给出了图像斑状特征的梯度幅值分布图，可以看出，斑状特征的梯度幅值呈圆周分布。考虑以斑状特征中心为圆心、半径为 r 的圆形区域 G_r，记 G_r 内包含像素的梯度幅值之和为 $E(G_r) = \sum_{X_i \in G_r} \mathrm{mag}(X_i)$，则显然有：当 $r < r_0$ 时（如图 6-2b 中 r_1 所示情况），斑状特征的梯度幅值均在 r 为半径的圆之外，$E(G_r) = 0$；当 $r \geqslant r_0$ 时（如图 6-2b 中 r_2 所示情况），斑状特征的梯度幅值均在 r 为半径的圆之内，$E(G_r)$ 取得恒定最大值，如图 6-2c 中为 $E(G_r)$ 随着 r 增大的变化曲线。为使 $E(G_r)$ 对 r 具有唯一极值响应，将 $E(G_r)$ 对 r 进行归一化：

$$E(X,r) = \frac{E(G_r)}{r} = \frac{\sum_{X_i \in G(X,r)} \mathrm{mag}(X_i)}{r} \tag{6-2}$$

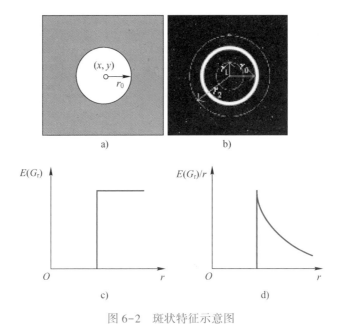

图 6-2　斑状特征示意图

a) 理想斑状特征　b) 梯度幅值分布白色加粗部分　c) $E(G_r)$-r 变化曲线　d) $E(G_r)/r$-r 变化曲线

　　函数 $E(X,r)$ 称为图像斑状特征的极值能量函数，如图 6-2d 所示为特征中心处的极值能量函数随着半径 r 增大的变化曲线，显然该函数在特征尺寸 r_0 处达到唯一极大值。

6.2　极值能量函数的极值特性分析

6.2.1　理论分析

　　下面证明 $E(X,r)$ 对斑状特征的位置与尺寸同时具有极值响应，即：当 X 与斑状特征的中心重合，r 等于斑状特征半径 r_0 时，函数 $E(X,r)$ 达到极大值，该性质表明利用极值能量函数 $E(X,r)$ 能够准确检测出图像斑状特征的位置与尺寸。

　　如图 6-3 所示，圆 O_1 表示半径为 r_0 的斑状特征，圆 O_2 表示半径为 r 的检测圆。记 O_1O_2 的距离为 d，两圆交点分别为 P_1、P_2，以 O_1 为坐标原点，$\overrightarrow{O_1O_2}$ 方向及其垂直向上方向为坐标轴建立坐标系，则斑状特征可用函数 $x^2+y^2 \leqslant r_0^2$ 表示，检测圆可用函数 $(x-d)^2+y^2 \leqslant r^2$ 表示，此时基于检测圆的极值能量函数表达式为：

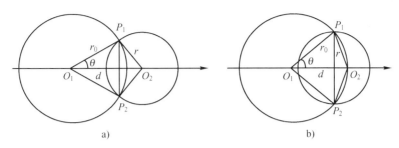

图 6-3　两圆位置关系

a）两圆相交　b）函数取得极大值时两圆位置

$$E(d,r) = \frac{\displaystyle\sum_{X_i \in G(d,r)} \text{mag}(X_i)}{r} \tag{6-3}$$

式中，$\displaystyle\sum_{X_i \in G(d,r)} \text{mag}(X_i)$ 表示以点 $O_2(d,0)$ 为圆心，r 为半径的圆形区域中包含梯度幅值之和，由于斑状特征梯度幅值呈圆周分布，忽略噪声影响及离散化误差，不失一般性可令斑状特征边缘处梯度幅值为 1，则 $\displaystyle\sum_{X_i \in G(d,r)} \text{mag}(X_i)$ 可用检测圆 O_2 中包含的特征圆 O_1 的弧长 $\overset{\frown}{P_1 P_2}$ 近似。分检测圆与特征圆相交、检测圆包含特征圆等不同情况可获得 $E(d,r)$ 的表达式为：

$$E(d,r) = \begin{cases} 2\theta r_0/r, & |r_0-r| < d < |r_0+r| & \text{Ⅰ（相交）} \\ 2\pi r_0/r, & r \geq r_0, d \leq r-r_0 & \text{Ⅱ（包含）} \\ 0, & \text{其他} \end{cases} \tag{6-4}$$

（1）两圆相交

当 $|r_0-r| < d < |r_0+r|$ 时，$E(d,r) = 2\theta r_0/r$，联立两圆方程获得交点坐标：

$$\begin{cases} x^2 + y^2 = r_0^2 \\ (x-d)^2 + y^2 = r^2 \end{cases} \Rightarrow x_P = \frac{r_0^2 - r^2 + d^2}{2d} \in (-r_0, r_0) \tag{6-5}$$

于是：

$$\theta = a\cos\left(\frac{x_P}{r_0}\right) = a\cos\left(\frac{r_0^2 - r^2 + d^2}{2dr_0}\right) \in (0, \pi) \tag{6-6}$$

记：

$$t = \frac{r_0^2 - r^2 + d^2}{2dr_0} = \frac{1}{2r_0}\left(\frac{r_0^2 - r^2}{d} + d\right) \quad (-1 < t < 1)$$

则：

$$E(d,r) = \frac{2 \cdot a\cos(t) \cdot r_0}{r} \tag{6-7}$$

分析函数 $E(d,r)$ 对位置 d 的单调性：

$$\frac{\partial E(d,r)}{\partial d} = -\frac{2r_0}{r} \cdot \frac{1}{\sqrt{1-t^2}} \cdot \frac{1}{2r_0} \cdot \left(-\frac{r_0^2-r^2}{d^2}+1\right)$$

$$= \frac{(r_0^2-r^2)-d^2}{d^2 r \sqrt{1-t^2}} \tag{6-8}$$

① $0<r<r_0$ 且 $d<\sqrt{r_0^2-r^2}$ 时，$\frac{\partial E(d)}{\partial d}>0$，函数 $E(d)$ 单调递增。

② $0<r<r_0$ 且 $d>\sqrt{r_0^2-r^2}$ 时，$\frac{\partial E(d)}{\partial d}<0$，函数 $E(d)$ 单调递减。

③ $0<r<r_0$ 且 $d=\sqrt{r_0^2-r^2}$ 时，$\frac{\partial E(d)}{\partial d}=0$，$\sin\theta = r/r_0, \theta \in (0,\pi/2)$，此时两圆位置关系如图 6-3b 所示，函数 $E(d,r)$ 对于检测圆中心位置 d 取得极大值：

$$E(d,r) = \frac{2\theta}{\sin\theta} = \frac{2r_0 \cdot \arcsin(r/r_0)}{r} \tag{6-9}$$

此时，$E(d,r) = 2\theta/\sin\theta$，分析其对半径 r 的单调性：

$$\frac{\partial E(d,r)}{\partial r} = \frac{\partial (E(d,r))}{\partial \theta} \cdot \frac{\partial \theta}{\partial r}$$

$$= 2 \cdot \frac{\sin\theta - \theta \cdot \cos\theta}{\sin^2\theta} \cdot \frac{1/r_0}{\sqrt{1-(r/r_0)^2}}$$

$$= 2 \cdot \frac{\cos\theta}{\sin^2\theta} \cdot (\tan\theta - \theta) \cdot \frac{1}{\sqrt{r_0^2-r^2}} \tag{6-10}$$

由 $\frac{\partial \tan\theta - \theta}{\partial \theta} = \sec^2\theta - 1 = \tan^2\theta > 0$，可得：$\tan\theta - \theta > g(0) = 0$，于是有 $\frac{\partial E(d,r)}{\partial r} > 0$，显然函数 $E(d,r)$ 在 $\theta \in (0,\pi/2)$ 上单调递增，且有：

$$E(d,r) = f(\theta) = \frac{2\theta}{\sin\theta} < f\left(\frac{\pi}{2}\right) = \pi \tag{6-11}$$

④ 当 $r>r_0$ 时，显然 $\frac{\partial E(d)}{\partial d}<0$，函数 $E(d,r)$ 单调递减，且：

$$E(d,r) = \frac{2\theta r_0}{r} < 2\theta < 2\pi \tag{6-12}$$

（2）检测圆包含特征圆

当 $r \geq r_0$ 且 $d \leq r-r_0$ 时，$E(d,r) = 2\pi r_0/r$。

① 当 $r=r_0$ 时，由 $d \leq r-r_0 = 0$ 可得 $d=0$，此时 $E(d,r)$ 有极大值 $E_{\max}(r,d) = 2\pi$。

② $r>r_0$ 且 $d<r-r_0$，此时检测圆完全包含特征圆，显然随着 r 的增大，$E(d,r)$ 单调递减，没有极大值，且有 $E(r,d)=\dfrac{2\pi r_0}{r}<2\pi$。

③ $r>r_0$ 且 $d=r-r_0$，此时检测圆包含特征圆且两圆呈内切关系。下面验证此时 $E(d,r)$ 不是极大值位置：记 Δ 表示一个足够小数正数，显然 $r'=r-\Delta$，$d'=d-\Delta$ 时两圆也内切，有：$E(r-\Delta,d-\Delta)=\dfrac{2\pi r_0}{(r-\Delta)}>\dfrac{2\pi r_0}{r}=E(r,d)$，可知 $E(d,r)$ 在此位置处不存在极大值，且有 $E(d,r)=\dfrac{2\pi r_0}{r}<2\pi$。

综上所述，只有在 $r=r_0$ 的情况下，函数 $E(d,r)$ 达到极大值 2π，此时 $r=r_0$，$d=0$，于是可以得出结论：当且仅当检测圆与特征圆的中心及尺寸均一致时，极值能量函数才能达到极大值（最大值）。

6.2.2　直观分析

如图 6-4a 所示为一幅包含斑状特征的模拟图像，图像大小为 212×212，斑状特征的半径大小为 26，点 A、B、C 分别表示斑状特征中心、特征区域内、特征区域外三个位置，计算极值能量所用检测圆的最大半径设置为 60。图 6-4b ~ g 给出了能量极值函数对不同参数的变化曲线，下面分别分析极值能量函数对检测圆尺寸 r、中心位置的极值 d 特性。

1. 极值能量函数对尺寸（E-r）的极值特性分析

图 6-4b、c、d 分别为点 A、B、C 处极值能量随着检测圆半径的变化曲线，可进行如下分析：

① 由图 6-4b 可以看出，在特征中心位置 A 处，随着检测圆半径增大，极值能量函数存在唯一的极大值，显然，这个唯一的极大值位置对应斑状特征的半径大小。如图 6-4a 中最小的圆表示以点 A 为圆心、该极大值位置对应尺寸为半径的圆，可以看出该圆与斑状特征大小一致。

② 由图 6-4c 可以看出，在特征区域内的点 B 处，随着检测圆半径增大，极值能量函数存在唯一的极大值，如图 6-4a 中间一层圆表示以点 B 为圆心、该极大值位置对应尺寸为半径的圆，从图中可以看出此时检测圆与斑状特征圆相切。

③ 由图 6-4d 可以看出，在特征区域外的点 C 处，随着检测圆半径的增大，极值能量函数存在唯一的极大值，如图 6-4a 最外一层圆表示以点 C 为圆心、该极大值位置对应尺寸为半径的圆，从图中可以看出此时检测圆与斑状特征圆相切。

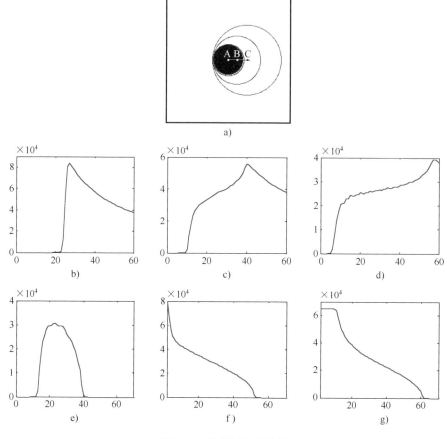

图 6-4　模拟图像及结果

a）模拟图像　b）A 处 E-r 曲线　c）B 处 E-r 曲线　d）C 处 E-r 曲线

e）$r=r_0/2$ 处 E-d 曲线　f）$r=r_0$ 处 E-d 曲线　g）$r=1.2r_0$ 处 E-d 曲线

2. 极值能量函数对中心（E-d）的极值特性分析

如图 6-4e~g 表示检测圆半径 $r=r_0/2$、$r=r_0$、$r=1.2r_0$ 时，极值能量函数随着检测圆的中心 d 增大的变化曲线（E-d 曲线），可以进行如下分析：

① 由图 6-4e 可以看出，当检测圆半径 $r=r_0/2$ 时，随着检测圆中心位置 d 增大，极值能量函数变化曲线存在唯一的极值，但由 6.3.1 节理论分析可知，该位置能量函数对于半径 r 变化并非极值。

② 由图 6-4f 可以看出，当检测圆半径 $r=r_0$ 时，随着检测圆中心位置 d 增大极值能量函数单调递减，在 $d=0$ 位置处为极大值（最大值），这与 6.3.1 节的理论分析结果一致。

③ 由图 6-4g 可以看出，当检测圆半径 $r=1.2r_0$ 时，当 $d \leqslant (r-r_0)$ 时，极

值能量函数不变化，当 $d>(r-r_0)$ 时，极值能量函数随检测圆的中心位置 d 增大单调递减；极值能量函数在区间 $d\leqslant(r-r_0)$ 上对 d 取得极大值。根据 6.3.1 节理论分析结果，区间 $d\leqslant(r-r_0)$ 上极值能量函数不能同时对 r、d 取得极大值。

综上所述，情况①⑤表明，当且仅当检测圆与图像中斑状特征的中心位置、半径均一致时，本章所构造的极值能量函数才能同时对两个参数取得极大值，此时称极值能量函数取得第 I 类极大值。在情况②③④⑥下，尽管能量函数在其他条件下均不能对两个参数取得极大值，但可以对一个参数取得极大值，此时称极值能量函数取得第 II 类极大值，本质上第 II 类极大值属于伪极大值。

本章将利用检测第 I 类极大值进行图像斑状特征检测。但是，实验表明，尽管理论上第 II 类极大值点仅能对一个参数达到极大值，但由于图像噪声影响，在利用极值能量函数的极大值进行斑状特征检测位置与尺寸时，第 II 类极大值处函数取得极大值的概率明显高于其他位置。必须在检测结果中识别并剔除第 II 类极大值。我们发现，第 I 类极大值点对应的能量必定在其确定的特征圆中达到极大值，反之，如果一个极大值点确定的圆中包含有其他能量更大的极大值点，则可将该点确定为第 II 类极大值点。利用这一现象可识别并去除第 II 类极大值：对于获得的极大值点 (x_1,y_1,r_1)，如果存在另一极大值点 (x_2,y_2,r_2)，满足 $\sqrt{(x_2-x_1)^2+(y_2^2-y_1)^2}<r_1$ 且 $E(x_2,y_2,r_2)>E(x_1,y_1,r_1)$，则将 (x_1,y_1,r_1) 判定为第 II 类极大值去除。

6.3　算法概述

本章提出的图像斑状特征位置与尺寸自动检测算法可概述如下（记图像中点 X_i 处梯度幅值为 $\mathrm{mag}(X_i)$，$G(x,r)$ 表示以点 X 为圆心，r 为半径的圆形区域）：

（1）计算梯度幅值　利用高斯梯度模板计算图像各点的梯度幅值。

（2）构造三维极值能量空间　给定一个检测半径 r，对于图像中任一点 X，利用极值能量函数（式 6-2）计算 X 处的极值能量，获得检测半径 r 下的极值能量图；给定 k 个检测半径 $r=r_1,r_2,\cdots,r_k$（其中 r_1、r_k 表示拟检测斑状特征的最小与最大半径，可根据拟检测斑状特征的情况预先设定），可获得 k 幅极值能量图；根据检测半径 r 从小到大依次将这 k 幅极值能量图进行排列，可获得一个三维极值能量空间（这里三维分别指图像的行 x、列 y 与检测半径 r）。

（3）在三维极值能量空间中检测极大值　在三维极值能量空间中，任意点 $X(x,y,r)$ 在 r 层的 3×3 邻域内有 8 个邻域点，$r-1$，$r+1$ 层 3×3 邻域内均有 9 个邻域点，如果 $X(x,y,r)$ 处的极值能量大于其他 $26(8+9+9=26)$ 个点处的极值能量，则将 $X(x,y,r)$ 确定为极大值点。

（4）剔除第 II 类极大值点　记步骤（3）获得极大值点组成的集合为 $\{P_i = (x_i,y_i,r_i)(i=1,2,\cdots,m)\}$（其中 m 表示极大值点个数），对于任一极大值点 $(x_i, y_i,r_i)(i=1,2,\cdots,m)$，如果极大值点集合中存在 $(x_j,y_j,r_j)(i\neq j)$，满足条件 $\sqrt{(x_j-x_i)^2+(y_j-y_i)^2}<r_i$ 且 $E(x_j,y_j,r_j)>E(x_i,y_i,r_i)$，则将极大值点 (x_i,y_i,r_i) 作为第 II 类极大值点去除。

（5）获得斑状特征的位置与尺寸　经过步骤（4）后保留下来的极大值点 (x_i,y_i,r_i) 可直接确定图像平面上的一个斑状特征 (x_i,y_i,r_i)，其中 (x_i,y_i) 确定斑状特征的中心，r_i 确定斑状特征的尺寸（半径大小）。

6.4　实验结果

本部分主要测试本章提出的斑状特征位置与尺寸检测算法的准确性、鲁棒性与稳定性，6.4.1 节利用模拟图像测试算法在噪声与模糊下的准确性与鲁棒性，6.4.2 节测试算法提取特征的稳定性，6.4.3 节给出了几组真实图像检测结果。

6.4.1　模拟图像实验

1. 实验图像

如图 6-5a 所示为实验图像，图像大小为 160×160，背景灰度值为 100，斑状特征灰度值为 0。图像中共包括四类大小不同图形：圆、正方形、正三角形、等腰直角三角形，从上到下各图形中心的行坐标依次分别为 20、60、100、140，从左到右各图形的列坐标分别为 20、60、100、140，从小到大各图形的尺寸（半径或者外接圆半径）依次为 6、8、10、12。

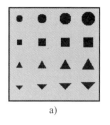
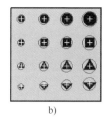

a)　　　　　　　　　　b)

图 6-5　原始图像及检测结果

a）原始图像　b）检测结果

2. 实验配置

实验中计算高斯梯度时采用的高斯尺度大小为 1.0，算法检测的最小与最大特征尺寸（半径）分别设置为 3 与 30，实验过程中先将图像灰度大小区间转化为 [0,1]，然后再对图像分别加入不同大小的椒盐噪声、高斯噪声或进行不同程度的模糊。实验中加入椒盐噪声大小依次为 0.05、0.1、0.15、0.2、0.25、0.3，加入高斯噪声大小依次为 0.05、0.1、0.2、0.3、0.4、0.5，进行高斯模糊尺度大小依次为 0.5、1.0、1.5、2.0、2.5、3.0。同一噪声水平或模糊水平下进行 200 次独立实验并统计平均结果。实验中我们发现本章算法检测获得特征的位置非常稳定，不同条件下算法的误差主要表现在获得特征的尺寸上，因此这里计算获得特征的尺寸误差来度量算法准确性：

$$\text{Error} = \frac{1}{16N}\sum_{i=1}^{16} abs(r - r_{\text{real}}) \qquad (6\text{-}13)$$

式中，r 表示特征检测尺寸；r_{real} 表示特征实际尺寸；$N=200$ 表示独立实验次数。

3. 实验结果及结论

如图 6-5b 为本章算法在原始图像上的检测结果，图 6-6 为算法在不同噪声水平或模糊大小下尺寸误差曲线，横坐标 6 个位置依次对应 6 个不同的噪声水平或高斯模糊水平，纵坐标表示利用式（6-13）计算的尺寸误差，图 6-7 为算法在加入不同大小椒盐噪声下检测结果示例（噪声大小依次为 0.05、0.1、0.15、0.2、0.25、0.3），图 6-8 为算法在加入不同大小高斯噪声下检测结果示例，图 6-9 为算法在不同高斯模糊下检测结果示例。

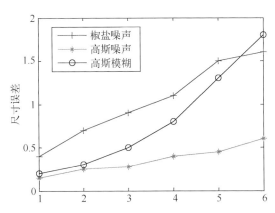

图 6-6　不同噪声与模糊下算法的尺寸误差（横坐标表示噪声或模糊大小）

可以看出：

① 随着噪声的增大，算法检测准确性受椒盐噪声影响较大，相比而言，受

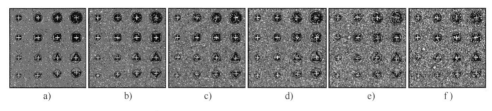

图 6-7　不同水平椒盐噪声下的实验结果

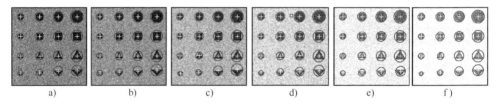

图 6-8　不同水平高斯噪声下的实验结果

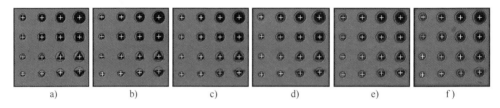

图 6-9　不同水平高斯模糊下的实验结果

高斯噪声的影响较小；算法准确性随着高斯模糊程度的增大而降低。

② 本章算法不仅能够检测图像斑状特征，还能用于其他类型特征的位置与尺寸检测。

③ 对于椒盐噪声，当噪声水平小于 0.2 时，本章算法能够较为准确地检测出目标特征，当噪声水平大于 0.2 时，算法检测出目标特征的同时，还检测出虚假目标，分析其原因主要是椒盐噪声本身就可以看作较小的斑状特征。

④ 对于高斯噪声，即使在噪声水平达到 0.5 以上，本章算法还能够准确地检测出目标特征，且能有效抑制虚假特征的出现。

⑤ 对于高斯模糊，本章算法在目标位置检测与虚假目标抑制方面均表现出较强的鲁棒性，但随着模糊程度的增大，算法检测的特征尺寸大小逐渐偏离真实值，这是因为高斯模糊导致特征边缘模糊，使得算法依赖的边缘梯度强度信号降低，从而影响了特征尺寸检测的准确性。

本章提出的图像斑状特征位置与尺寸自动检测算法对于图像噪声及模糊具有很好的鲁棒性与准确性。

6.4.2　特征稳定性实验

算法提取特征的稳定性（即不同条件下获取同一场景中特征能够重复出现）是进行目标识别、跟踪等任务的前提，本节利用不同视角下拍摄的图像组验证本章特征检测算法的稳定性。如图 6-10 所示为本章算法的两组检测结果（检测特征最小、最大尺寸与高斯尺度分别为 5、20、1.0）。重复特征采用如下方式确定：首先借助 SIFT 特征点匹配计算同组两幅图像间的单应矩阵 $\boldsymbol{H}$，对于第 1 幅图像中的特征 $F_1=(X_1,r_1)=(x_1,y_1,r_1)$ 与第 2 幅图像中的特征 $F_2=(X_2,r_2)=(x_2,y_2,r_2)$，记 $X_3=\boldsymbol{H}X_1$，如果满足 $\|X_3-X_2\|\leqslant 3$ 且 $\mathrm{abs}(r_1-r_2)\leqslant 2$，则认为特征 F_1 与 F_2 为重复特征。SIFT 重复特征利用单应确定，MSER 重复特征采用人工方式确定。

a)　　　　　　　　　　　b)

c)　　　　　　　　　　　d)

图 6-10　不同视角拍摄图像检测结果

SIFT、MSER、本章算法在图 6-10a 上获得的特征数分别为 72、22、176；在图 6-10b 上获得的特征数分别为 66、29、181；在图 6-10c 上获得的特征数分别为 176、58、240；在图 6-10d 上获得的特征数分别为 199、55、267；三种特征提取算法在第 1 组图像上的重复特征数分别为 58、18、124；三种特征提取算法在第 2 组图像上的重复特征数分别为 131、44、143。显然，三种算法特征重复出现率相当，本章算法在提取特征的重复总数上具有明显优势。

6.4.3 真实图像实验

如图 6-11 所示为本文提出的斑状特征位置与尺寸自动检测算法在 7 幅真实图像上的结果，实验中算法进行特征检测时最小尺寸、最大尺寸及高斯尺度大小设置分别为 3、30、1.0。可以看出，对于图像中花朵（3、4、6）这类形状规则的斑状特征，本章算法能够准确检测其中心位置与尺寸大小；对于图像中海星斑

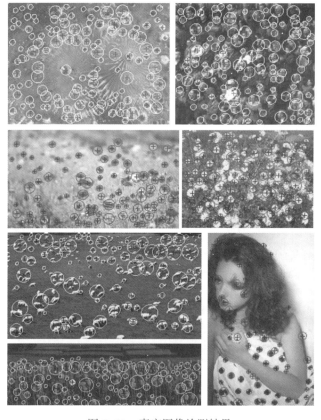

图 6-11 真实图像检测结果

纹（1）、人物脸部（2）、羊群（5）、人物头发衣服（7）等不规则斑状特征，本章算法检测获得的位置与尺寸确定的圆恰好能够包含特征。

6.5　本章小结

本章根据图像中斑状特征的梯度分布特性，提出了一种基于极值能量函数的斑状特征位置与尺寸自动检测方法。主要贡献在于：

1）根据图像中斑状特征的梯度分布，构造了对图像斑状特征具有极值响应的极值能量函数。

2）从理论与直观上分析了所构造极值能量函数的极值特性。

3）给出了利用极值能量函数的图像斑状特征位置与尺寸自动检测的实现算法。

本章提出的基于极值能量函数的图像斑状特征位置与尺寸检测方法，能够准确有效地检测出图像中斑状特征的位置与尺寸，从而为图像识别、跟踪等任务提供必要的算法支持。

第 7 章

基于基元表示的多边形检测方法

特征检测一直是图像处理与计算机视觉的经典问题之一，近年来在特征点与特征区域检测方面取得了较大进展，但是，相对复杂的多边形检测问题长期以来进展缓慢，仅有少量文献进行研究报道。已有文献中的多边形检测方法或仅适用于特定多边形的检测，或者需要预先给定多边形信息，不适用于一般场景中不同类型多边形的同时检测，缺乏通用性。对于人工场景中目标识别、定位、跟踪等任务，多边形检测（特别是不受约束的、通用的多边形检测）方法研究具有重要价值。本章[53]将从图像的结构表示入手，开展图像多边形检测方法研究。

图像结构表示是用少量数据简洁地表示图像中包含的结构信息。图像中出现概率较小的边缘部分包含了图像内容的大部分结构信息，而图像边缘上变化剧烈的点（端点、角点、交叉点等，本章统称为图像关键点）又包含了主要的边缘信息。因此，图像关键点的提取对于图像结构的表示与分析具有重要意义。除了图像关键点的位置分布，图像边缘的组织形式（表现为图像关键点之间的连接关系）也包含了大量的图像结构信息。如图 7-1 所示，具有不同结构的图 7-1a 和 7-1b 具有完全相同的关键点分布（见图 7-1c），可见仅利用关键点位置信息不足以完整地表示图像结构，需要同时考虑关键点之间的连接关系。结合图像的结构表示，该连接关系可用关键点附近的边缘方向表示。

为简洁表示图像关键点的位置和连接关系，本章引入点基元的概念：点基元由带有一个或者多个方向的关键点定义，记为：$M_1(P) = (P, \theta_1, \theta_2, \cdots, \theta_n)$，其中，$P$ 表示关键点位置；$\theta_1, \theta_2, \cdots, \theta_n (\theta_1, \theta_2, \cdots, \theta_n \in [0, 360))$ 表示关键点 P 附近的 n 个边缘方向，同时也可理解为点 P 在 $\theta_1, \theta_2, \cdots, \theta_n$ 方向与外界具有连接关系。依据该定义，图像的结构信息可以由其点基元近似表示。如图 7-1d、7-1e 所示分别为图形 1、2 的点基元表示。直观上利用点基元表示图像结构具有很强的显著性。

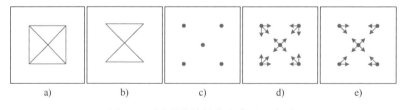

图 7-1　图形的关键点和点基元表示

a) 图形 1　b) 图形 2　c) 图形 1、2 的关键点分布　d) 图形 1 的点基元表示　e) 图形 2 的点基元表示

本章在上述图像点基元表示的基础上，开展图像多边形的检测问题研究。首先，检测图像关键点并计算关键点附近的边缘方向，利用关键点位置

与边缘方向信息定义点基元（1 维基元）；其次，将满足组合条件的点基元进行组合，获得线基元（2 维基元）；然后，将满足组合条件的线基元与点基元进行组合，获得 3 维基元或者三角形，实现三角形检测；同样，将满足组合条件的 $n(n \geqslant 2)$ 维基元与点基元进行组合，获得 $n+1$ 维基元或者 $n+1$ 边形，实现多边形检测。

7.1　点基元提取

建立图像的点基元（1 维基元）表示，即图像点基元的提取包括图像关键点的位置检测和附近边缘方向获取两个方面。文献中已有许多方法检测关键点的位置，这些特征点检测算法一般仅获得关键点的位置信息，不能同时提供关键点附近的边缘方向信息。本章将在已有工作[42]的基础上，获取关键点的位置与其附近边缘的方向信息。文献［42］提出了局部方向分布的概念，通过统计某一像素点局部邻域内梯度幅值的分布来构造描述子，并定义了绝对角点能量和相对角点能量来实现图像关键点位置的检测。经过本章进一步研究发现：在文献［42］中提出的构造局部方向描述子的思路不仅能够检测出图像中的关键点位置，还能根据描述子曲线的形状特性进行关键点附近边缘方向的分析。

7.1.1　360°的局部方向描述子

为准确获取关键点附近的边缘方向，需要将文献［42］中构造的局部方向描述子由 ［0，180°) 扩展到 ［0，360°) 方向上，对于图像中的任意像素点 P，其 360°的局部方向描述子构造过程如下：

1）确定支撑像素　对于图像点 P，定义以点 P 为中心，R 为半径（一般取10）的去心圆形区域 Ω 为点 P 的支撑区域。考虑 Ω 内的任意边缘点 $P_i(x_i, y_i)$，其梯度向量为 $\mathrm{grad}(P_i) = [d_{ix}, d_{iy}]$，首先将经过点 P_i，且方向垂直于点 P_i 梯度方向的直线定义为点 P_i 的方向线 T：$d_{ix}x + d_{iy}y - (d_{ix}x_i + d_{iy}y_i) = 0$。如果点 P 在点 P_i 的方向线 l_i 上（可用点 P 到 P_i 方向线的距离小于阈值 T_d 判定，T_d 一般取 2），则将 P_i 确定为点 P 的支撑像素。确定支撑像素的目的是将对中心点所在结构"无贡献"的点排除，以实现关键点位置与方向的准确检测。

2）分配支撑像素权重 w_i　考虑点 P 支撑区域 Ω 内的任意支撑像素 P_i，根据 P_i 与 P 的相对位置为其分配不同的权重：

$$w_i = \mathrm{mag}(P_i)\,\mathrm{e}^{\frac{-d^2}{2\sigma^2}}$$

其中，$\mathrm{mag}(P_i)$ 表示 P_i 处的梯度幅值，d 表示点 P_i 到点 P 的距离，σ 一般取支撑区域半径 R 的 0.5 倍。支撑区域内不同的像素在确定中心点的角点能量时具有不同的重要性，$\mathrm{mag}(P_i)$ 部分表示 P_i 的梯度幅值越大，对应的权重越大，其对中心点的影响越大，反之影响越小；由于本章算法使用固定窗口计算中心点的角点能量，窗口大小的选择对角点检测的结果存在影响，为减小该影响，本章为远离中心的支撑像素点分配较小权重，并采用了距离的高斯函数 $\mathrm{e}^{\frac{-d^2}{2\sigma^2}}$ 来实现这一点：P_i 到点 P 的距离 d 越大，对应的权重越小，其对中心点的影响越小，反之影响越大。

3）分配支撑像素方向 θ_i 对于点 P 支撑区域 Ω 内的支撑像素 P_i，记矢量 $\overrightarrow{PP_i}$ 确定的方向为 $\theta_i (\theta_i \in [0,360))$，则将 θ_i 作为分配给点 P_i 的方向。如图 7-2 所示，点 P_1、P_2、P_3、P_4 的方向分别为 90°、270°、45°、225°。

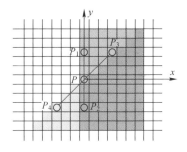

图 7-2　支撑像素的方向分配

4）获得描述子 $H(P)$ 确定点 P 支撑区域 Ω 内的支撑像素，并为支撑像素 P_i 分配权重 w_i 和方向 θ_i 后，对点 P 支撑像素在各个方向上的权重求和，即可获得点 P 的局部方向描述子：$H(P) = [h_0, h_1, \cdots, h_{359}]$，其中 h_n （$n = 0, 1, \cdots, 359$）为方向等于 n 的支撑像素的权重之和。

图 7-3 显示了四组不同类型图像点的描述子，图中 "+" 标示的点为中心点。对于图 7-3a，中心点为一均匀区域中的点，其方向描述子在各个方向的权

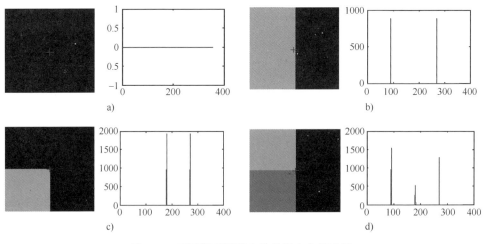

图 7-3　不同类型图像点的局部方向描述子

重均为 0；对于图 7-3b，中心点为一维边缘上的点，其局部方向描述子在两个相反（相差 180°）方向上取得极值；对于图 7-3c，中心点为两条相互垂直的边缘的交点，则该点的局部方向描述子在 2 个方向上取得极值，且两个方向相差 90°；对于图 7-3d，中心点为三条边缘的交点，则该点的局部方向描述子在 3 个方向上取得极值。显然，边缘点或关键点的局部方向描述子在边缘方向上取得极值，且极值的个数与构成边缘点或关键点的边缘个数相同（对于边缘点，可以看作是由两个方向相反的边缘构成）。

7.1.2　基于描述子提取点基元

获得图像点 P 的 360° 局部方向描述子 $H(P)=[h_0,h_1,\cdots,h_{359}]$ 后，根据文献［42］关于绝对角点能量与相对角点能量的定义计算点 P 的能量：

1）各个方向上的能量总和 $E_T=\sum_{n=0}^{359}h_n$ 定义为描述子的总边缘能量。在各个方向中，能量最大的方向定义为描述子的主方向，记为 θ_m。需要指出的是，由于本文将图像点的局部方向描述子扩展到［0，360°］方向，关键点主边缘能量的计算应包括与主边缘方向相差 180° 方向（记为 $\theta_{M'}$）的能量值：$E_M=\sum_{n\in[M-\Delta,M+\Delta]}h_n+\sum_{m\in[M'-\Delta,M'+\Delta]}h_m$，以消除边缘点对关键点检测的干扰，$\Delta$ 为一个较小的正整数。

2）总边缘能量与主边缘能量的差 $E_A=E_T-E_M$ 定义为描述子的绝对角点能量，描述子的绝对角点能量表示经过点 P 的边缘中除最主要边缘外的其他边缘的强度和。

3）绝对角点能量与主边缘能量的比值 $E_R=E_A/E_M$ 定义为描述子的相对角点能量。E_R 越小，表明点 P 越接近一维边缘结构；反之说明点 P 附近存在多维结构。

获得图像各点的绝对与相对角点能量后，在双重约束条件下（绝对角点能量大于某一阈值，相对角点能量大于某一阈值），可通过检测绝对角点能量的局部极大点获取关键点的位置信息。

在阈值约束条件下，通过计算图像关键点局部方向描述子的局部极大值所对应的方向值，可获取关键点附近的边缘方向。提取出图像中关键点的位置与方向信息后，可根据点基元定义获取图像中的点基元：记关键点的位置为 P，其附近存在 n 个边缘方向 θ_1、θ_2、$\cdots$、θ_n，则可获取点基元 $M_1(P)=(P,\theta_1,\theta_2,\cdots,\theta_n)$。

7.2　基元组合条件

点基元的方向表示其在该方向上与其他点基元具有组合能力。如果不考虑任何约束，理论上 n 个点基元两两组合可获得的组合总数为 $N=n(n-1)/2$，但点基元仅能够在其所具有的方向上与其他点基元进行组合，这为点基元组合提供了约束。对于两个点基元 $\boldsymbol{M}_1(P_m)=(P_m,\theta_{m1}、\cdots、\theta_{ms})$ 和 $\boldsymbol{M}_1(P_n)=(P_n,\theta_{n1}、\cdots、\theta_{nt})$，考虑以下条件。

条件 Ⅰ：$\theta_{m1}、\cdots、\theta_{ms}$ 中存在一个方向 θ_{mk}，$\theta_{n1}、\cdots、\theta_{nt}$ 中存在一个方向 $\theta_{nk'}$，θ_{mk} 和 $\theta_{nk'}$ 表示的方向相反（如图 7-4 中 θ_{m4}，θ_{n3} 所示），即：$abs(Angle(\theta_{mk},\theta_{nk'})-180)\leqslant\theta_T$，其中 Angle$(\theta_{mk},\theta_{nk'})$ 表示 θ_{mk}，$\theta_{nk'}$ 之间的夹角，θ_T 表示允许的角度误差。

条件 Ⅱ：考虑以直线段 P_mP_n 为中心轴宽度为 3 的矩形区域，记该矩形区域内图像边缘点（利用 Canny 算子提前获取图像边缘图）总数为 N，直线 P_mP_n 的长度为 Length，满足：$N>T\cdot$Length，T 为阈值。

条件 Ⅰ 为点基元的组合提供方向约束，使用该约束能够有效地发现潜在的点基元组合。如果 θ_T 过大，则获得的组合数量较大，验证条件 Ⅱ 过程将耗费大量计算，导致算法效率较低；如果 θ_T 过小，则可能会将部分存在组合排除在外，导致个别多边形检测不出来。为确定 θ_T 的合适取值，共选取了 11 幅图像进行统计，发现 θ_T 取 $10°\sim15°$ 时较为合理，此时所得组合数量比真实存在数量一般多 $30\%\sim50\%$，且很少有实际存在的组合被排除。

条件 Ⅱ 为点基元的组合提供存在性约束，用于验证两个基元组合后获得的直线在图像中的存在性，如图 7-4 中需要验证直线段 P_mP_n 在图像中的存在性。经过实验统计，阈值 T 一般取 $0.90\sim0.95$ 较为合理。设定矩形区域宽度为 3 的原因是考虑到图像点是离散的，直线 P_mP_n 扫过像素点的理论位置与实际边缘点位置可能存在误差。

图 7-4　两个点基元组合为线基元

如果 $\boldsymbol{M}_1(P_m)$、$\boldsymbol{M}_1(P_n)$ 同时满足上述两个条件，则点基元 $\boldsymbol{M}_1(P_m)$、$\boldsymbol{M}_1(P_n)$ 可组合为线基元（2 维基元），记作 $\boldsymbol{M}_2(P_m,P_n)=\begin{vmatrix}\boldsymbol{M}'_1(P_m)\\\boldsymbol{M}'_1(P_n)\end{vmatrix}$，其中 $\boldsymbol{M}'_1(P_m)$ 表示点基元 $\boldsymbol{M}_1(P_m)$ 中去除方向 p_2 后获得的点基元；$\boldsymbol{M}'_1(P_n)$ 表示点基元 $\boldsymbol{M}_1(P_n)$ 中去除方向 $\theta_{nk'}$ 后获得的点基元。

7.3　多边形检测

7.3.1　三维基元提取与三角形检测

对获得的线基元 $M_2(P_1P_2) = \begin{matrix} M_1(P_1) \\ M_1(P_2) \end{matrix}$ 和点基元 $M_1(P)$（$P \neq P_1$、P_2），如果 $M_1(P)$、$M_1(P_1)$ 与 $M_1(P_2)$、$M_1(P)$ 同时满足两个基元组合条件，则将由点 P、P_1、P_2 确定的三角形作为检测结果输出，如图 7-5a 所示；如果仅 $M_1(P)$、$M_1(P_1)$ 可组合为线基元 $M_2(PP_1) = \begin{matrix} M'_1(P) \\ M'_1(P_1) \end{matrix}$，则可获得一个 3 维基元 $M_3(PP_1P_2)$

$= \begin{matrix} M'_1(P) \\ M'_1(P_1) \\ M_1(P_2) \end{matrix}$，如图 7-5b 所示；如果仅 $M_1(P_2)$、$M_1(P)$ 可组合为线基元 $M_2(P_2P)$

$= \begin{matrix} M'_1(P_2) \\ M'_1(P) \end{matrix}$，则可获得一个 3 维基元 $M_3(P_1P_2P) = \begin{matrix} M_1(P_1) \\ M'_1(P_2) \\ M'_1(P) \end{matrix}$，如图 7-5c 所示。

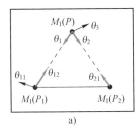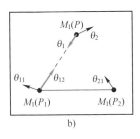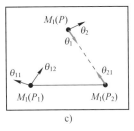

图 7-5　线基元和点基元组合为三维基元或三角形

a）获得三角形的情况　b）获得三维基元的情况　c）另一种获得三维基元的情况

7.3.2　$n+1$ 维基元提取与 $n+1$ 边形检测

对采用与上述步骤相同处理获得的一个 $n(n \geqslant 2)$ 维基元 $M_n(P_1P_2\cdots P_n) = $

$\begin{matrix} M_1(P_1) \\ M_1(P_2) \\ \vdots \\ M_1(P_n) \end{matrix}$ 和点基元 $M_1(P)$（$P \neq P_1$、P_2、$\cdots$、P_n），如果 $M_1(P)$、$M_1(P_1)$ 与 M_1

(P_n)、$\boldsymbol{M}_1(P)$ 同时满足两个基元组合条件，则将由点 P、P_1、P_2、$\cdots$、P_n 确定的 $n+1$ 边形作为检测结果输出；如果仅 $\boldsymbol{M}_1(P)$、$\boldsymbol{M}_1(P_1)$ 可组合为线基元 $\boldsymbol{M}_2$

$$(PP_1) = \begin{vmatrix} \boldsymbol{M}_1'(P) \\ \boldsymbol{M}_1'(P_1) \end{vmatrix}, \text{则可获得一个 } n+1 \text{ 维基元 } \boldsymbol{M}_{n+1}(PP_1P_2\cdots P_n) = \begin{vmatrix} \boldsymbol{M}_1'(P) \\ \boldsymbol{M}_1'(P_1) \\ \boldsymbol{M}_1(P_2) \\ \vdots \\ \boldsymbol{M}_1(P_n) \end{vmatrix};$$

如果仅 $\boldsymbol{M}_1(P_n)$、$\boldsymbol{M}_1(P)$ 可组合为线基元 $\boldsymbol{M}_2(P_nP) = \begin{vmatrix} \boldsymbol{M}_1'(P_n) \\ \boldsymbol{M}_1'(P) \end{vmatrix}$，则可获得一个

$$n+1 \text{ 维基元 } \boldsymbol{M}_{n+1}(P_1P_2\cdots P_nP) = \begin{vmatrix} \boldsymbol{M}_1(P_1) \\ \boldsymbol{M}_1(P_2) \\ \vdots \\ \boldsymbol{M}_1(P_n) \\ \boldsymbol{M}_1'(P) \end{vmatrix}。$$

7.4 基于基元表示的多边形检测方法总结

综合第 1、2、3 节内容，基于基元表示的多边形检测方法流程可概述如下：

1）在 $[0,360)$ 方向上计算各像素点的局部方向描述子。

2）计算各像素点描述子的绝对角点能量和相对角点能量，检测出图像中的关键点位置。

3）检测关键点局部方向描述子的局部极大值，获取关键点附近边缘的方向，并根据关键点的位置与附近边缘的方向信息定义图像点基元。

4）对获取的任意两个点基元，验证是否满足两个基元组合条件，如满足则组合为 1 个线基元。

5）对获取的线基元和点基元进行组合验证，获取图像中的三维基元或检测出三角形。

6）对 $n(n \geqslant 2)$ 维基元和点基元进行组合验证，获取图像中的 $n+1$ 维基元或检测出 $n+1$ 边形。

在基元提取阶段，首先计算图像中各点处的角点能量，然后检测局部极大值点提取关键点的位置并计算其附近边缘的方向，获取图像中的点基元，该过程为线性，其复杂度为 $O(n)$，其中 Δy 为图像像素点的个数；假设获得的点基元个数为 y，由任意两个点基元组合获取线基元进行的组合次数为 $C_{n_1}^2 = n_1 \cdot (n_1 - 1)/2$，

该过程的复杂度为 $O(n_1^2)$；假设获得的线基元个数为 n_2，则由任意点基元与线基元组合获取三角形或三维基元的组合复杂度为 $O(n_1 \cdot n_2)$；同理，假设获得的 i 维基元个数为 n_i，则由任意 i 维基元与点基元组合获取（$i+1$）边形或（$i+1$）维基元的组合复杂度为 $O(n_1 \cdot n_i)$。由于 n、n_1、n_2、$\cdots$、n_i 的大小依次递减，合成新的高维基元的计算量逐渐减小。

7.5　实验结果

7.5.1　模拟图像实验

图 7-6 为模拟图像在不同高斯模糊程度下的检测结果。由图 7-6 可知，在 σ 为 1.0 ~ 2.0 时，检测方法基本不受图像模糊程度的影响，能够准确检测出图像中的各种多边形。当 $\sigma = 2.5$ 时，3 个多边形未被检出（如图 7-6d 所示多边形 1、2、3）。对于四边形 1，由于图像模糊程度较高，四边形的上边缘被认为是一个点，而非一条直线，右上角的关键点未被检出，导致该四边形检测失败；对于七边形 2 和八边形 3，其各个点基元被成功提取出，但由于模糊程度较高，提取出的点基元位置与实际位置有较大偏离，点基元组合为线基元时不满足基元组合条件 II，导致检测失败。

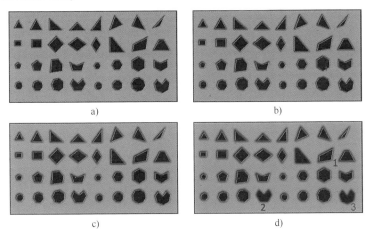

图 7-6　不同高斯模糊程度下多边形检测结果

a) $\sigma = 1.0$　b) $\sigma = 1.5$　c) $\sigma = 2.0$　d) $\sigma = 2.5$

图 7-7 所示为图像在不同高斯噪声背景下的检测结果。由图可知，本方法对噪声较为敏感，其主要原因在于点基元提取过程中，由于噪声点的干扰，一方面部分关键点未被成功检出，导致后续步骤中无法组合出高维基元，从而使多边形

检测失败；另一方面关键点存在误检，导致产生冗余高维基元，验证多边形时产生错误的判断。需要指出一点：一旦图像中的点基元被成功检测出，后续基元组合环节将不受噪声的影响。

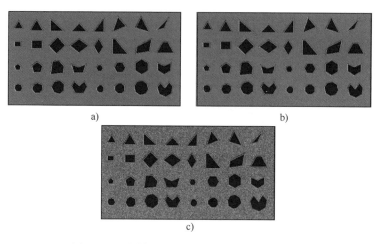

图 7-7　不同高斯噪声影响下多边形检测结果

a）$\sigma=0.1$　b）$\sigma=0.2$　c）$\sigma=0.3$

7.5.2　真实图像实验

图 7-8 所示为一幅图像在本文方法不同阶段的检测结果。图 7-8b 所示为图 7-8a 的点基元表示，图像中的关键点及其附近边缘方向被准确地检测出。图 7-8c 为方向约束条件下（$\theta_T=10°$），点基元间形成的假设组合，检测结果中存在大量的冗余线段。图 7-8d 为使用存在性约束（$T=0.95$）后提取出的线基元（仅显示了线基元的两个端点，没有显示方向），可以看出，真实存在的线段被保留，冗余线段被剔除。图 7-8e 所示为最终的多边形检测结果，显然，图像中的三角形、六边形和组成外轮廓的十二边形均被成功检测出来。

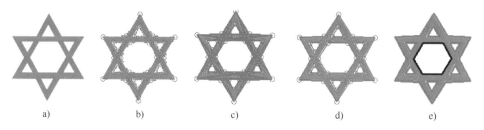

图 7-8　图像在方法不同阶段的检测结果

a）原始图像　b）点基元表示　c）方向约束下的假设组合　d）线基元表示　e）检测出的多边形

图 7-9 为本章方法对一幅包含有嵌套多边形的图像的检测结果。图 7-9b 仅显示了该图像中三角形的检测结果：线段 {11，12，13} 构成三角形 1，线段 {21，22，23} 构成三角形 2（线段 11 与线段 21 重合）。图 7-9c 显示了四边形的检测结果：线段 {11，12，13，14} 构成四边形 1，线段 {21，22，23，24} 构成四边形 2。图 7-9d 显示了五边形的检测结果：线段 {11，12，13，14，15} 构成五边形 1，线段 {21，22，23，24，25} 构成五边形 2，两个五边形有 3 条公用边。由实验结果可知，本文提出的多边形检测方法适用于凸多边形（图 7-9b 所示三角形、图 7-9c 所示四边形 1）和凹多边形（图 7-9c 所示四边形 2，图 7-9d 所示五边形）的同时检测，具有通用性。

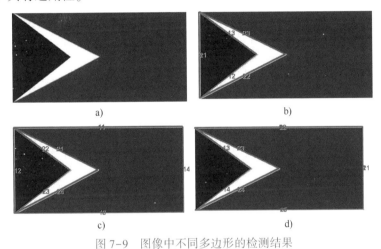

图 7-9　图像中不同多边形的检测结果

a）原始图像　b）三角形检测结果　c）四边形检测结果　d）五边形检测结果

图 7-10 为本章方法对另外几组图像的检测结果。由图 7-10 所示实验结果可

图 7-10　多边形检测结果

a）五星红旗　b）Lab 图片　c）书架图片

以看出，本章方法准确提取出了场景中包含的绝大部分多边形。经过分析，发现造成个别多边形检测失败的原因是构成多边形的部分点基元提取失败，因此研究更为鲁棒的基元提取方法是下一步深入研究的重点。

综合上述实验结果，基于基元表示的多边形检测方法能够准确有效地提取出图像中的多边形结构。

7.6 本章小结

针对图像多边形的检测问题，本章通过引入基元概念，提出了一种基于基元表示的多边形检测方法，主要贡献在于：① 根据图像自身的结构关系，提出了能够简洁表示图像结构的基元表示方法；② 通过由低维基元不断组合获得高维基元，实现了任意多边形的检测；③ 提出了基元组合的方向和存在性约束条件，保证了算法的高效性和准确性。本章提出的基于基元表示的多边形检测方法适用于不同类型（凸多边形、凹多边形）多边形的检测，具有通用性；同时，该方法可从图像中提取出各种多边形，便于图像的分解和图像内容的理解，模拟实验和真实图像实验都验证了本文理论和方法的正确性与可行性。另外，本章提出的基于基元表示与组合的方法也为其他由线条组成的复杂图形的检测提供了思路。最后需要指出的是，本章关键点检测环节也可采用其他常见的检测算子，如Plessey 算子、SUSAN 算子和 CSS 算子等来实现，可根据不同的图像类型进行选择。

第 8 章

基于距离分布的规则几何图形检测方法

形状检测，特别是人工场景中的形状检测是模式识别和计算机视觉领域一个重要的研究方向，在目标检测、交通信号检测及特定目标的定位和跟踪等任务中具有重要应用。文献中针对形状检测（如圆检测、多边形检测）已开展大量深入研究。

本章[54]利用三角形、正多边形和圆形的几何共性——"图形具有唯一的内切圆且内切圆圆心（内心）到图形各轮廓点方向线的距离相等"提出**点线距离分布**（Point-Lines Distance Distribution，PLDD）的概念。该方法首先统计各像素点到其邻域内边缘点方向线的距离分布，定义出现次数最多的距离值为该像素点的特征半径，到该像素点距离等于特征半径的边缘点的梯度幅值之和为该像素点的特征能量；然后计算各像素点的特征能量值获得图像的 PLDD 能量图，并进行局部极大值检测和阈值选择，在PLDD 能量图上确定图形的内心及其内切圆半径，同时获取组成该图形的边缘点；最后利用图形边缘点信息区分三角形、正多边形和圆，实现不同规则图形的同时检测。

相对于现有方法，本章方法利用几何共性把三角形、正多边形和圆三种不同图形使用三个独立的参数进行统一描述：形状中心、形状半径和形状轮廓点，降低了由多边形边数和方向不同引起的计算和存储要求。同时，所提方法利用距离信息实现图形内心的检测，避免了多边形方向的量化误差。该方法简单、通用且算法复杂度较低（最坏情况下算法复杂度为 $O(n^2)$）；同时，特征能量的构造使本章算法具有较强的抗噪能力。

8.1 基本概念

8.1.1 点点距离和点线距离

对于任一点 $P_1(x_1,y_1)$ 和另外一点 $P_2(x_2,y_2)$，点 $P_1(x_1,y_1)$ 和 $P_2(x_2,y_2)$ 的点点距离（Point-Point Distance，PPD）定义为两点之间的欧式距离：

$$d_{pp}=\sqrt{(x_1-x_2)^2+(y_1-y_2)^2} \tag{8-1}$$

记 $g(P_i)=[g_{ix},g_{iy}]$ 表示点 P_i 处的梯度矢量，g_{ix} 和 g_{iy} 分别表示 x 方向和 y 方向的梯度分量，点 P_i 处的方向线可表示为 $l_{oi}:[g_{ix},g_{iy},-(g_{ix}x_i+g_{iy}y_i)]$，其中 $g_{ix}+g_{iy}-(g_{ix}x_i+g_{iy}y_i)=0$。

定义点 P_1 到点 P_2 方向线 l_{o2} 的距离为点线距离（Point-Line Distance，PLD），即：

$$d_{p_1l_{o2}} = \frac{\| a_2x_1 + b_2y_1 + c_2 \|}{\sqrt{\| a_2 \|^2 + \| b_2 \|^2}} \tag{8-2}$$

式中，$a_2 = g_{2x}$，$b_2 = g_{2y}$，$c_2 = -g_{2x}x_2 - g_{2y}y_2$。

同样，点 P_2 到点 P_1 方向线 l_{o1} 的距离可表示为：

$$d_{p_2l_{o1}} = \frac{\| a_1x_2 + b_1y_2 + c_1 \|}{\sqrt{\| a_1 \|^2 + \| b_1 \|^2}} \tag{8-3}$$

式中，$a_1 = g_{1x}$，$b_1 = g_{1y}$，$c_1 = -g_{1x}x_1 - g_{1y}y_1$。

一般来讲，$d_{p_2l_{o1}} \neq d_{p_1l_{o2}}$，但当点 P_1 和点 P_2 分别位于两条平行线上时，满足 $d_{p_2l_{o1}} = d_{p_1l_{o2}}$。

8.1.2　点线距离分布

对于图像中的任一点 $P(x,y)$，假定以 (x,y) 为中心、R 为半径的圆形区域为点 P 的邻域 Ω，则点 $P(x,y)$ 处的点线距离分布（Point-Line Distance Distribution，PLDD）为：

$$\boldsymbol{H}(p) = [h_1, h_2, \cdots, h_d, \cdots, h_R] \tag{8-4}$$

式中，$h_d(1 \leqslant d \leqslant R)$ 表示点 P 到邻域 Ω 内边缘点方向线的距离等于 d 的边缘点的个数。注意在统计点线距离分布时距离值应先四舍五入为整数。

以三角形、正方形和同心圆为例，图 8-1a 给出了图形附近三点 A、B 和 C 的位置及其圆形邻域，图 8-1b~d 分别显示了点 A、B 和 C 处的点线距离分布。对于三角形，点 A 的距离分布出现 2 个峰，峰值对应的距离值分别等于点 A 到其邻域内 2 条边的距离，峰值等于邻域内对应边上边缘点的个数。点 B 的距离分布与点 A 相似，但由于点 B 邻域包含三角形的三条边，其距离分布出现 3 个峰。对于点 C，其邻域包含三角形的三边，但该点的距离分布呈现唯一的峰，表明点 C 到三角形三边的距离相等，即点 C 为三角形的内心。

对于正方形，点 A 的邻域包含正方形的 2 条边，但由于点 A 到 2 边的距离相等，其距离分布呈现出单峰。对于点 B，其距离分布出现 4 个峰，峰值对应的距离值分别等于点 B 到正方形四边的距离。点 C 的距离分布在距离值为 33 处呈现单峰，该峰值 242 明显高于点 A 距离分布的峰值，且近似等于正方形轮廓点的个数（$n=258$）。

对于同心圆，点 A 和点 B 的距离分布在整个距离范围内呈无序分布。然而，在点 C 处，其距离分布在 24、44 和 64 处出现 3 个明显的峰，三个距离值分别对应 3 个同心圆的半径值，其对应的峰值 121、210 和 300 近似等于组成三个圆的

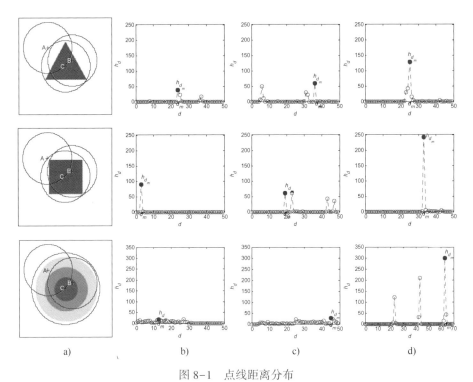

图 8-1　点线距离分布

a）输入图像上的三点 A、B 和 C 及其邻域　b）点 A 的距离分布　c）点 B 的距离分布

d）点 C 的距离分布；红色的点表示距离分布的最大值 h_{d_m}，其对应的距离记为 d_m

轮廓点个数（$n_1 = 131$，$n_2 = 243$，$n_3 = 356$）。

　　任意三角形、正多边形和圆具有唯一的内切圆（圆的内切圆可认为是它自身），且内心到图形轮廓点方向线的距离相等。因此，本章利用该几何共性将三种图形统一描述为**候选图形**。对于候选图形内部的一点，如果该点到图形各轮廓点的点线距离相等，则定义该点为候选图形的**形状中心**，该点对应的点线距离值定义为候选图形的**形状半径**。图 8-1d 分别显示了三角形、正方形和同心圆形状中心处的点线距离分布。

8.1.3　形状能量

　　对于点 $P(x,y)$，其距离分布为 $\boldsymbol{H}(P)$，假设 $\boldsymbol{H}(P)$ 在距离 d_m 处取得最大值 h_{d_m}，则点 $P(x,y)$ 的形状能量被定义为：

$$E(P) = \sum_{i=1}^{h_{d_m}} \mathrm{mag}(X_i) \tag{8-5}$$

式中，X_i 表示一个边缘像素，点 P 到 X_i 的点线距离为 d_m；$\mathrm{mag}(X_i)$ 表示像素 X_i 的梯度幅值。相比于仅统计距离 d_m 处边缘点的个数 h_{d_m}，该形状能量的定义可增加真实边缘像素的权重，减少噪声点的干扰。对于图 8-1d 所示同心圆的形状中心 C，其距离分布在距离 $d_m = 63$ 时取得最大值 $h_{d_m} = 300$，则点 C 的形状能量为 $\sum_{i=1}^{300} \mathrm{mag}(X_i) = 6024.3$。

8.2　候选图形检测

对于输入图像，使用 Canny 算子获取图像的边缘图，以便于后续计算图像各像素点到其邻域内边缘点的点线距离分布。

8.2.1　形状中心检测

根据式（8-5）计算图像中所有像素点的形状能量，获得输入图像的点线距离分布（Point-Line Distance Distribution，PLDD）能量图。图 8-2a 显示了图 8-1a

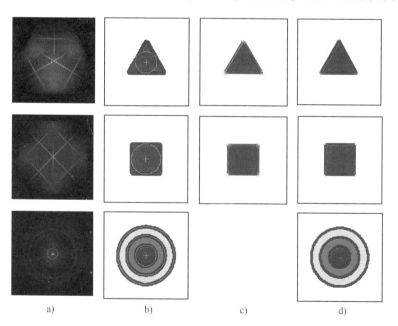

a)　　　　　　　　　b)　　　　　　　　　c)　　　　　　　　　d)

图 8-2　基于点线距离分布的图形检测

a）能量分布图，"+" 标记潜在的图形中心　b）检测的候选图形，"+" 表示形状中心　c）Hough 变换检测的线段，"×" 表示线段的端点　d）检测的多边形和圆，"+" 表示多边形顶点

所示图像的 PLDD 能量图，不同的图形呈现不同的能量分布。由形状能量的定义可知，形状中心一般具有较大的形状能量。因此，在 PLDD 能量图中，若某一点处的能量值局部最大且该能量值大于阈值 $\alpha \times \text{mean}(PLDD)$，则该像素点为潜在的形状中心。其中，$\text{mean}(\cdot)$ 表示取均值；α 为尺度系数，α 越大，被检测的潜在形状中心越少，反之，则越多。实验中，α 取值范围为 $1.5 \sim 10$。图 8-2a 使用"+"标示了潜在形状中心。

8.2.2　形状半径检测

形状半径可根据潜在形状中心处的点线距离分布获得。考虑到同心的情况，点线距离分布的局部极大值而非最大值被考虑。对于潜在形状中心 $C_i(x_i, y_i)$，记其距离分布为 $\boldsymbol{H}(C_i) = [h_1, h_2, \cdots, h_R]$。如果距离 $d(1 < d < R)$ 被考虑为形状半径，则其满足以下条件：（1）$h_d > T_h$，其中 $T_h = \beta \times \text{mean}(\boldsymbol{H}(C_i))$，$\beta$ 一般被设定为 2 或 3；（2）$h_d = \max\{h_{d'}\}$，其中 $d' \in [d - \Delta_d, d + \Delta_d]$，$\Delta_d$ 取常数 3。

8.2.3　候选图形验证

确定形状中心及对应的形状半径后，可获取潜在的候选图形集合 $\{s_{11}, s_{12}, \cdots, s_{1s}; s_{21}, s_{22}, \cdots, s_{2t}; s_{n1}, s_{n2}, \cdots, s_{nu}\}$，其中 $s_{ik} = (C_i, r_{ik})$ 表示中心为 C_i、半径为 r_{ik} 的潜在候选图形。

候选图形验证的基本思想可简单表述为：对于一个图形，若其存在，则在其邻近区域应存在足够的轮廓点。因此，验证前，首先为每一个潜在候选图形指定形状支撑区域（Shape Support Region，SSR）。对于任一潜在候选图形 $s_{ik} = (C_i, r_{ik})$，定义以 C_i 为中心、$R' = \gamma \cdot r_{ik}$ 为半径的圆形区域为 s_{ik} 的形状支撑区域，其中 γ 是与形状有关的常数。SSR 与潜在候选图形的形状半径成正比。

记 C_i 到 SSR 内边缘点的点线距离位于区间 $[r_{ik} - \Delta_e, r_{ik} + \Delta_e]$ 的边缘点的集合为 $\mathbb{F}(C_i, r_{ik})$，其中 Δ_e 为距离误差且 $1 \leqslant \Delta_e \leqslant 2$。统计集合 $\mathbb{F}(C_i, r_{ik})$ 中边缘点的个数为 N_{ik}，如果 N_{ik}/r_{ik} 大于指定的阈值 T_v，则存在一个候选图形 $S_{ik} = (C_i, r_{ik}, \mathbb{F}(C_i, r_{ik}))$，否则潜在候选图形 s_{ik} 不存在。图 8-2b 显示了被检测的候选图形，候选图形由形状中心、形状半径和形状轮廓点表示。单个图形和同心的图形被同时检测出。

1. γ 值的确定

在几何意义上，图形的外接圆提供了最合适的 SSR。记图形的形状半径和外接圆半径分别为 r 和 r'，则 $\gamma = r'/r$。对于任意三角形，$\gamma \geqslant 2$，且仅当三角形为等边三角形时 $\gamma = 2$。对于正 n 边形（$n > 3$），γ 在 $n = 4$ 时取得最大值 $\sqrt{2}$。随着 n 值的增加，γ 逐渐变小；当 $n\to\infty$ 时，图形为圆形，γ 取得最小值1。

2. T_v 值的确定

假定一个像素的长度为1。如果候选形状 $S_{ik}=(C_i,r_{ik},\mathbb{F}(C_i,r_{ik}))$ 存在，其轮廓点的个数 N_{ik} 近似等于图形的周长。因此，为了确定阈值 T_v，需要分析图形的形状半径与其周长的关系。

三角形　对于任意三角形，记其三边的长度分别为 a、b 和 c，则三角形的周长 $L=a+b+c$，三角形的面积 $S=\sqrt{k(k-a)(k-b)(k-c)}$ 且 $k=L/2$。对于等边三角形，内切圆半径 r 取得最大值 $a/2\sqrt{3}$ 且 L/r 取得最小值 $6\sqrt{3}$。然而，数字图像的离散化导致了线段的长度和组成线段的像素个数存在误差。因此，对于等边三角形，轮廓点的个数近似等于 $\sqrt{3}/2\cdot L$，如图 8-3a 所示。用 $2/\sqrt{3}\cdot N_{ik}$ 替代 L、r_{ik} 替代 r，则 N_{ik}/r_{ik} 近似等于9。随着三角形尖锐程度的增加，N_{ik}/r_{ik} 的值增大。因此，对于任意三角形，T_v 最小值取 9.0。

正方形　对于正方形，其周长为 8 倍的内切圆半径。然而，与三角形类似，图像的离散化使得由 n 个像素组成的直线的长度最大值为 $\sqrt{2}n$，如图 8-3b 所示。因此，N_{ik}/r_{ik} 取得最小值 $8/\sqrt{2}$。对于任意正方形，T_v 的取值范围为 $[8/\sqrt{2},8]$。

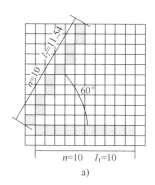 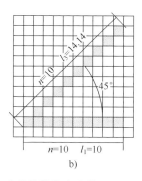

图 8-3　相同个数像素组成的线段长度变化

a）60°方向直线　b）45°方向直线

圆　对于任意圆，形状半径 r_{ik} 等于圆半径 r。圆的周长 $L=2\pi r$，使用 N_{ik} 近似替代 L、r_{ik} 替代 r，N_{ik}/r_{ik} 等于 2π。因此，对于圆，T_v 的值为 2π。

随着正多边形边数的增加，T_v 的值逐渐减小且最小值为 2π（对应于圆形）。考虑到理论值和实际结果间的误差，实验中使用 $\kappa\cdot T_v$ 替代 T_v，其中 $\kappa\in[0.5,0.8]$。

8.3 形状检测

8.3.1 圆检测

对于圆，形状中心到各轮廓点的点点距离和点线距离相等。对于任意候选形状 $S_{ik} = (C_i, r_{ik}, \mathbb{F}(C_i, r_{ik}))$，计算中心点 C_i 到轮廓点集合 $\mathbb{F}(C_i, r_{ik})$ 中各轮廓点的点点距离分布，并统计该距离分布中距离位于区间 $[r_{ik} - \Delta_e, r_{ik} + \Delta_e]$ 的边缘点个数 N'_{ik}。如果 N'_{ik} 与 N_{ik} 的比值大于 T_c，其中 T_c 为 $0.7 \sim 0.9$ 的常数，则该候选形状 S_{ik} 为圆形；否则，S_{ik} 对应于一个多边形。图 8-2d 显示了检测的同心圆。

8.3.2 多边形检测

为准确地表示多边形，多边形顶点的位置被确定。本方法不直接确定顶点的坐标，而是对获取的轮廓点利用 Hough 变换进行拟合，确定组成多边形的直线段，然后再根据相邻线段的交点定位多边形的顶点。由于 Hough 变换生成的线段具有随机性，在确定顶点前有必要对线段重新排序，以使组成多边形的线段按顺时针或逆时针方向排序。针对该问题，本章提出最小距离准则（Minimal Distance Criterion，MDC）。具体地，记 l_1 为第一条线段，其端点为 (p_{11}, p_{12})，计算剩余线段的端点到端点 p_{12} 的距离，如果线段 $l_i (2 \leqslant i \leqslant n)$ 的端点 p_{i1} 距离 p_{12} 最近，则将线段 l_i 置于 l_1 之后。相似地，如果线段 $l_s (2 \leqslant s \leqslant n, s \neq i)$ 的一个端点距离 l_i 的端点 p_{i2} 最近，则将线段 l_s 置于 l_i 之后。

记重新排序后的线段集合为 $\{l'_1, l'_2, \cdots, l'_n, l'_{n+1}\}$，其中 $l'_1 = l'_{n+1}$。使用多边形的顶点集合表示该多边形：$\{v_i : i = 1, 2, \cdots, n, n+1\}$，其中 $v_1 = v_{n+1}$，且顶点 v_i 是直线 l'_1 和 l'_{n+1} 的交点。图 8-2c、d 分别显示了被准确检测的直线段和多边形。

8.4 算法总结

图 8-4 给出了本章算法的完整示意图。算法的步骤可总结为：
1) 使用 Canny 算子获取输入图像的边缘图。
2) 计算各像素的点线距离分布，确定距离分布的最大值。
3) 利用式（8-5）计算各点处形状能量，获取 PLDD 能量图。
4) 在 PLDD 能量图上进行局部极大值检测并设置阈值获取潜在形状中心。

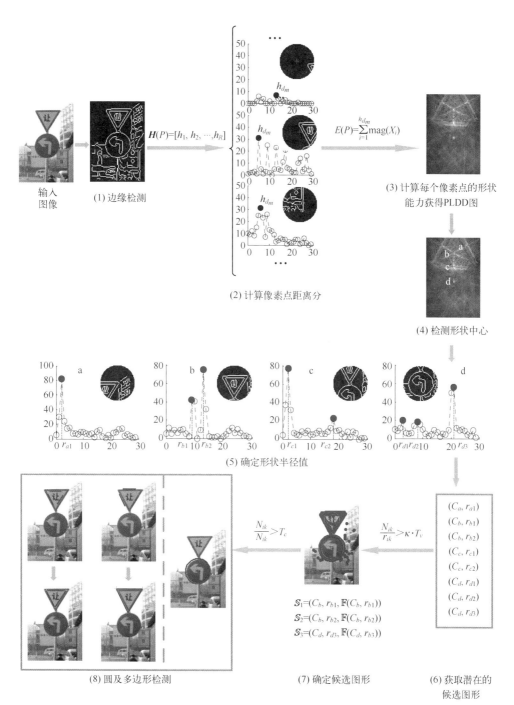

图 8-4　算法流程图

5）对潜在形状中心的点线距离分布进行局部极大值检测，确定形状半径并获得潜在候选图形。

6）验证潜在候选图形的存在性，获取候选图形。

7）从候选图形中识别出圆并通过定位顶点实现多边形检测。

算法复杂度 算法计算各像素的形状能量以获取输入图像的 PLDD 能量图，时间消耗主要发生在步骤 2）和步骤 3），其复杂度为 $O(m \cdot n)$，其中 n 为图像像素点的个数，m 为每个像素邻域内包含的平均边缘点个数。当检测目标较小时，$n \gg m$，算法复杂度近似为 $O(n)$。但检测目标较大时，m 的影响不能被忽略。在最坏情况下，检测目标占据整幅图像，m 近似等于 n，算法复杂度增加至最大值 $O(n^2)$。

8.5　实验结果

8.5.1　模拟实验

本节使用一幅包含三种图形（圆、正方形和正三角形）的模拟图像验证算法的有效性。实验在如下条件下进行：高斯噪声、椒盐噪声、高斯模糊和 JPEG 压缩。其中，高斯噪声的均值为 0、方差为 $0.01 \sim 0.04$；椒盐噪声的强度范围为 $0.01 \sim 0.06$。高斯模糊的尺度参数为 $0.5 \sim 3$，JPEG 压缩的压缩比从 1.33 增加至 6.02。

四个参数被用于评价算法的性能：正确检测形状个数（the Number of detected Correct shapes，CN）、错误检测形状个数（the Number of detected False ones，FN）、定位误差（Locating Error，LE）和尺寸误差（Size Error，SE），其中，LE 和 SE 定义如下：

$$\mathrm{LE} = \frac{\sum_{i=1}^{N} \| O_{\mathrm{detection}}(i) - O_{\mathrm{real}}(i) \|_2}{N} \qquad (8\text{-}6)$$

$$\mathrm{SE} = \frac{\sum_{i=1}^{N} \| R_{\mathrm{detection}}(i) - R_{\mathrm{real}}(i) \|}{N} \qquad (8\text{-}7)$$

$O_{\mathrm{detection}}(i)$ 和 $R_{\mathrm{detection}}(i)$ 分别表示算法检测的中心位置和半径值，$O_{\mathrm{real}}(i)$ 和 $R_{\mathrm{real}}(i)$ 表示真实的中心位置和半径值，N 为正确检测的形状个数。

图 8-5 和表 8-1 给出了本章基于 PLDD 的多边形检测方法和 Wu 方法[55] 在四种干扰下的实验结果。可以看出：

1）本章方法较 Wu 方法在四种干扰下均取得了更小的定位误差和尺寸误差。

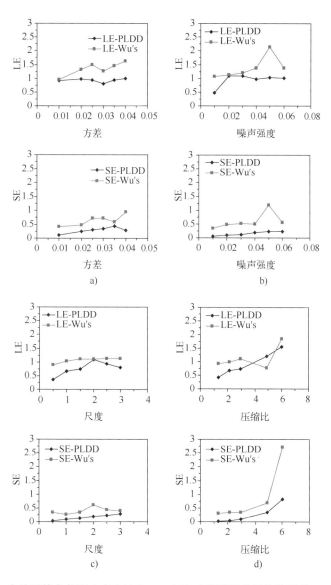

图 8-5　多种干扰条件下本章方法和 Wu 方法对模拟图像形状检测的 LE 和 SE 值

a）高斯噪声　b）椒盐噪声　c）高斯模糊　d）JPEG 压缩

相对于 Wu 方法采用的基于投票方式确定图形中心，本章形状能量的定义能够明显突出真实的形状中心；另外，相对于 Wu 方法中对不同距离值进行投票的方法，本章方法根据形状中心的距离分布获取的形状半径更准确，其计算时间占用较少，且避免了量化误差。

2）高斯噪声干扰下，两种方法的错误率均有所提高，但基于 PLDD 的方法在错误检测形状个数少于 Wu 方法的同时正确检测形状个数稍多。椒盐噪声干扰下，方法的错误检测降低。

3）两种方法对模糊和压缩均具有较好的鲁棒性，尽管在最大压缩率为 6.02 时由于形状轮廓变形严重导致一些形状漏检。

4）由于投票策略，Wu 方法的执行时间对边缘点个数较为敏感，而基于 PLDD 的方法执行时间与图像大小和指定邻域大小有关，在复杂图像上显示了较高的执行效率，表 8-1 给出了不同方法的运行时间。

表 8-1　干扰条件下本章方法和 Wu 方法在模拟图像上的性能比较

方法		高斯噪声						椒盐噪声					
		0.01	0.02	0.025	0.03	0.035	0.04	0.01	0.02	0.03	0.04	0.05	0.06
CN	PLDD	24	24	23	21	21	18	24	24	23	22	21	19
	Wu 方法	23	21	23	20	18	19	24	24	23	23	20	21
FN	PLDD	0	2	3	4	4	7	0	0	3	3	8	5
	Wu 方法	1	10	4	13	27	20	0	1	3	8	9	14
时间/s	PLDD	23.97	27.01	28.89	30.95	35.52	35.57	23.86	24.58	27.10	28.56	30.38	
	Wu 方法	71.04	96.98	133.97	150.24	247.80	282.10	75.44	94.97	112.02	142.39	191.65	262.44
百分比[1]	两者	88.58	42.25	29.43	21.85	19.21	17.36	89.53	73.27	54.82	40.08	30.08	24.75

方法		高斯模糊						JPEG 压缩				
		0.5	1	1.5	2	2.5	3	1.33	2.14	2.95	4.88	6.02
CN	PLDD	24	24	22	22	22	22	24	24	24	23	14
	Wu 方法	24	23	24	24	24	24	22	23	24	21	21
FN	PLDD	0	0	2	2	2	2	0	0	0	2	10
	Wu 方法	0	1	0	0	0	0	2	1	1	0	3	6
时间/s	PLDD	25.29	24.07	24.09	24.26	23.98	24.07	24.96	25.49	24.91	25.68	25.32
	Wu 方法	68.45	71.5	71.39	69.52	70.34	72.31	68.36	70.57	69.57	92.71	142.64
百分比[1]	两者	—	—	—	—	—	—	—	—	—	—	—

① 百分比表示获取的边缘点中形状轮廓点所占的百分比。

基于 PLDD 的多边形检测方法在不同干扰下的模拟图像检测结果如图 8-6 所示。由实验结果可知，噪声条件下所有图形被准确检测出。而模糊和压缩条件下图形的漏检主要是由于图形边缘变形严重，不满足设定的条件。

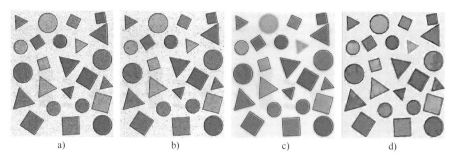

a)　　　　　　　　b)　　　　　　　　c)　　　　　　　　d)

图 8-6　本章方法在模拟图像上的检测结果

a）高斯噪声（方差＝0.01）　　b）椒盐噪声（噪声强度＝0.02）

c）高斯模糊（尺度＝2.5）　　d）JPEG 压缩（压缩比＝4.88）

8.5.2　真实实验

本节使用真实图像验证算法对圆检测、多边形检测和圆/多边形检测的有效性。图 8-7 显示了本章算法在真实图像上的圆检测结果，图像中的单个圆和同心圆被准确地检测出。以 Hough 变换检测的圆心、半径为标准值，对本章方法和 Wu 方法的准确性进行评价，结果如表 8-2 所示。对于简单图像，如图 8-7a~d 所示，两种方法均取得较好的检测结果，且基于 PLDD 的方法显示了更高的准确性。当图形发生部分遮挡，如图 8-7e~g 所示，Wu 方法不能检测出被遮挡的圆，而基于 PLDD 的方法显示了更好的鲁棒性和准确性。图 8-7h~i 给出了复杂场景中的圆检测结果，Wu 方法漏检率较高，而本章方法取得满意的结果。

表 8-2　真实图像上本章方法和 Wu 方法圆检测的性能比较

图像属性		PLDD 检测结果					Wu 方法检测结果				
图像	尺寸	LE	SE	CN	FN	时间/s	LE	SE	CN	FN	时间/s
a	146×146	0.140	0.684	1	0	10.13	0.956	0.140	1	0	6.21
b	148×138	1.053	0.183	3	0	6.89	1.358	0.443	3	0	3.61
c	132×12	0.496	1.078	3	0	9.12	1.389	1.465	2	1	27.57
d	179×214	0.611	0.500	4	0	15.02	0.453	0.500	4	0	24.00
e	278×300	1.113	0.140	4	0	12.49	0.772	0.000	2	2	6.74
f	400×280	1.289	0.817	10	0	43.33	1.352	0.500	1	9	38.84
g	305×298	1.243	0.345	3	0	77.84	0.677	1.000	1	2	96.60
h	262×222	1.134	0.667	10	0	13.16	0.744	0.584	8	2	16.27
i	400×300	1.566	0.785	10	0	51.42	1.850	0.857	7	3	131.76
j	400×400	1.325	0.616	34	2	44.72	1.362	6.750	8	26	459.79

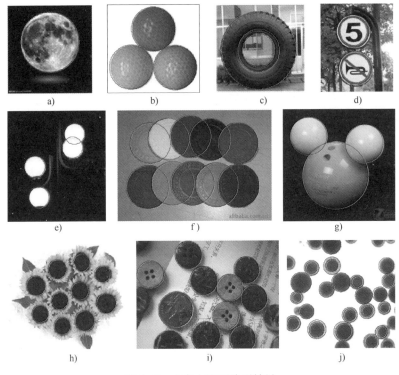

图 8-7　本章方法圆检测结果

　　图 8-8 显示了本章方法和 Wu 方法的多边形检测结果。明显本章方法在正确检测数量和准确性方面均优于 Wu 方法。图 8-9 显示了两种方法同时检测圆和多边形的实验结果，Wu 方法不能检测出同心的形状。

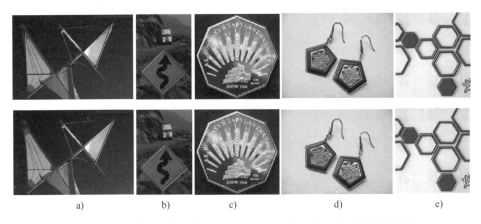

图 8-8　本章算法（第一行）和 Wu 方法（第二行）多边形检测结果

总体来说，本章方法在图形检测方面具有较好的准确性和鲁棒性。Wu 方法首先在多个方向上进行投票，改善了多边形的定位准确性，但由于强制性的梯度变化分散了圆中心的投票，降低了圆的检测准确性。对于随后的形状分类，Wu 方法通过比较检测结果与预设模板的汉明距离实现不同图形的识别。该方法可较好地应用于图形种类有限场景，如交通标志牌检测，但不适用于任意场景中形状的检测。本章方法仅利用形状的边缘信息实现图形的检测，不需预设模板，具有更广泛的应用前景。

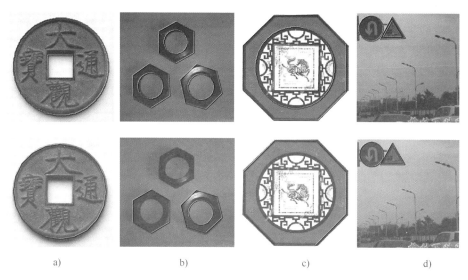

图 8-9　本章算法（第一行）和 Wu 方法（第二行）圆/多边形检测结果

8.6　本章小结

　　本文利用任意三角形、正多边形和圆具有唯一内切圆的简单事实，提出一种基于点线距离分布的图形检测方法。相比于现有方法，基于 PLDD 的多边形检测方法仅对距离信息进行投票，具有更好的鲁棒性和准确性。另外，对于任意正多边形的检测，本方法不需要考虑多边形的边数和方向，时间复杂度和算法复杂度较现有方法低。模拟图像和真实图像实验结果均验证了本章方法在图形检测方面的优越性。但由于该方法基于的理论基础，目前其不能应用于任意多边形的检测。

第 9 章

基于几何特性的椭圆检测方法

圆形、球体或椭圆广泛存在于现实场景中。许多情况下，圆形或球体投影在平面上呈现为椭圆，使得鲁棒和可靠的椭圆检测成为重要的研究问题。该问题的解决可为计算机视觉和模式识别领域提供较好的分析工具，用于人脸、虹膜、交通信号或其他椭圆目标的检测。

本章[56]主要利用椭圆的两个几何特性研究椭圆的检测问题：①椭圆上的点关于中心对称且对称点的梯度方向平行或反向平行。引入数学中的内积概念，构造内积一致性能量函数，计算某个像素为椭圆中心的概率，确定椭圆中心点位置。②椭圆上任一点到两个焦点的距离之和相等且等于长轴的长度。对中心点邻域内的任一位置，获取该位置关于中心点的对称点，计算邻域内任一边缘点到该位置及其对称点的距离之和，获得该位置处的距离分布，取距离分布的最大值作为该点的能量值，椭圆焦点处取得最大能量值。确定椭圆中心、焦点和长轴长度后，根据椭圆参数间的换算公式，可计算出椭圆的其他参数，唯一确定一个椭圆。最后，对椭圆进行验证以删除错误结果。图 9-1 给出了算法的流程图，主要包括三个步骤：椭圆中心定位、椭圆焦点定位和椭圆验证。

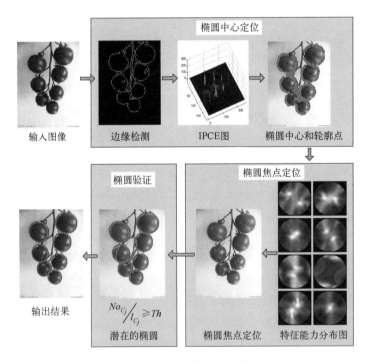

图 9-1　椭圆检测流程图

相比于现有方法，本章方法仅利用椭圆的几何特性实现椭圆的准确检测，避免了参数空间的复杂应用，同时避免了拟合方法中的估计误差，具有简单、有效和鲁棒性强的特点。

9.1　椭圆中心定位

9.1.1　内积

记 $\nabla f(x) = (f_x(X), f_y(X))$ 表示点 $X(x,y)$ 的高斯梯度，两点 X 和 Y 的内积定义为：

$$\nabla f(X) \circ \nabla f(Y) = f_x(X) \cdot f_x(Y) + f_y(X) \cdot f_y(Y) \tag{9-1}$$

在欧式几何中，矢量的内积通常还可表示为：

$$\nabla f(X) \circ \nabla f(Y) = \| \nabla f(X) \| \cdot \| \nabla f(Y) \| \cdot \cos\theta \tag{9-2}$$

式中，$\theta(\theta \in [0, \pi))$ 是矢量 $\nabla f(X)$ 和 $\nabla f(Y)$ 的夹角。当两个矢量平行时，其夹角为 0，内积具有最大值 $\| \nabla f(X) \| \cdot \| \nabla f(Y) \|$；当两个矢量反向平行时，其夹角为 π，内积具有最小值 $-\| \nabla f(X) \| \cdot \| \nabla f(Y) \|$；当两个矢量垂直时，其夹角为 $90°$，内积等于 0。内积的特性为矢量平行性的度量提供了基础。

9.1.2　内积对称性能量

定义以 $X(x,y)$、r 为半径的区域为点 $X(x,y)$ 的邻域，用 $\Omega_r(X)$ 表示，其中 r 应大于被检测的最大椭圆的长轴长度。对于 $\Omega_r(X)$ 内的任一边缘点 $P_i(x_i, y_i)$，其关于 $X(x,y)$ 的理想对称点记为 $P_\tau(x_\tau, y_\tau)$，其中：

$$x_\tau = 2x - x_i, \quad y_\tau = 2y - y_i \tag{9-3}$$

定义 S 为以 P_τ 为中心、大小为 $(2\Delta+1) \times (2\Delta+1)$ 的方形区域，其中，$\Delta = 1$。如果在区域 S 内存在一点 P_i'，且 P_i' 距离 P_τ 最近，则认为点 P_i' 为点 P_i 关于 $X(x, y)$ 的实际对称点。

约束 1：对于一个中心对称图形，关于中心点对称的边缘点对的梯度矢量平行或反向平行。

如图 9-2 所示，对于关于点 X 对称的一对边缘点 P_i 和 P_i'，其归一化的正值内积和负值内积被定义为：

$$IP_{i+} = \frac{|\nabla f(P_i) \circ \nabla f(P_i')| + \nabla f(P_i) \circ \nabla f(P_i')}{2 \cdot \| \nabla f(P_i) \| \circ \| \nabla f(P_i') \|},$$

$$IP_{i-} = \frac{|\nabla f(P_i) \circ \nabla f(P_i')| - \nabla f(P_i) \circ \nabla f(P_i')}{2 \cdot \|\nabla f(P_i)\| \circ \|\nabla f(P_i')\|} \tag{9-4}$$

对称点对 P_i 和 P_i' 的内积能量（Inner Product Energy，IPE）被定义为：

$$IP_i = (IP_{i+}^2 + IP_{i-}^2)^{1/2} \tag{9-5}$$

点 X 处的内积对称性能量（Inner Product Symmetrical Energy，IPSE）因此被定义为：

$$\text{IPSE}(X) = \sum_{P_i, P_i' \in \Omega_r(X)} IP_i \tag{9-6}$$

假定点 X 为边缘点个数为 $2n$ 的对称图形的中心点，如图 9-2a 所示，则存在 n 组对称点对，每组对称点对的内积能量近似为 1，则 $\text{IPSE}(X)$ 近似等于 n。当点为对称图形的非中心点时，如图 9-2b 所示点 Y，点 Y 邻域 $\Omega_r(Y)$ 内包含的对称点对的数量较少，同时对称点对的内积能量一般小于 1，使得 $\text{IPSE}(Y) < \text{IPSE}(X)$。因此，相对于非对称中心，对称中心通常具有较大的内积对称性能量。

需要指出的是，约束 1 并不能特异性地定位椭圆中心，而是能够定位任意中心对称图形的中心，如双曲线、矩形和菱形等。

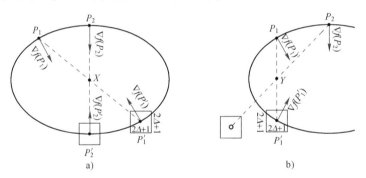

图 9-2 内积对称性能量计算示意图

a) 中心点处 b) 非中心点处

9.1.3 内积一致性能量

对于圆形，其轮廓曲线上关于圆心对称的两个对称点的梯度矢量平行或反向平行。对于椭圆，其轮廓曲线上关于中心对称的两个对称点的梯度矢量虽然并不严格的遵循上述约束，但也具有一定的平行或反向平行性。因此，施加约束 2 以从对称中心中识别出椭圆（或圆）的中心。

约束 2：对于椭圆轮廓上的一点，该点的梯度矢量与该点与中心点连线矢量的内积能量较大。

如图 9-3 所示为约束 2 示意图。对于 $\Omega_r(C)$ 内的轮廓点 P_i，$\overrightarrow{P_iC}$ 表示点 P_i 到中心点 C 的矢量。$\nabla f(P_i)$ 和 $\overrightarrow{P_iC}$ 的内积为：

$$IPv_i = (IPv_{i+}^2 + IPv_{i-}^2)^{1/2} \tag{9-7}$$

其中：

$$IPv_{i+} = \frac{|\nabla f(P_i) \circ \overrightarrow{P_iC}| + \nabla f(P_i) \circ \overrightarrow{P_iC}}{2 \cdot \|\nabla f(P_i)\| \circ \|\overrightarrow{P_iC}\|}, IPv_{i-} = \frac{|\nabla f(P_i) \circ \overrightarrow{P_iC}| - \nabla f(P_i) \circ \overrightarrow{P_iC}}{2 \cdot \|\nabla f(P_i)\| \circ \|\overrightarrow{P_iC}\|}$$

相似地，对于点 P_i'，$\nabla f(P_i')$ 和 $\overrightarrow{P_i'C}$ 的内积为：

$$IPv_i' = (IPv_{i+}'^2 + IPv_{i-}'^2)^{1/2} \tag{9-8}$$

因此，像素 X 的内积一致性能量（Inner Product Consistent Energy，IPCE）被定义为：

$$IPCE(X) = \frac{No}{N} \cdot \sum_{P_i, P_i' \in \Omega_r(X)} IP_i \cdot IPv_i \cdot IPv_i' \tag{9-9}$$

其中，N_o 表示邻域 $\Omega_r(X)$ 内对称点对的个数，N 为 $\Omega_r(X)$ 内边缘点的个数。

图 9-4 显示了一幅模拟图像的内积能量图。图 9-4a 为输入图像，包含三个中心对称图形和一个五边形。图 9-4b 为输入图像的 IPSE 图，可以看出，对称中心的能量值明显大于非中心点的能量值，使得对称中心的检测变得简单可行。图 9-4c 显示了施加约束 2 后输入图像的 IPCE 图，椭圆中心被突出而双曲线中心被抑制。图形与圆的相似性越大，其中心点的能量值越大。换句话说，IPCE 图有助于从其他对称图形中识别出近似圆的图形。

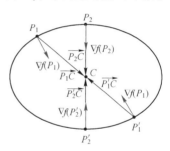

图 9-3　边缘点梯度矢量与点与中心连线矢量示意图

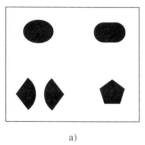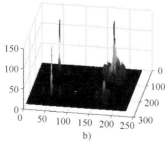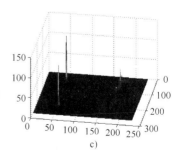

图 9-4　内积能量图

a）输入图像　b）IPSE 图　c）IPCE 图

9.1.4 中心定位和轮廓点提取

计算像素点的 IPCE 值，获得输入图像的 IPCE 图。在 IPCE 图检测局部极大值点，确定潜在的椭圆中心，记为 $C_1, C_2, \cdots, C_M$，M 为中心点的个数。然后，提取椭圆的轮廓点，基本方法为：对于任一潜在的椭圆中心 $C_j(j=1,2,\cdots,M)$，若其邻域 $\Omega_r(C_j)$ 内的对称点对满足如下条件：

$$① \ IP_i>0.9；②IPv_i>0.9；③IP'v_i>0.9 \qquad (9-10)$$

则该点对为椭圆轮廓上的点，将其保存于集合 $G(C_j)$。

9.2 椭圆检测

9.2.1 椭圆焦点定位

椭圆是平面内到两个定点距离之和等于常数的动点的轨迹，其中两定点叫作椭圆的焦点，且该距离之和等于椭圆长轴的长度。

对于获取的任一中心点 C_j，像素 X 为 C_j 邻域 $\Omega_r(C_j)$ 内的一点，X' 为像素 X 关于 C_j 的对称点，如图 9-5 所示。计算椭圆轮廓点 Z_k 到像素 X 及 X' 的距离之和，获得距离矢量 $\boldsymbol{V}_d=[d_1,d_2,\cdots,d_k,\cdots]$，其中 $d_k=d_{k1}+d_{k2}=\parallel Z_k-X \parallel + \parallel Z_k-X' \parallel$。像素 X 的距离分布为：

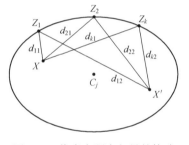

图 9-5　像素点距离矢量的构造

$$\boldsymbol{h}(X)=[h_1,h_2,\cdots,h_{d_k},\cdots] \qquad (9-11)$$

其中，h_{d_k} 是距离 d_k 在 $\boldsymbol{V}_d$ 中出现的次数。对于椭圆的焦点位置，理想情况下，该点处的距离分布仅存在一个非零值，且该值对应的距离为椭圆长轴长度。

定义像素点距离分布的最大值为该点的**特征能量**，最大值对应的距离定义为该点的**特征距离**。图 9-6 显示了椭圆中心点邻域内不同位置处的距离分布图，由图可以看出，焦点处的距离分布具有唯一的冲击峰，且焦点处的特征能量明显高于非焦点处的特征能量。计算邻域内所有像素点的特征能量，获得邻域的特征能量分布图，如图 9-6d 所示，特征能量在焦点处取得最大值。因此，对邻域的特征能量分布图进行最大值检测，可定位椭圆的 2 个焦点；根据焦点的距离分布可进一步获取椭圆长轴长度。如图 9-6c 所示，焦点 B 的距离分布在距离为 57 时取得最大值，则椭圆长轴的长度为 57。

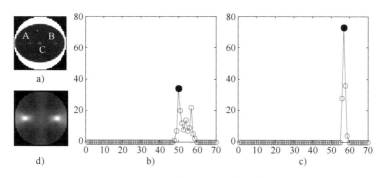

图 9-6　不同位置处的距离分布图

a）椭圆中心点邻域及邻域内像素点，A 为非椭圆焦点，B 为椭圆的一个焦点，C 为椭圆中心点

b）点 A 的距离分布图；c）点 B 的距离分布图　d）中心点邻域的特征能量图

9.2.2　椭圆参数确定

确定椭圆的中心点 C_j、焦点 F_1、F_2 和椭圆长半轴的长度 a 后，根据如下公式，可计算出椭圆的半焦距 c、短半轴长度 b 和与 x 轴的方向夹角：

$$c = \frac{\parallel F_1 - F_2 \parallel}{2}, b^2 = a^2 - c^2, \varphi = \arctan(\overrightarrow{F_1 F_2}), \varphi \in [0, 180) \qquad (9-12)$$

至此，一个潜在的椭圆 $E(C_j, a, b, \varphi)$ 被唯一确定。

9.2.3　椭圆验证

确定椭圆参数后，可计算出椭圆的周长 L_C。统计以 $E(C_j, a, b, \varphi)$ 为中心线、宽度为 $2\Delta'$ 的椭圆环内边缘点的个数 N_c，如图 9-7 所示。如果 L_C 与 N_c 满足如下条件：

$$N_c / L_C \geqslant \text{Th} \qquad (9-13)$$

式中，Th 为阈值，一般取 $0.8 \sim 0.9$，则椭圆 $E(C_j, a, b, \varphi)$ 存在，否则剔除该潜在的椭圆。

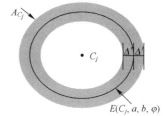

图 9-7　潜在椭圆验证示意图

9.3　算法总结与分析

9.3.1　算法总结

椭圆检测算法包括三个步骤：

1）椭圆中心定位计算各像素点的内积一致性能量获取图像的内积一致性能量分布图，提取局部极大值作为潜在的椭圆中心。

2）椭圆焦点定位利用距离分布定位椭圆的焦点，同时获取椭圆长轴长度，并根据椭圆几何性质计算椭圆的其他参数，唯一确定一个椭圆。

3）椭圆验证基于轮廓点信息验证椭圆的存在性，剔除不存在的椭圆。

算法的伪代码如图 9-8 所示。

Input: 输入图像 I, 边缘图像 E, 支撑区域半径 r 和阈值 Th_1、Th_2。
Output: 被检测的真实椭圆 $\ell(C_j, a, b, \varphi)$。

Step 1. 椭圆中心定位

1: 初始化空白图像 I'。
2: **for** 任一像素 X **do**
3:　　 $IPCE(X) = 0$
4:　　 **for** 任一边缘点 P_i ($i=1,2,\cdots,N$) in $\Omega_r(X)$ **do**
5:　　　　 $No = 0$;
6:　　　　 **if** 满足 Eq. (3)，**then**
7:　　　　　　 $No = No + 1$
8:　　　　　　 根据 Eqs. (5), (7) 和 (8) 分别计算 Ip_i, Ipv_i 和 $Ip'v_i$
9:　　　　 **end if**
10:　　　 $IPCE(X) = IPCE(X) + Ip_i * Ipv_i * Ip'v_i$
11:　　 **end for**
12:　　 $I'(X) = No/N * IPCE(X)$
13: **end for**
14: **if** $I'(C_j)$ ($j=1,\cdots,M$) 为局部极大值且 $I'(C_j) >$ $Th_1 * mean(I')$，**then**
15:　　 **if** P_i a和 P'_i 位于 $\Omega_r(C_j)$ 且满足 Eq. (10) **then**
16:　　　　 $P_i, P'_i \rightarrow G(C_j)$
17:　　 **end if**
18: **end if**

Step 2. 椭圆焦点定位

19: **for** 任一潜在的中心点 C_j **do**
20:　　 **for** $\Omega_r(C_j)$ 内的任一像素 X **do**
21:　　　　 **for** 任一轮廓点 Z_k ($k=1,2,\cdots,K$) in $G(C_j)$ **do**
22:　　　　　　 $d_k = \|Z_k - X\| + \|Z_k - X'\|$;
23:　　　　　　 $d_k \rightarrow V_d$;
24:　　　　 **end for**
25:　　　 $h(X) = [h_1, h_2, \cdots, h_{dk}, \cdots]$;
26:　　　 $g(X) = \max[h(X)]$;
27:　　 **end for**
28: 在 g 上检测最大值以定位焦点;
29: 确定焦点的特征距离;
30: Compute 根据 Eq (12) 计算 b 和 φ，确定潜在椭圆 $E(C_j, a, b, \varphi)$.
31: **end for**

Step 3. 椭圆验证

32: **for** 任一潜在椭圆 $E(C_j, a, b, \varphi)$ **do**
33:　　 **if** 满足 Eq. (13)，**then**
34:　　　　 保留 $E(C_j, a, b, \varphi)$
35:　　 **end if**
36: **end for**

图 9-8　本章算法伪代码

9.3.2　算法复杂度分析

在接下来的分析中，n 表示输入图像像素个数，m 和 m_{re} 分别表示邻域内像素点的个数和边缘点的平均个数。各步骤的时间消耗估计如下：

1）计算输入图像的 IPCE 图，时间消耗为 $n * m_{re} * t_p$，其中 t_p 表示每个像素在其邻域 $\Omega_r(X)$ 计算 $Ip_i \cdot Ipv_i \cdot Ip'v_i$ 的时间。

2）计算潜在椭圆中心邻域内各点的距离分布以定位椭圆的焦点，其时间消耗为 $M \cdot m \cdot t_d$，其中 M 表示潜在中心点的个数，t_d 表示计算一次距离分布的时间。

3）相对于步骤 1）和步骤 2），步骤 3）的时间消耗很小，可忽略不计。

因此，本章算法的时间消耗可简单的记为 $n * m_{re} * t_p + M \cdot m \cdot t_d$。考虑到 M 通常是一个有限的值，且 $m \ll n$，算法的时间复杂度可近似表示为 $O(nm_{re})$。多数情况下 $m_{re} \ll n$，因此算法复杂度近似为线性 $O(n)$。最坏情况下，邻域的大小近似等于整幅图像，m_{re} 的影响不能忽略，算法的复杂度为 $O(nm_{re})$，但仍明显小于 $O(n^2)$。

9.4　实验结果

使用模拟图像和真实图像对算法性能进行评价，并与基于 Hough 的方法[57] 和基于弧的方法[58] 进行比较。

9.4.1　模拟实验

模拟图像包含 2 个椭圆和一个部分遮挡的椭圆，如图 9-9a 所示。添加噪声的图像被用于算法鲁棒性测试。使用比值 $\varepsilon = A_n/A_g$ 作为误差度量，其中，A_n 表示被检测椭圆和基准椭圆非重叠部分的面积，A_g 表示基准椭圆的面积。结果如图 9-9 和表 9-1 所示。相比于现有方法，本章方法能准确检测出被部分遮挡的椭圆；同时，本章方法显示了较强的抗噪声能力。

表 9-1　模拟图像实验结果

测试图像	方法	时间/s	检测目标个数	平均检测误差（ε）
原始图像	Xie 方法	7.91	2	0.0112
	Liu 方法	0.25	2	0.0350
	本章方法	12.26	3	0.0386

（续）

测试图像	方法	时间/s	检测目标个数	平均检测误差(ε)
高斯噪声污染图像	Xie 方法	292.02	3	0.9927
	Liu 方法	0.4	2	0.0408
	本章方法	76.44	3	0.0381
椒盐噪声污染图像	Xie 方法	215.83	3	0.1060
	Liu 方法	0.26	2	0.0370
	本章方法	48.68	3	0.0158

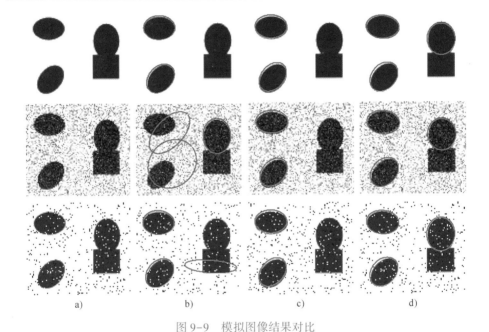

图 9-9　模拟图像结果对比

a）原始图像及噪声图像　b）Liu 方法检测结果　c）Xie 方法检测结果　d）本章方法检测结果

9.4.2　真实实验

使用大量的真实图像对算法进行验证。图 9-10 显示了 10 幅测试图像，图中椭圆（包括圆）的数量为 2~8 且无遮挡发生。由结果可知，图中物体椭圆形的轮廓被准确检测出。同时，由图 9-10i 和 j 可知，本章方法可实现圆检测。表 9-2 给出了本章方法和现有方法椭圆目标的检测数量，本章方法取得最优的检测结果。

图 9-10 简单场景中椭圆检测结果

表 9-2 简单场景中不同方法实验结果

方　　法	检测目标个数									
	a	b	c	d	e	f	g	h	i	j
Xie 方法	2	2	2	1	2	2	0	1	2	1
Liu 方法	2	0	3	4	8	4	1	1	6	0
本章方法	2	2	3	4	8	3	2	2	6	4

图 9-11 显示了遮挡情况下不同方法的椭圆检测结果，椭圆轮廓的遮挡范围

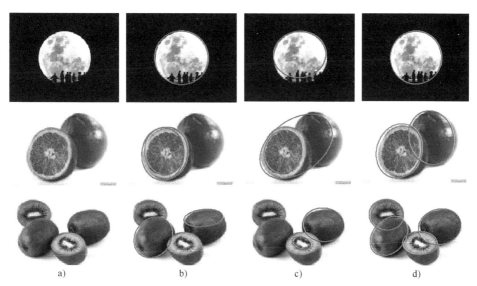

图 9-11 部分遮挡情况下不同方法的椭圆检测结果

a）原始图像　b）Xie 方法检测结果　c）Liu 方法检测结果　d）本章方法检测结果

为 12.5%~30%。由结果可知，随着检测目标数量的增加，Xie 方法出现漏检和误检。Liu 方法的检测结果同样不理想。本章方法对部分遮挡显示了最好的鲁棒性和准确性。同时，需要指出的是本章方法基于轮廓的对称性检测椭圆中心，因此，严重遮挡情况下方法的有效性降低。

真实环境复杂背景下多椭圆的检测是一个具有挑战性的任务。图 9-12 显示了三种方法对复杂图像的椭圆检测结果，图像中存在大量不相关或扭曲的边缘。明显地，本章方法在椭圆检测数量和准确性方面优于现有方法。

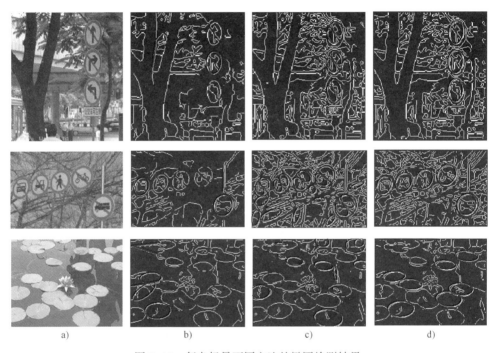

图 9-12　复杂场景不同方法的椭圆检测结果

a）原始图像　b）Xie 方法检测结果　c）Liu 方法检测结果　d）本章方法检测结果

由上述实验结果可知，本章方法具有最好的准确性和鲁棒性。Xie 方法利用所有点对检测所有可能的长轴，使用 Hough 变换获得短轴，然后通过拟合的方式实现椭圆检测。当遮挡发生或长轴端点不可见时（见图 9-9），该方法无法检测出椭圆。相比于 Xie 方法，本章方法利用椭圆的几何性质在高准确性条件下提高了算法的效率。Liu 方法执行效率最高，但是当椭圆弧被断开或与其他曲线相连时，该方法不能检测出椭圆（见图 9-9），本章方法通过提取椭圆相关的边缘点很好地解决了该问题。

9.5 扩展实验

根据 9.1.2 节的描述，对图像中的像素计算其内积对称性能量（Inner Product Symmetrical Energy，IPSE），获得输入图像的内积对称性能量分布图。检测能量分布图的局部极大值，可获取图像中的对称中心。因此，本章提出的内积对称性能量不仅用于椭圆中心定位，还可定位一般对称图形的对称中心。图 9-13 显示了单对称中心的检测结果，图 9-14 给出了多对称中心存在时算法的检测结果，图中对称中心被准确测出。

图 9-13　单对称中心检测结果

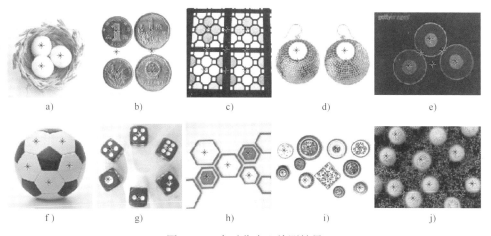

图 9-14　多对称中心检测结果

9.6　本章小结

本章提出一种简单、有效且鲁棒的椭圆检测算法。相对于现有方法，本章的主要贡献在于：

1）改进正、负内积相关性提出一种对称中心检测算子。该算子不仅可定位椭圆中心，同时可定位中心对称图形的对称中心。

2）利用椭圆的几何性质，引入距离分布概念，准确定位椭圆的焦点。

3）本方法仅利用几何性质实现椭圆的检测，无须构建椭圆参数空间，避免了参数量化过程产生的误差。

第 10 章

基于曲线匹配技术的图像对称性检测

对称性（Symmetry）大量存在于人造目标和自然目标中，通过检测对称性可以实现对图像的检索和查询，对称性特征检测也是计算机视觉中的重要问题。如图 10-1 所示，从几何变换理论角度，可将对称性分为三类：反射对称（即镜像对称，Mirror symmetry）、旋转对称和平移对称。

 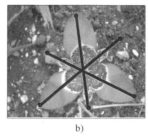 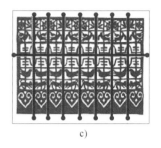

a)　　　　　　　　　　b)　　　　　　　　　　c)

图 10-1　三种对称类型

a）反射对称　b）旋转对称　c）平移对称

基于特征点检测与匹配技术，Guo 和 Cao[59] 提出了镜像反射不变特征变换（Mirror-reflection Invariant Feature Transform，MIFT），该方法通过对 SIFT 算法进行改进，实现镜面反射不变性，并成功应用于单幅图像中对称轴的检测。其中，镜面反射不变性通过特征支撑区域内特征描述的次序重组实现，首先将支撑区域中的单元顺序重新组合，然后将每个单元中有方向的特征信息顺序重新组合。该方法的缺点在于：

1）计算主方向并根据主方向的指向确定重组的顺序（顺时针或逆时针）。

2）支撑区域为常规形状（正方形或者圆形），对图像的形变敏感。

受该思路的启发，本章[60,61] 在曲线匹配的基础上研究并提出两种图像对称性检测方法，分别为基于 IOMSD 曲线匹配的反射对称性检测方法和基于改进 MSCD 的反射对称性检测方法。

10.1　图像对称性模型

检测图像的对称性，我们首先要明确图像中不同类型的对称性定义，然后进行相应的对称性检测。Zabordsky 等人[62] 通过对不同平面图像对称性的一系列研究，提出了以下几种平面图形对称性的相关定义。

定义 1：平面等距意为平面到它自身的映射保持不变，即假设对于平面内的任意两点 A、B 以及任意平面等距 D，则 $D(A)$ 到 $D(B)$ 的直线距离和 A 到 B 的直线距离是相等的。

由平面内选取任意两个点，两点之间的距离在映射之前和映射之后相等，可推出一幅图像的大小和形状在映射前后也不会发生改变。因此，一个任意形状的图像和原来的形状相比没有任何的差异。平面等距主要包含平面平移、平面反射和平面旋转，值得注意的是平面的旋转是指将平面按照一个设定的角度围绕着旋转中心进行转动。

定义 2：平面平移指的是沿着同一个方向将整个平面内全部点的位置移动相同距离的映射。

设 A 和 B 是平面内的两个点，D 表示平移，分别连接 A 和 $D(A)$、B 和 $D(B)$，那么所得到的是两个具有相同的长度和方向的向量。再加上二维平面直角坐标系后，该平移表达式为：$D(x,y)=(x+a,y+b)$。

定义 3：直线 L 的反射实际上是一个映射 F，这个映射使得 L 上的每一个点在都不发生改变的前提下，将 L 之外的一点 M 映射成 $F(M)$，使得 L 恰好是 M 和 $F(M)$ 连接线段的中垂线。

定义 4：滑动反射实际上是一个平移和包含该平移向量直线反射的集合。也就是说，假设 D 是一个平移，F 是一个反射，那么复合映射 $(D \cdot F)(m)=D(F(m))$ 和 $(F \cdot D)(m)=F(D(m))$ 就是滑动反射。

定义 5：平面中的一个图形 I 且平面内具有性质 $D(I)=I$ 的等距 D，则称平面中图形 I 的对称。一个平面图像所有的对称集合称之为该图像的对称群。

综合上述 5 个定义，我们可将平面图形 S 的对称表述如下（见图 10-2）：

- 假如一个二维图形相对于一条直线反射后，整个图形仍然保持不变，那么称之为二维镜像对称。

- 假如一个二维图形相对于目标中心旋转 $\dfrac{2\pi}{n}$，图形仍然保持不变，那么称之为 n 阶旋转对称，可用 Cn-Symmetry 表示。

- 假如一个二维图形既具有镜像对称的特性，同时又具有 n 阶旋转对称的特性，那么将其称为径向对称，可用 Dn-Symmetry 表示。

自然界中对称现象无处不在，但却很少有真正数学意义上的严格对称。由于透镜的投影、数字化、封闭等影响因素，图像投影到一个平面上时，会产生额外的偏差。Zabrodsky 等人把对称性看作是一个连续的函数，而不能够直接看成是二值的，这一理论为对称性度量奠定了基础。

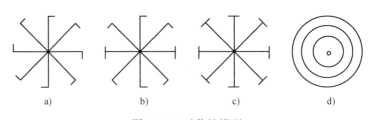

图 10-2　对称性模型

a) C8-对称　b) 镜像对称　c) D8-对称　d) 径向对称

10.2　基于 IOMSD 曲线匹配的反射对称性检测

基于亮度序的均值标准差描述子（Intensity Order Based Mean-Standard Deviation Descriptor，IOMSD）[63] 是在已有均值标准差曲线描述子（Mean-standard deviation Curve Descriptor，MSCD）[64] 的基础上，引入亮度序划分思想而提出的一种新颖的描述子。该曲线匹配描述子引入灰度序作为子区域划分依据，克服了固定形状子区域划分带来的边界误差和图像形变带来的形变误差，在形变稳定性上优于基于固定位置划分的方法；同时，该描述子仅利用了图像的纹理信息，与主方向无关，从而避免了子区域主方向的计算，消除了主方向的计算误差，可以直接用于单幅图像中对称曲线对的提取。

本节基于 IOMSD 描述子提出一种反射对称性检测方法，其基本步骤为：

1）利用 IOMSD 曲线匹配技术直接获取单幅图像上的对称曲线对。

2）引入梯度对称性概念确定对称曲线对上的梯度对称点对。

3）利用最小距约束确定对称曲线对上的最佳对称点对，精确定位对称轴。

图 10-3 给出了本章提出的反射对称性检测方法流程图，图 10-3a 为原始图像；图 10-3b 为 IOMSD 曲线匹配结果，其中相同序号所对应的曲线为一对对称曲线对（注：共 55 对曲线，正确匹配为 20 对，正确率 36.4%）；图 10-3c 显示了图像的初始对称轴，该对称轴由对称曲线对上的梯度对称点对确定；图 10-3d 显示了精确定位的对称轴，该对称轴由添加最小距离约束后获取的最佳对称点对确定。

曲线基于 IOMSD 描述子的反射对称性检测方法具体流程如下：对于单幅图像，考虑基于 IOMSD 描述子获得的任一对称曲线对 (C_k, C_k')、$\{X_1, X_2, \cdots, X_m\}$、$\{X_1', X_2', \cdots, X_n'\}$ 分别为曲线 C_k、C_k' 上点集，其中 m，n 分别表示曲线 C_k、C_k' 上点的个数；计算曲线 C_k 上的点与曲线 C_k' 上各点的梯度对称性，确定两条对称曲线上的梯度对称点对，记为 $\{(X_1, X_1'), (X_2, X_2'), \cdots, (X_s, X_s')\}$；获取距离最短的梯度对称点对 $(X_{\min}, X_{\min}')$，则 $(X_{\min}, X_{\min}')$ 为对称曲线对 (C_k, C_k') 上的最佳对称点

对，线段 $X_{\min}X'_{\min}$ 的中点即为对称轴上的一点；最后将获得的点集进行 Hough 变换检测图像的反射对称轴，如图 10-4 所示。

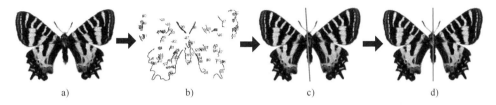

a)　　　　　　　b)　　　　　　　c)　　　　　　　d)

图 10-3　基于 IOMSD 曲线匹配的反射对称性检测流程图

a）原始图像　b）IOMSD 曲线匹配后获取的对称曲线对　c）梯度对
称性度量确定的初始对称轴　d）最小距离约束确定的精确对称轴

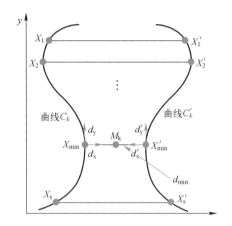

图 10-4　梯度对称性及最小距离约束示意图

10.2.1　基于 IOMSD 描述子确定对称曲线对

亮度序均值标准差描述子 IOMSD[63] 的构造流程如下：

1）确定曲线支撑区域半径并基于亮度序进行子区域划分。

2）利用内积和外积运算计算支撑区域内各点的旋转不变描述向量。

3）构造子区域描述矩阵并统计子区域的均值向量和标准差向量。

4）将各子区域的均值向量和标准差向量排列成向量形式，获得曲线的均值描述向量 $\mathrm{Mean}(G)$ 和标准差描述向量 $\mathrm{Std}(G)$。将 $\mathrm{Mean}(G)$ 和 $\mathrm{Std}(G)$ 组合成单个描述向量并进行归一化获得的亮度序均值标准差描述子 $\mathrm{IOMSD}=\dfrac{\left[\,\mathrm{Mean}(G),\mathrm{Std}(G)\,\right]}{\left|\,\left[\,\mathrm{Mean}(G),\mathrm{Std}(G)\,\right]\,\right|}\in R^{8M}$。

最后，针对单幅图像上曲线的匹配，利用 NNDR 准则（最近邻/次近邻准则）进行曲线匹配，确定单幅图像中的对称曲线对。

10.2.2　确定梯度对称点对

由于两条对称曲线的长度一般不一致，因此，直接利用两条对称曲线上逐点连线的中点来确定对称轴会存在很大误差。因此，建立对称曲线对上各点之间的对称关系是进行对称轴位置估计的前提。本节引入梯度对称性的概念，用以确定两条对称曲线上相互对称的点对。具体方法如下：

1）对于任一对称曲线对（C_k，C'_k），$X_i(x_i, y_i)$、$X'_j(x'_j, y'_j)$ 分别为曲线 C_k、C'_k 上的点；计算点 X_i 和 X'_j 的梯度向量，分别记为 $g(X_i) = [d_{ix}, d_{iy}]$ 和 $g(X'_i) = [d'_{ix}, d'_{iy}]$。

2）判断对称曲线上各点的梯度对称性。对于曲线 C_k 上的任一点 $X_i(x_i, y_i)$，如果点 $X_i(x_i, y_i)$ 与曲线 C'_k 上的一点 $X'_j(x'_j, y'_j)$ 满足如下条件：

$$\left| \, |g(X)_i| - |g(X'_i)| \, \right| < T_2 \tag{10-1}$$

$$(d_{ix} \cdot d_{iy} < 0 \,\&\, d'_{jx} \cdot d'_{iy} > 0) \, | $$
$$(d_{ix} \cdot d_{iy} > 0 \,\&\, d'_{jx} \cdot d'_{jy} < 0) \tag{10-2}$$

则点 X_i 和点 X'_j 为一对梯度对称点对。式（10-1）限定梯度对称点对中两点的梯度幅值差异小于阈值 T_2，T_2 在实验中设为 1。式（10-2）对梯度对称点对中两点的梯度方向进行约束，即若两点梯度在 x 方向相反，则 y 方向相同，如图 10-4 所示；反之也成立。

3）将曲线 C_k、C'_k 上梯度对称点对的坐标组合为 $N \times 4$ 的矩阵 $LP(r_{C_k}, c_{C_k}, r_{C'_k}, c_{C'_k})$，$N$ 为对称曲线对（C_k，C'_k）上梯度对称点对的个数。

10.2.3　定位对称轴

由于检测到的对称曲线对的长短不同，每组对称曲线对获得的梯度对称点对的个数也不相同。较长对称曲线对上错误的梯度对称点对会明显降低对称轴的定位精度，如图 10-3c 所示。本章进一步利用最小距离约束确定每对对称曲线上的最佳对称点对，以获取对称轴的精确位置。具体方法如下：

1）对于图像中的任一对称曲线对（C_k，C'_k），根据对称点对的坐标矩阵 $LP(r_{C_k}, c_{C_k}, r_{C'_k}, c_{C'_k})$ 计算梯度对称点对之间的距离 $d_1, d_2, \cdots, d_N$。

2）记 $d_{min} = \min(d_1, d_2, \cdots, d_N)$ 表示对称曲线对（C_k，C'_k）上梯度对称点对之间的最小距离，获取满足 d_{min} 的梯度对称点对为（X_{min}，X'_{min}），则（X_{min}，X'_{min}）为对称曲线对（C_k，C'_k）上的最佳对称点对；计算 X_{min}，X'_{min} 的中点位置为 $M_k = (X_{min}, X'_{min})/2$。

3）计算图像中所有对称曲线对(C_k, C'_k)，$k = 1, 2, \cdots K$ 上满足最小距离约束的最佳对称点对，获得对应的中点集合$\{M_k\}$。

4）对于点集$\{M_k\}$，利用 Hough 变换检测图像的反射对称轴。

10.3　基于 IOMSD 描述子的对称性检测实验结果

实验中首先采用 Canny 算子进行初步边缘检测，接着断开各边缘曲线的连接点以及曲率较大的地方（阈值为 5.0），并除去像素点少于 20 的曲线，Canny 算子的最高阈值设为 0.2，最低阈值设为 0.1，高斯滤波参数设为 1.2。采用 IOMSD 进行对称曲线对检测时，支撑区域子区域的个数为 8、支撑区域半径为 12；实验过程中 MIFT-SIFT、SIFT 以及本章方法均采用欧式距离来度量描述子之间的相似性，匹配准则为最近邻/次近邻准则（Nearest/Next Ratio，NNDR），其阈值设为 0.8。

10.3.1　IOMSD 在镜面翻转实验中的应用

图像镜面翻转的原理十分简单：水平翻转后，图像每个像素点的横坐标与翻转前对应像素点的横坐标关于图像的竖直中心线对称；垂直翻转后，图像每个像素点的纵坐标与翻转前对应像素点的纵坐标关于图像的水平中心线对称。图 10-5 为 9 组镜面翻转图像集，包含了水平翻转、垂直翻转和完全翻转（水平翻转+垂直翻转）。表 10-1 给出了 IOMSD 算法的匹配结果，图像对的序号从左至右、由上至下排序，括号外的数字表示匹配的曲线对数目，括号内的数字表示错误匹配的曲线对数目。

图 10-5　镜面翻转图像集

a）水平翻转　b）垂直翻转　c）完全翻转

表 10-1　IOMSD 算法在镜面翻转图像集下的匹配结果

1	2	3	4	5	6	7	8	9	匹配总数	正确率
35(0)	138(4)	70(5)	219(4)	134(1)	91(1)	109(0)	148(2)	96(2)	1040	0.982

由以下实验结果可以看出，相比于 SIFT 描述子，IOMSD 描述子本身具有镜面反射不变性，为本章提出的单幅图像中基于曲线匹配的对称性检测提供了可行性。

10.3.2　反射对称性检测

本节对提出的基于 IOMSD 曲线匹配技术的反射对称性检测算法进行验证。对于真实图像，考虑在图像亮度变化、对比度变化、噪声和旋转情况下算法的检测性能，并与尺度不变特征变换算法（SIFT）和镜面反射不变特征变换的 SIFT 算法（MIFT-SIFT）结果进行比较。图像的亮度变化和对比度变化使用 Photoshop 软件实现；噪声实验为在原图中添加百分之一的椒盐噪声；旋转图像为相机旋转一定角度后拍摄的同一场景的两幅图像。

如图 10-6 所示为所述算法在模拟图像进行对称性检测的结果，显然，该方法能准确检测出模拟图像的对称轴。下面给出不同情况下基于 SIFT、MIFT-SIFT 和 IOMSD 的反射对称性检测算法实验结果对比图，并对结果的准确性进行评估。

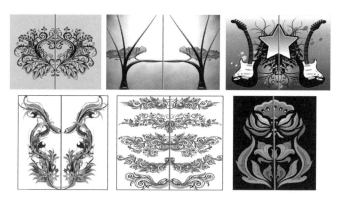

图 10-6　模拟图像检测结果

1. 亮度变化实验

图 10-7 给出了三种算法在图像亮度改变前后的检测结果，其中 1、3、5 列为原图，2、4、6 列为原图左半部（或下半部）亮度改变后的对比图像。由于 IOMSD 是一种基于亮度序的均值标准差描述子，对图像亮度变化具有良好的鲁棒

性。如结果所示，本章所提算法对于图像的亮度变化不敏感，明显优于基于 SIFT 的对称性检测算法，与 MIFT-SIFT 算法检测性能相当，表明 MIFT-SIFT 和本章 所提算法对亮度变化图像均具有较好的鲁棒性。

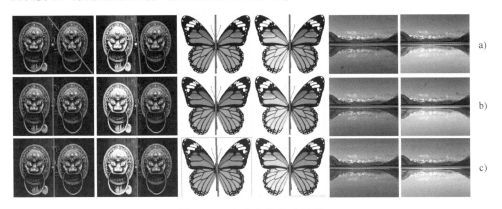

图 10-7　亮度变化实验结果

a）SIFT 检测结果　b）MIFT-SIFT 检测结果　c）本章方法检测结果

2. 对比度变化实验

图 10-8 所示 1、3、5 列为原图，2、4、6 列为原图右半部分（或下半部分）对比度增强后的图像。由实验结果可知：本章算法和 MIFT-SIFT 算法对图像的对比度变化具有较好的鲁棒性，优于基于 SIFT 的对称性检测算法。

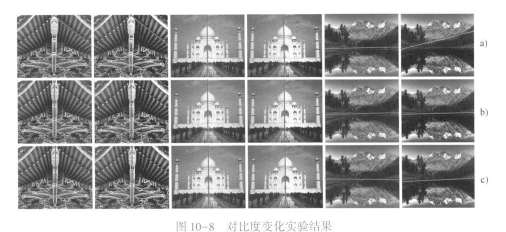

图 10-8　对比度变化实验结果

a）SIFT 检测结果　b）MIFT-SIFT 检测结果　c）本章方法检测结果

3. 噪声实验

图 10-9 所示 1、3、5 列为原图，2、4、6 列为添加噪声后的图像。由实验

结果可知：本章算法和 MIF-SIFTT 算法对噪声均具有较好的鲁棒性，而基于 SIFT 的检测算法在三组图像上均检测效果不理想。

图 10-9　添加噪声实验结果

a) SIFT 检测结果　b) MIFT-SIFT 检测结果　c) 本章方法检测结果

4. 旋转实验

图 10-10 给出了三种算法在旋转情况下的检测结果。由实验结果可知：旋转情况下，本章提出的算法具有最好的检测准确性。这是由于 IOMSD 描述子是依据局部区域内各像素的亮度大小进行子区域划分，旋转后图像不会发生扭曲，

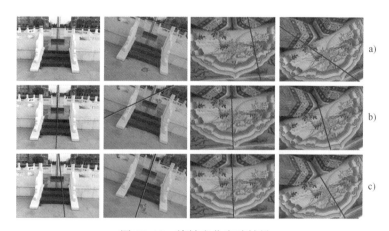

图 10-10　旋转变化实验结果

a) SIFT 检测结果　b) MIFT-SIFT 检测结果　c) 本章方法检测结果

且像素的灰度排序也几乎没有影响；同时，旋转对后续的梯度相似性度量和最小距离约束均无影响，因此，图像旋转后本章算法仍具有较高的检测准确性。MIFT-SIFT 算法在进行对称点匹配时需计算子区域的主方向以确定重组顺序，受旋转影响较大。基于 SIFT 的算法对于两组图像的检测结果均不理想。

表 10-2　不同条件下三种算法对称轴检测误差　　　　　（单位：°）

影响条件	算法	1	2	3	4	5	6
亮度	SIFT	45.716	7.782	2.485	0.921	0.006	0.000
	MIFT-SIFT	1.041	2.572	2.712	2.340	0.028	0.000
	本章算法	0.188	2.370	2.738	0.914	0.001	0.000
对比度	SIFT	54.597	54.661	0.324	0.695	1.031	11.952
	MIFT-SIFT	1.449	1.997	0.241	0.083	0.894	0.871
	本章算法	0.903	0.000	0.165	0.100	1.037	2.050
噪声	SIFT	87.127	89.924	68.017	54.870	89.740	88.763
	MIFT-SIFT	0.803	2.189	0.052	0.023	0.843	0.960
	本章算法	0.765	2.119	0.017	1.999	0.866	0.258
旋转	SIFT	88.412	86.445	7.295	26.004	—	—
	MIFT-SIFT	0.636	47.422	2.776	13.986	—	—
	本章算法	8.586	0.381	2.783	2.119	—	—

对以上实验检测结果进行准确性评估，采用评估方法如下：使用 Photoshop 画出图像中的对称轴，在该对称轴上取 18 个点拟合出其线性方程作为标定的理想对称轴方程（简称标准方程）；计算不同算法检测出的图像对称轴的线性方程；计算标准方程与对称轴线性方程之间的夹角，夹角越小表明检测结果越理想，检测性能越好。表 10-2 给出了不同影响条件下三种算法检测的对称轴与标准对称轴之间的夹角（表中序号分别对应以上实验图片序号），图 10-11 为不同影响条件下三种算法检测结果误差曲线图。

可以看出，本章提出的反射对称性检测方法性能和基于点匹配的 MIFT-SIFT 算法相当，在旋转情况下优于 MIF-SIFTT 算法；明显优于基于 SIFT 的对称性检测方法。MIFT-SIFT 是一种具有镜面翻转不变性的对称性检测方法，因此对于没有旋转变化的图像对称性检测具有较好的效果。SIFT 算法本身不具备反射对称性，从而导致对称性检测效果较差。本章方法基于 IOMSD 曲线匹配结果，IOMSD 对旋转、亮度变化、对比度变化以及噪声图像均具有鲁棒性，因此，在这些情况下均能较好地定位反射对称轴。

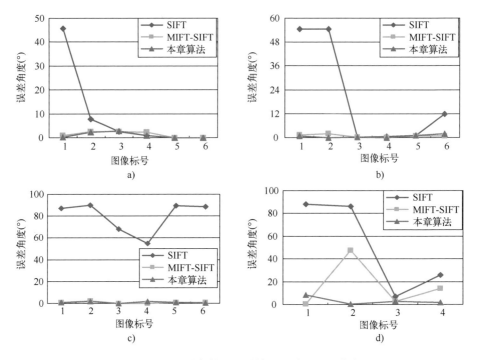

图 10-11　不同条件下三种算法的检测误差曲线

但由于 IOMSD 是一种基于周围纹理特性的曲线匹配技术，它更多地适用于纹理丰富图像中曲线的检测与匹配，对于纹理单一图像中曲线检测与匹配存在一定缺陷，纹理单一图像的对称性检测也不具备很强的稳定性。

10.3.3　倒影图像反射对称性检测

各种事物的倒影在现实场景中随处可见，真实事物与其倒影呈现出镜像对称性。但同时，相比于真实事物，倒影往往呈现出模糊、形变、对比度以及亮度变化，或者多种变化共存，使得倒影图像的对称性检测较为困难。本章比较了 SIFT 算法、MIFT-SIFT 算法和本章方法对真实倒影图像的对称性检测性能，结果如图 10-12 所示。第一幅图像部分区域有较大形变；第二幅图像存在模糊和亮度变化影响；第三幅图像存在较小的亮度变化。由结果可见，SIFT 算法和 MIFT-SIFT 算法对模糊和亮度变化的倒影图像检测结果均不理想。本章所给方法继承了 IOMSD 曲线描述子对图像形变、亮度变化及光照变化较好的鲁棒性，获得最好的对称性检测结果。

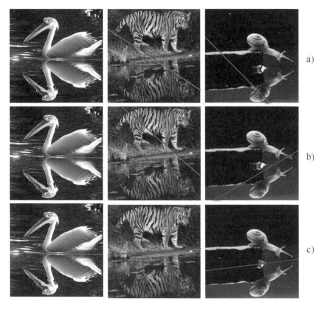

图 10-12　倒影图像的对称性检测

a）SIFT 检测结果　b）MIFT-SIFT 检测结果　c）本章方法检测结果

10.4　基于改进 MSCD 的反射对称性检测

本节在均值标准差曲线描述子（Mean-Standard deviation curve descriptor，MSCD）[64]的基础上进行对称性检测。MSCD 的基本原理为：先通过曲线上各个像素点的位置和主方向来确定像素点的支撑区域，然后将该支撑区域划分为一系列相互重叠且大小固定的子区域，最后统计曲线上所有像素点各子区域的不变特征，构建均值标准差曲线描述子。MSCD 描述子本身具有旋转不变性，但不具有镜像反射不变性，不能直接用于镜像对称曲线的匹配。

针对上述问题，本节给出了一种基于改进 MSCD 曲线描述子的反射对称性检测算法。首先在 MSCD 描述子的描述向量构造过程中引入内积和外积，使其具有镜像反射不变性；然后采用改进的 MSCD 描述子进行曲线匹配，获取单幅图像中的对称曲线对；再根据距离约束获取对称曲线对上的对称线段，并计算对称线段上从起点开始逐一对应的点对的中点，接着采用 Hough 变换拟合中点得到图像的局部对称轴；最后将局部对称轴进行合并，实现图像全局反射对称性的检测。

本章提出的反射对称性检测方法流程如图 10-12 所示，图 10-12a 为原始图像；图 10-12b 为曲线匹配采用的边缘图；图 10-12c 为使用改进 MSCD 描述子获得的曲线匹配结果，其中相同序号标记的蓝色曲线和绿色曲线为一对对称曲线（注：共检测到 14 对匹配曲线，正确匹配为 14 对）；图 10-12d 显示了对称曲线对上获取的等长对称线段，其中"＊"标记曲线的起点；图 10-12e 显示了两条等长对称线段上从起点开始逐一对应点对的中点位置；图 10-12f 显示了局部对称轴的拟合结果（14 条）；图 10-12g 为局部对称轴合并后的结果（4 条）；图 10-12h 为剔除较短对称轴后的结果（1 条）。

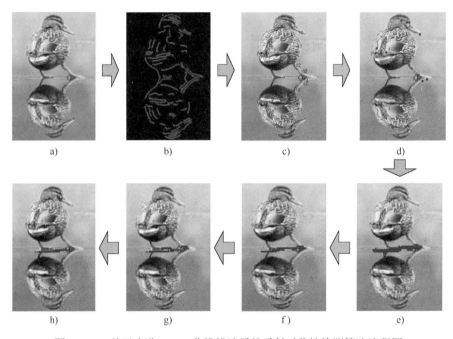

图 10-13　基于改进 MSCD 曲线描述子的反射对称性检测算法流程图

10.4.1　MSCD 描述子构造

MSCD 描述子构造过程如下[64]：

1）沿曲线上像素点的梯度方向确定该像素点的支撑区域，并将支撑区域划分为大小相等的多个子区域，记 N 为组成曲线的像素点个数，M 为像素点支撑区域内子区域个数。

2）经方向校正、高斯加权和线性插值后，记分配到子区域 $G_{ij}(i=1,2,\cdots,N,$ $j=1,2,\cdots,M)$ 任一点的梯度向量为：

$$\{g_T(k)=[g_{Tx}(k),g_{Ty}(k)]\} \tag{10-3}$$

式中，$g_{Tx}(k)$、$g_{Ty}(k)$ 分别表示 x、y 方向的梯度分量，分正负对梯度进行累加，获得子区域的四维描述向量：$V_{ij} = (V_{ij}^1, V_{ij}^2, V_{ij}^3, V_{ij}^4)$，其中：

$$V_{ij}^1 = \sum g_{Tx}(k), g_{Tx}(k) > 0$$

$$V_{ij}^2 = \sum g_{Ty}(k), g_{Ty}(k) > 0$$

$$V_{ij}^3 = \sum -g_{Tx}(k), g_{Tx}(k) < 0$$

$$V_{ij}^4 = \sum -g_{Ty}(k), g_{Ty}(k) < 0$$

（10-4）

3）将每一个子区域描述为四维向量，将这些向量排列，得到一个 $M \times N$ 的子区域描述矩阵。

4）分别计算矩阵各列向量的均值向量和标准差向量，并将均值向量和标准差向量分别进行归一化，获得均值标准差曲线描述子。

10.4.2　MSCD 描述子改进

对于曲线 C 上点 P_i 的支撑区域 G_i，取 M 为 3，$\{d_\perp, d_C\}$ 为点 P_i 的局部坐标系。由图 10-14 可知，当图像发生水平或垂直镜像时，MSCD 构建点 P_i 的局部坐标系和子区域的四维描述向量均发生改变，故 MSCD 描述子不具有镜像反射不变性。现将其进行如下改进。

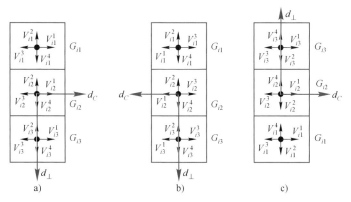

图 10-14　MSCD 描述子镜像示意图

1）记曲线 C 上各点平均梯度 (d_{Cx}, d_{Cy})，对于梯度向量为 $(d_{x_{ij}}, d_{y_{ij}})$ 的任一像素点 $P(x_{ij}, y_{ij})$（$i = 1, 2 \cdots, N; j = 1, 2 \cdots, M$），点 $P(x_{ij}, y_{ij})$ 处的内积和外积分别计算为：

$$\mathrm{IP}(P_{ij}) = d_{Cx} \cdot d_{x_{ij}} + d_{Cy} \cdot d_{y_{ij}}$$

$$\mathrm{EP}(P_{ij}) = d_{Cx} \cdot d_{y_{ij}} - d_{Cy} \cdot d_{x_{ij}}$$

（10-5）

构造四维旋转不变描述向量：

$$V(P_{ij}) = \left[V^1(P_{ij}), V^2(P_{ij}), V^3(P_{ij}), V^4(P_{ij}) \right] \tag{10-6}$$

其中，

$$V^1(P_{ij}) = \mathrm{IP}(P_{ij}), V^3(P_{ij}) = 0 \qquad \text{if } \mathrm{IP}(P_{ij}) > 0$$

$$V^1(P_{ij}) = 0, V^3(P_{ij}) = -\mathrm{IP}(P_{ij}) \qquad \text{if } \mathrm{IP}(P_{ij}) < 0$$

$$V^2(P_{ij}) = \mathrm{EP}(P_{ij}), V^4(P_{ij}) = 0 \qquad \text{if } \mathrm{EP}(P_{ij}) > 0$$

$$V^2(P_{ij}) = 0, V^4(P_{ij}) = -\mathrm{EP}(P_{ij}) \qquad \text{if } \mathrm{EP}(P_{ij}) < 0$$

当图像发生水平镜像时，曲线 C 的平均梯度向量变为 $(-d_{Cx}, d_{Cy})$，点 $P(x_{ij}, y_{ij})$ 的梯度向量变为 $(-d_{x_{ij}}, d_{y_{ij}})$，镜像后点 $P(x_{ij}, y_{ij})$ 处的内积和外积为：

$$\mathrm{IP}'(P_{ij}) = d_{Cx} \cdot d_{x_{ij}} + d_{Cy} \cdot d_{y_{ij}} = IP(P_{ij})$$

$$\mathrm{EP}'(P_{ij}) = -d_{Cx} \cdot d_{y_{ij}} + d_{Cy} \cdot d_{x_{ij}} = -EP(P_{ij}) \tag{10-7}$$

当图像发生垂直镜像时原理同上。由此可知，图像镜像（水平翻转或垂直翻转）后，点 $P(x_{ij}, y_{ij})$ 的内积不变，外积变为相反数。据此再构造四维旋转不变描述向量：

$$V'(P_{ij}) = \left[V^3(P_{ij}), V^2(P_{ij}), V^1(P_{ij}), V^4(P_{ij}) \right] \tag{10-8}$$

相比于 $V(P_{ij})$，$V'(P_{ij})$ 中 $V^2(P_{ij})$、$V^4(P_{ij})$ 位置保持不变，$V^1(P_{ij})$、$V^3(P_{ij})$ 互换位置。

2）由式（10-6）和式（10-8）分别根据 MSCD 描述子构造过程第三、四步，得到两个均值标准差曲线描述子 **des** 和 **des'**。

3）对曲线 C_i 与曲线 C_j 进行匹配时，采用如下 NNDR 最邻近/次邻近准则进行匹配：

$$D = \min \begin{pmatrix} \mathrm{NNDR}\left[\boldsymbol{des}_i, \boldsymbol{des}_j \right], \mathrm{NNDR}\left[\boldsymbol{des}_i, \boldsymbol{des}_j' \right], \\ \mathrm{NNDR}\left[\boldsymbol{des}_i', \boldsymbol{des}_j \right], \mathrm{NNDR}\left[\boldsymbol{des}_i', \boldsymbol{des}_j' \right] \end{pmatrix} \tag{10-9}$$

10.4.3　局部反射对称性检测

对于单幅图像，采用改进 MSCD 描述子对图像中的曲线对进行匹配，获取的匹配曲线为图像中的对称曲线对。由于两条对称曲线的长度一般不一致，因此，直接利用两条对称曲线上逐点连线的中点来确定对称轴会存在很大误差。建立对称曲线对上各点之间的对称关系，步骤如下：

（1）获取表示曲线的顺序点集　由于曲线包含的边缘点并不按其在曲线上位置顺序存储，需对曲线边缘点进行排序，获取表示该曲线的顺序点集，其过程如下：

① 确定曲线端点。统计曲线二值图像（曲线上的点用 1 表示）中各点 8 邻域内 1 的个数 λ，如果 $\lambda = 1$，则该点为曲线的一个端点。对于两条对称曲线 C，C'，记曲线 C 的两端点为 $A(x_1, y_1)$，$B(x_2, y_2)$，曲线 C' 的两端点为 $A'(x'_1, y'_1)$，$B'(x'_2, y'_2)$；

② 确定两条对称曲线的起点。计算对称曲线任意两个端点 AA'，AB'，BA'，BB' 的欧式距离，记距离最小的两个端点为 P_1 和 P'_1，将 P_1 和 P'_1 分别作为两条对称曲线对的初始端点；

③ 获取表示曲线的连通点集。假设曲线 C 上有 m 个点，P_1 为曲线 C 的起点，记余下 $m-1$ 个点中与 P_1 8 邻域连通且距离最近的点为 P_2，记余下 $m-2$ 个点中与 P_2 8 邻域连通且距离最近的点为 P_3。以此类推，记余下 $m-i+1$ 个点中 $P_i (1 \leq i \leq m)$ 为与 P_{i-1} 8 邻域连通且距离最近的点，获得曲线 C 的连通点集记为 $\{P_1, P_2 \cdots, P_m\}$。曲线 C' 的连通点集记为 $\{P'_1, P'_2 \cdots, P'_n\}$。

（2）获取对称曲线对上的对称曲线段　长度不同的两条对称曲线上的点无法直接一一对应，但可确定一组对称曲线段，其上的点具有一一对称关系。这里利用两条曲线上对应点距离和的均值最小值来确定对称曲线段：假定曲线 C 的初始端点 P_1 的对称点存在于曲线 C' 上，根据式（10-10）计算两条曲线对应点距离和的均值，得到集合 $\{D_{avg(1)}, D_{avg(2)} \cdots, D_{avg(t)}\}$ 中最小值 D_{avg}，如式（10-11）所示，并获得 D_{avg} 在两条对称曲线上由连续点集构成的对称曲线段，分别记为 $L(P_1, P_2 \cdots, P_m)$ 和 $L'(P'_s, P'_{s+1} \cdots, P'_{s+m-1})$，其中 P_1 的对称点为 P'_s。

$$D_{avg(1)} = \frac{1}{m} \sum_{i=1}^{m} \sum_{j=1}^{m} d_{P_i P'_j}, D_{avg(2)} = \frac{1}{m} \sum_{i=1}^{m} \sum_{j=2}^{m+1} d_{P_i P'_j}, \cdots, D_{avg(t)} = \frac{1}{m} \sum_{i=1}^{m} \sum_{j=t}^{m+t-1} d_{P_i P'_j}$$

（10-10）

$$D_{avg} = \min\{D_{avg(1)}, D_{avg(2)} \cdots, D_{avg(t)}\}$$

（10-11）

式中，$n-t = m, t = 0,1,2 \cdots, n-m, 1 \leq s \leq t$。

（3）计算中点集合　将对称曲线段 L 和 L' 上的点集，按照 (P_1, P'_s)，(P_2, P'_{s+1}) $\cdots, (P_m, P'_{s+m-1})$ 一一对应，并计算对称点对的中点，得到对称曲线段的中点集合，如图 10-13e 所示。

（4）确定对称轴　根据每对对称曲线段确定的中点坐标，利用 Hough 变换拟合获得局部对称轴，记为 $S_k(\rho_k, \theta_k)$，如图 10-13f 所示。

10.4.4　全局反射对称性检测

获得图像的局部反射对称轴之后，通过局部对称轴的合并获取图像的全局反射对称轴，如图 10-13g 所示。具体步骤如下：

（1）计算对称轴间的欧式距离　记任意两条对称轴 S_k、S_k' 的极坐标参数分别为 (ρ_k, θ_k) 和 (ρ_k', θ_k')，计算两个极坐标的欧式距离 ∇t_k。对于整幅图像可得到集合 $\nabla T = \{\nabla t_1, \nabla t_2, \cdots, \nabla t_k \cdots\}$。

（2）合并对称轴　当 ∇t_k 小于某一阈值 ε，则将对称轴 S_k、S_k' 分别对应的中点坐标进行合并，接着采用 Hough 变换拟合得到新的对称轴，以及新的对应参数。重复步骤（1）操作，直至集合 ∇T 中所有元素不小于 ε。ε 值过小则许多局部对称轴不能合并，导致结果存在较多冗余；ε 值过大则可能将不同对称轴合并，最终产生较大误差。实验验证 ε 的取值范围为 20~40。

（3）剔除较少点对确定的对称轴　若 $N(S_l) < \alpha \sum_{l=1}^{K} N(S_l)/K$ 则剔除 S_l；其中 K 为步骤（2）获得的对称轴数目，$N(S_l)$ 为对称轴 S_l 对应的对称点对个数，α 取 0.5。

10.5　基于改进 MSCD 的对称性检测实验

本节将从三部分进行实验：首先给出 MSCD 描述子和改进后 MSCD 描述子对镜像翻转图像的应用对比；然后给出本章提出的基于改进 MSCD 曲线描述子的反射对称性检测方法在一般图像和倒影图像中的检测结果，并与 MIFT-SIFT 和 SIFT 方法进行对比，最后给出不同算法在图像的亮度、对比度以及噪声因素影响下的准确性评估。

实验中先采用 Canny 算子进行初步边缘检测，接着断开各边缘曲线的连接点以及曲率较大的地方（阈值为 5.0），并除去像素点少于 20 的曲线。实验过程中 MIFT-SIFT、SIFT 以及本章方法均采用欧式距离来度量描述子之间的相似性，匹配准则为最近邻/次近邻准则（Nearest/Next ratio，NNDR），其阈值设为 0.8。

10.5.1　改进 MSCD 描述子匹配实验

图 10-15 为 4 组图像集，每组由三幅图像组成，其中，图 10-15a、b 为两幅不同视角下获得的图像，图 10-15c 为图 10-15b 的水平镜像翻转图像（由于 MSCD 描述子本身具有旋转不变性，因此这里不再给出垂直镜像翻转图像实验）。表 10-2 给出了 MSCD 描述子和改进 MSCD 描述子的匹配结果（其中，括号外的数字表示匹配的曲线对数目，括号内的数字表示错误匹配的曲线对数目）。

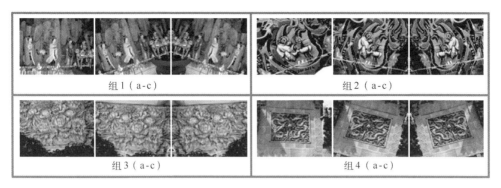

图 10-15　实验图像集

表 10-2　MSCD 描述子和改进 MSCD 描述子对图像集的匹配结果

算法	匹配图	组 1	组 2	组 3	组 4	匹配总数	正确匹配率
MSCD	ab	99(1)	66(6)	146(1)	116(2)	427	97.7%
	ac	50(1)	24(0)	55(3)	66(1)	195	97.4%
MSCD 改进算法	ab	99(1)	66(6)	146(1)	116(2)	427	97.7%
	ac	86(3)	53(2)	106(1)	89(0)	334	98.2%

由以上实验结果可见，对于不同视角下的两幅图像，改进 MSCD 描述子和 MSCD 描述子具有相同的效果；对于镜像翻转图像匹配，改进 MSCD 描述子在匹配总数上较 MSCD 描述子有很大提高，正确匹配率也进一步改善。证明改进 MSCD 描述子具有镜像反射不变性，为本章给出的单幅图像中基于改进 MSCD 曲线描述子的反射对称性检测提供了可行性。

10.5.2　基于改进 MSCD 描述子进行反射对称性检测实验

本节对提出的基于改进 MSCD 描述子的反射对称性检测算法进行验证，同时与基于点匹配检测反射对称性的方法：SIFT 算法和 MIFT-SIFT 算法进行对比。

（1）单目标对称性与多目标对称性检测　图 10-16 给出本章算法在单目标对称和多目标对称图像中的实验检测结果，图 10-16a 为原始图像，图 10-16b 为改进 MSCD 的曲线匹配结果，图中标号相同的曲线为一组对称曲线；图 10-16c 显示了获得的中点集合；图 10-16d 给出了对称轴。其中第 1 行是在简单纹理图像上的结果，采用改进 MSCD 得到的对称曲线对较少，但正确率高，容易准确检测出图像对称轴；第 2 行是在丰富纹理图像上的检测结果，改进 MSCD 获得较多正确对称曲线对，能够准确检测出对称轴；第 3 行图像包含多个对称轴，尽管曲线匹配时存在错误匹配，但经后续局部对称轴合并环节，能够消除错误匹配的影响，最终准确检测出图像中存在的三个对称轴。

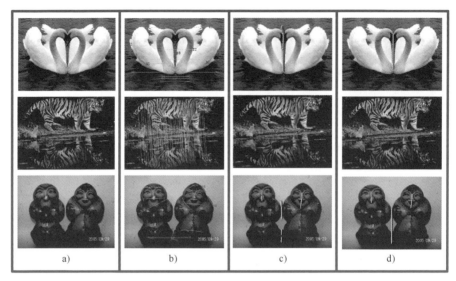

图 10-16　实验检测结果

a）原图　b）曲线匹配　c）中点显示　d）对称轴显示

图 10-17 给出三种算法在多幅图像上的实验结果。由图可以看出，由于 SIFT 算法本身不具有反射不变性，其检测结果准确性较差。MIFT-SIFT 算法对 SIFT 算法进行了改进，具有反射不变性，能够实现图像集中多数图像反射对称

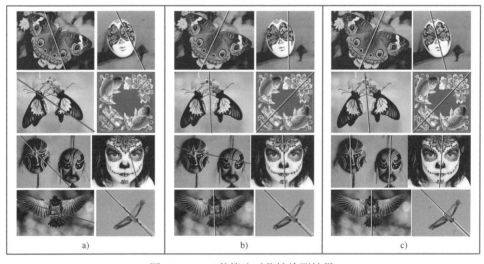

图 10-17　三种算法对称轴检测结果

a）SIFT 实验结果　b）MIFT-SIFT 实验结果　c）本章算法实验结果

轴的准确检测。但对第二幅图像（"彩绘面具"图），由于 SIFT 算法本身对图像亮度变化较为敏感，MIFT-SIFT 算法的检测结果同样不理想；对第五幅图像（"戏剧脸谱"图），图像中 2 个脸谱分别关于其中轴对称，整幅图像存在 2 个反射对称轴，由于 MIFT-SIFT 算法是根据对称点对的中点拟合对称轴，图像存在多对称轴时，相互之间产生干扰，导致最终检测结果出现较大偏差。图 10-17c 为本章算法在图像集上的反射对称轴检测结果，均准确的定位出对称轴；对于第五幅图像，由于本章算法通过局部对称轴合并实现图像对称轴的检测，避免了较大差异局部对称轴的干扰，准确地检测出图像中的 2 个对称轴。

（2）倒影对称性检测　真实倒影图像中物体往往会呈现出模糊、形变、对比度以及亮度变化，这些因素对于图像的对称性检测非常不利。本章算法采用改进的 MSCD 曲线描述子，继承了 MSCD 描述子对图像形变、视角变化、光照变化及旋转较好的鲁棒性，对倒影图像的对称性检测有较好的效果，图 10-18a、b、c 分别为 SIFT 算法、MIFT-SIFT 算法以及本章算法对存在不同影响因素的五幅图像的实验结果。其中第一幅图像存在模糊和亮度变化，第二幅图像存在模糊和较小形变影响，第三幅图像部分区域有较大形变，第四幅图像有较大的亮度变化，第五幅为多对称图像。由实验结果可见，SIFT 是一种尺度不变描述子，对于模

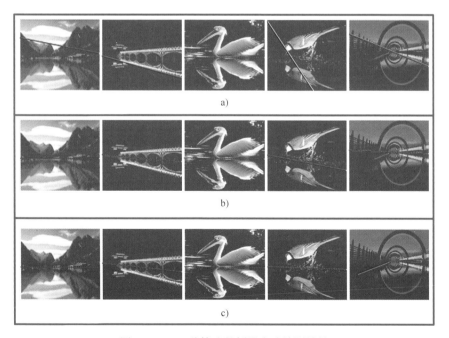

图 10-18　三种算法的倒影实验检测结果

a）SIFT 实验结果　b）MIFT-SIFT 实验结果　c）本章算法实验结果

糊影响、亮度变化以及多对称的图像检测结果较差；MIFT-SIFT 是一种镜像翻转不变描述子，但对于多对称和亮度变化大的图像检测结果不理想；本章算法在图像中存在模糊、形变、亮度变化以及多对称情况下均取得了较好的检测结果。

（3）准确性分析　考虑图像在亮度变化、对比度变化和噪声污染情况下对本章算法进行准确性评估，如图 10-19 所示。具体采用评估方法如下：人工标定原始图像中的对称轴，在该对称轴上取 18 个点拟合出其线性方程作为标定的理想对称轴方程（简称标准方程）；计算不同算法检测出的图像对称轴的线性方程；计算标准方程与对称轴线性方程之间的夹角，夹角越小表明检测结果越接近理想结果，即检测性能越好。表 10-3 和图 10-20 给出了不同影响条件下三种算法检测的对称轴与标准对称轴之间的夹角，其中图像标号分别对应图 10-19 中实验图片的序号。

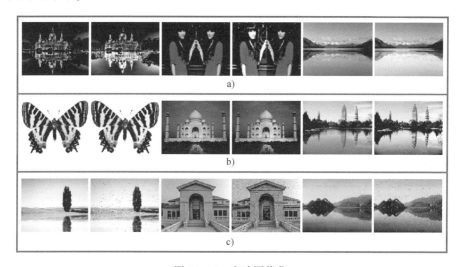

图 10-19　实验图像集

a）亮度变化图　b）对比度变化图　c）添加噪声图

表 10-3　不同条件下三种算法对称轴检测误差　　　　　　（单位：°）

影响条件	算法	1	2	3	4	5	6
亮度	SIFT	0.006	0.126	2.989	0.195	0.023	0.011
	MIFT-SIFT	0.092	0.000	1.515	3.871	0.029	0.023
	本章算法	0.000	0.094	0.253	0.048	0.0018	0.012
对比度	SIFT	0.280	1.395	2.310	87.928	11.104	57.013
	MIFT-SIFT	0.276	1.532	0.197	1.625	0.0074	1.037
	本章算法	0.050	1.240	0.000	1.041	0.080	0.945

（续）

影响条件	算法	1	2	3	4	5	6
	SIFT	15.076	77.943	88.240	89.254	5.916	10.873
噪声	MIFT-SIFT	0.040	0.160	0.206	2.793	0.062	0.006
	本章算法	0.023	0.069	0.437	0.803	0.001	0.029

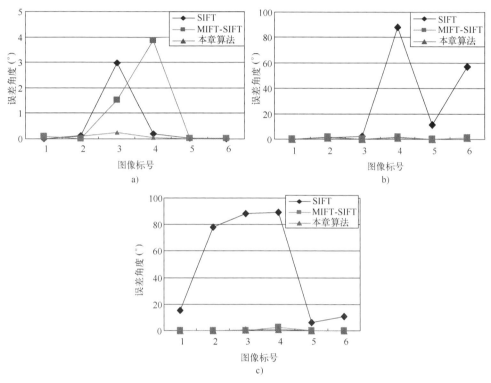

图 10-20　不同条件下三种算法的检测误差曲线

a）亮度变化　b）对比度变化　c）噪声影响

由表 10-3 和图 10-20 可以看出，在亮度变化、对比度变化和噪声影响下，由于改进的 MSCD 描述子对上述变化具有较好的鲁棒性，本章算法在三种情况下均准确的检测出图像的反射对称性。SIFT 算法在图像对比度变化和噪声影响下，图像对称轴检测产生较大的误差。MIFT-SIFT 通过重组支撑区域里的单元顺序实现镜像翻转不变，对于对比度变化和噪声有一定的鲁棒性，对称性检测效果与本章算法相当；但在亮度变化条件下，检测准确性低于本章算法。

10.6　本章小结

本章介绍了两种基于曲线匹配技术的图像反射对称性检测方法：基于 IOMSD 曲线匹配的反射对称性检测和基于改进 MSCD 的反射对称轴检测方法。前者使用 IOMSD 描述子获取单幅图像中的对称曲线对，然后通过梯度对称性度量和最小距离约束定位每组对称曲线对上的最佳对称点对，最后利用 Hough 变化实现反射对称轴的准确定位。后者首先对 MSCD 曲线描述子进行改进，使其具有镜像反射不变性并实现对称曲线对检测；然后采用距离约束并使用 Hough 变换获取图像的局部对称轴；最后通过局部对称轴合并得到最终对称轴。实验结果表明，两种方法对图像亮度变化、对比度变化、旋转及噪声均具有较好鲁棒性；在人为改变图像的亮度、对比度及噪声污染情况下，方法的检测准确性均由于 SIFT 算法与 MIFT-SIFT 算法相当；但针对更复杂的真实的倒影图像，本章方法的反射对称性检测结果明显优于 SIFT 和 MIFT-SIFT 算法。相比于基于特征点的检测方法，本章算法基于曲线匹配为图像对称轴检测提供了一种新思路。

第 11 章

图像的旋转对称性特征检测

按照正常的逻辑，如果一个目标是旋转对称的，那么该目标围绕该旋转对称中心按照其旋转对称角度旋转后，所得到的目标将与原目标完全重合。受这一思路的启发，本章考虑如下几个问题：在由众多像素点组成的数字图像中，该如何去确定图像中旋转对称目标的旋转对称中心？该如何去确定其旋转对称角度？能否用旋转前后的像素重合的个数来度量该旋转中心是否为该目标的旋转对称中心？

　　对目标图像中的一个旋转对称目标，如果将该目标绕其旋转中心旋转一定角度（旋转对称角），则旋转后得到的图形与原图形完全一致。本章[65]利用这一点进行特征检测：将目标上各边缘点绕特定位置旋转特定角度，旋转后各点对应位置处边缘点越多，则说明特定位置是旋转中心的可能性越大，同时该旋转角度即是对应的旋转对称角。

　　下面结合具体图形对上述思路进行说明。如图 11-1a 所示为大小 51×51 的模拟图像，该图像包含一个旋转角为旋转对称角为 90° 的旋转对称图形，对称中心为图像中心。图 11-1b 为其边缘检测结果；图 11-1c 中在目标边缘上指定四个特定点，分别为 P_1、P_2、P_3 和 P_4；而 P_1^1、P_2^1、P_3^1 和 P_4^1 则是图 11-1c 中四个特定点围绕该目标中心逆时针旋转 90° 得到的对应点，如图 11-1d 所示。由图 11-1c 和 d 可知，目标边缘上的四个特定点旋转后均落在了目标的边缘上。为度量目标边缘像素旋转前后均在边缘位置的个数，本章引入**旋转对称能量**（Rotational Symmetry Energy，RSE）概念。下面通过两组实验说明上述思想。

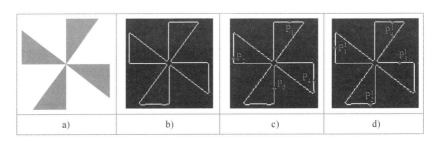

a)　　　　　b)　　　　　c)　　　　　d)

图 11-1　大小为 51×51 的模拟图

　　首先，固定旋转中心位置，计算不同旋转角度对应的旋转对称能量。设定旋转中心位置为目标图像的中心像素（26,26），然后分别设定旋转角度为 15°、18°、20°、30°、36°、40°、45°、60°、72°、90°、120°、180°，最后按照上述描述方法计算旋转中心的能量值，其结果如图 11-2 所示。

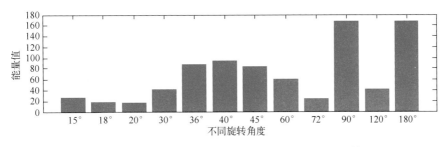

图 11-2　固定旋转中心、不同旋转角度对应的能量值

其次，固定旋转角度，计算不同旋转中心位置对应的旋转对称能量。设定旋转角度为 90°，设定旋转中心位置分别为 $a(6,6)$、$b(6,16)$、$c(6,26)$、$d(6,36)$、$e(6,46)$、$f(16,6)$、$g(16,16)$、$h(16,26)$、$i(16,36)$、$j(16,46)$、$k(26,6)$、$l(26,16)$、$m(26,26)$、$n(26,36)$、$o(26,46)$、$p(36,6)$、$q(36,16)$、$r(36,26)$、$s(36,36)$、$t(36,46)$、$u(46,6)$、$v(46,16)$、$w(46,26)$、$x(46,36)$、$y(46,46)$，最后按照上述描述方法计算旋转中心的能量值，其结果如图 11-3 所示。

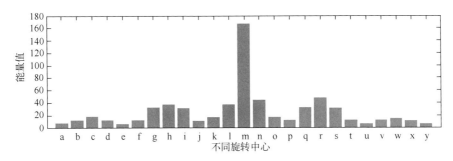

图 11-3　固定旋转角度、不同旋转中心位置对应的能量值

如图 11-2 所示，当旋转角度取到 90°和 180°时，其旋转中心能量值取到最大值，从原图像中不难看出，原图像中目标的旋转中心位置在图像的中心位置 $(26,26)$ 且其旋转对称角可以取到 90°和 180°。如图 11-3 所示，当旋转中心位置取到 $m(26,26)$ 时，其旋转中心能量值取到最大值。由此可知，只有当旋转中心位于目标的旋转对称中心并且旋转角度取到旋转对称角时，旋转中心的能量值才能达到最大值。

11.1　旋转对称能量特征的构造

对于边缘图像中的某一个像素 (x_0,y_0)，以该像素为中心像素 O，以 R 为半径的一个圆形区域，称该区域为**支撑区域**。假设该支撑区域内的像素个数为 N，则定义其各个像素位置分别为 (x_i, y_i)，其中，$i = 1, 2, \cdots, N$ 且 x_i 和 y_i 分别代表支撑区域内第 i 个像素的横坐标和纵坐标。那么定义像素 (x_i, y_i) 的灰度为 $I(x_i, y_i)$。假设旋转角度为 θ_m，其中 $m = 1, 2, \cdots, M$，如图 11-4 所示，对像素 X，其坐标为 (x_i, y_i)，该像素绕 O 旋转 θ_m 角度后的像素为 X'，其坐标为 (x_i', y_i')。则其旋转表达式为：

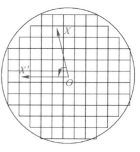

图 11-4　支撑区域内像素旋转示意图

$$\begin{bmatrix} x_i' - x_0 \\ y_i' - y_0 \end{bmatrix} = \begin{bmatrix} \cos\theta_m & -\sin\theta_m \\ \sin\theta_m & \cos\theta_m \end{bmatrix} \times \begin{bmatrix} x_i - x_0 \\ y_i - y_0 \end{bmatrix} \quad (11-1)$$

对于支撑区域中图像边缘上的每个像素，均按照图 11-4 所示旋转一定角度 θ_m，然后判定旋转前后两个位置像素灰度是否一致，如式（11-2）所示，其中，$C(x_i, y_i; \theta_m)$ 代表输出的判定结果：

$$C(x_i, y_i; \theta_m) = \begin{cases} 1, I(x_i, y_i) = I(x_i', y_i') \\ 0, I(x_i, y_i) \neq I(x_i', y_i') \end{cases} \quad (11-2)$$

对于一个特定旋转角度 θ_m，计算支撑区域内的游程和，如式（11-3）所示：

$$S(x_0, y_0; \theta_m) = \sum_{i=1}^{N} C(x_i, y_i; \theta_m) \quad (11-3)$$

对于固定中心像素 (x_0, y_0)，在不同的旋转角度下，均会对应一个游程和，最终将这些游程和中的最大值记为**旋转对称能量特征值 E**，其对应的旋转角度作为该旋转对称能量特征值下的一个旋转角度，记为 θ，则有：

$$E(x_0, y_0; \theta) = \max(S(x_0, y_0; \theta_m)), \quad m = 1, 2, \cdots M \quad (11-4)$$

旋转对称目标都是由若干个相同的部分组合而成，本章将这些相同的部分称为**对称模块**。如果旋转对称目标的旋转对称角度为 180°、120°、90° 或 60°，那么它的对称模块个数分别是两个、三个、四个或六个。如果记一个旋转对称目标的对称模块个数为 M，那么可以通过以下公式得到旋转对称角度：

$$\theta_m = \frac{360°}{M}, \quad (M = 2, 3, 4, 6, \cdots) \quad (11-5)$$

常见的旋转对称图形的旋转角度均为整数，故要求 360° 能够被 M 除尽。根据式（11-5），可以得出，常见的旋转对称图形的旋转对称角度 θ_m 可以取到

15°、18°、20°、30°、36°、40°、45°、60°、72°、90°、120°、180°，此时，对应的 M 取到 24、20、18、12、10、9、8、6、5、4、3、2。由此可知，常见的旋转对称图形共有 12 种。为了有效地提高算法的检测效率，检测过程中只需检测 12 种角度即可。现简单罗列几种常见旋转对称图形，如表 11-1 所示。

表 11-1　几种常见的旋转对称图形

图形	椭圆	正四边形	正六边形	…	正 M 边形
旋转对称角度	180°	90°	60°	…	360°/M
对称模块个数	2	4	6	…	M

11.2　旋转对称性检测

本节将本章提出的 RSE 特征用于构建新的特征检测算法，从而进行旋转对称能量特征在图像特征检测中的应用研究。该算法的实现分为三个步骤：

1）使用 Canny 边缘检测算法检测图像边缘。

2）计算旋转对称能量（式（11-4））。

3）对旋转对称能量图进行局部极大值检测获得对称中心与旋转角。

下面分别通过模拟图像与真实图像验证本章算法的性能。

11.2.1　模拟图像实验

为对本章算法进行定量度量，首先采用计算理论中心位置与检测中心位置的误差来度量算法的准确性。设理论中心位置的坐标为 (x_0, y_0)，检测中心位置的坐标为 (x, y)，则算法中心检测误差定义为：$e_d = \sqrt{(x-x_0)^2 + (y-y_0)^2}$。

如图 11-5 所示，给出了五幅模拟图像，图中星号代表的是该图形被检测到的旋转对称中心位置，在图下方的是检测到的对应旋转对称角度。表 11-2 给出

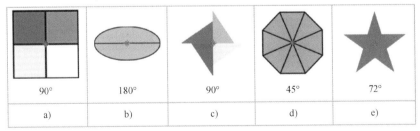

90°	180°	90°	45°	72°
a)	b)	c)	d)	e)

图 11-5　模拟图像检测结果

了理论中心与检测中心的坐标及检测误差。图 11-5 和表 11-2 的实验数据表明，本章算法能够精确地检测出目标的旋转对称角和旋转对称中心。

表 11-2   理论中心与检测中心的误差

图序号	a	b	c	d	e
理论中心	(55,55)	(28,55)	(55,55)	(55,55)	(61,59)
检测中心	(55,56)	(29,55)	(55,56)	(56,56)	(61,59)
检测误差 e_d	1	1	1	1.414	0
平均误差			0.8828		

为验证 RSE 特征检测算法对椒盐噪声与图像模糊的鲁棒性，分别对图 11-5 中的五幅图像添加不同密度的椒盐噪声和不同程度的模糊图像，五幅图像在不同条件下检测到的旋转对称角度均和图 11-5 结果一致，理论中心位置与检测中心位置误差的实验结果如图 11-6a 和 b 所示。由实验结果可知，不同程度的模糊图像和对图像添加不同密度的椒盐噪声对检测误差无明显影响，其检测误差仍然在离散误差允许范围之内。其原因在于旋转对称能量是基于图像边缘得到的，随着椒盐噪声密度的不断增大，在一定范围内（见图 11-6a），其对图像目标轮廓无明显影响；而随着模糊程度的不断增大（见图 11-6b），图像目标轮廓无明显改变，故其对检测结果无明显影响。由此可见，本章算法对椒盐噪声和图像模糊具有很好的鲁棒性。

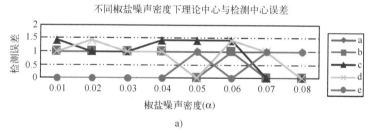

a)

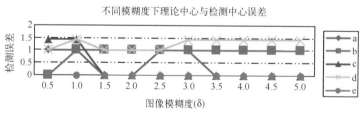

b)

图 11-6   实验结果

a）椒盐噪声密度不同   b）图像模糊度不同

很明显，RSE 特征检测算法是用来检测旋转对称图形的，那么其毋庸置疑是对旋转具有不变性的。为了进一步验证 RSE 特征检测算法的鲁棒性，现在验证该特征对亮度和对比度也具有不变性。

- **验证亮度不变性**：首先，用 Photoshop 分别对图 11-5 中的三幅代表图像（a、b、e）在原有亮度的基础上进行-100、-50、+50、+100 的调整；然后，对调整后的图像分别进行旋转对称性检测，检测到的旋转对称角度和图 11-5 的结果完全一致，检测到的旋转中心坐标结果如表 11-3 所示；最后计算不同亮度条件下理论中心和检测中心的误差，结果如图 11-7a 所示。

表 11-3　不同亮度条件下检测中心

亮度增减量 ＼ 图序	a	b	e
-100	(55,56)	(29,55)	(61,59)
-50	(55,56)	(29,55)	(61,59)
50	(55,56)	(29,55)	(61,58)
100	(56,56)	(29,55)	(61,58)

- **验证对比度不变性**：首先，用 Photoshop 分别对图 11-5 中的三幅代表图像（a、b、e）在原有对比度的基础上进行-100、-50、+50、+100 的调整；然后，对调整后的图像分别进行旋转对称性检测，检测到的旋转对称角度和图 11-5 的结果仍然一致，检测到的旋转中心坐标结果如表 11-4 所示；最后计算不同对比度条件下理论中心和检测中心的误差，结果如图 11-7b 所示。

表 11-4　不同对比度条件下检测中心

对比度增减量 ＼ 图序	a	b	e
-100	(56,56)	(29,55)	(61,59)
-50	(56,56)	(29,55)	(61,59)
50	(55,56)	(29,55)	(61,59)
100	(55,56)	(29,55)	(61,59)

由图 11-7 实验结果可知，在不同亮度和对比度条件下的检测中心与理论中心的误差仍然在误差允许的范围之内，因此，RSE 特征检测算法具有很好的亮度

不变性和对比度不变性。从另一个角度来看，该算法对亮度变化和对比度变化不敏感，即该算法能够很好地检测在多种条件下采集到的旋转对称图形。

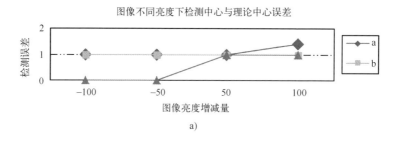

图 11-7　实验结果

a）亮度不同　b）对比度不同

11.2.2　真实图像实验

记算法检测获得的旋转对称中心坐标为(r_0, c_0)，首先手工在旋转对称目标图像上选择一组对应点(r_i, c_i)（见图 11-8），其中$i = 1, 2, \cdots, N$，计算各点到检测中心的距离$d_i = \sqrt{(r-r_0)^2 + (c-c_0)^2}$，将$d_1, d_2, \cdots, d_N$的标准差$e_{sd}$作为检测中心准确性的度量标准。

下面通过真实图像来验证本章算法的鲁棒性。如图 11-8 所示，给出了 8 幅真实图像。首先，检测图 11-8 中各图像的旋转对称中心和旋转对称角度，实验结果如图 11-8 所示。检测到的旋转对称中心坐标如表 11-5 所示。其次，手工标记各个旋转对称目标的对应点像素并分别对其进行编号，如图 11-8 红色星号所示。所有对应点的坐标如表 11-5 所示，其中，表 11-5 中编号①对应图 11-8 中的编号 1。最后，计算图 11-8 中各个图像的e_{sd}，结果表 11-5 所示。

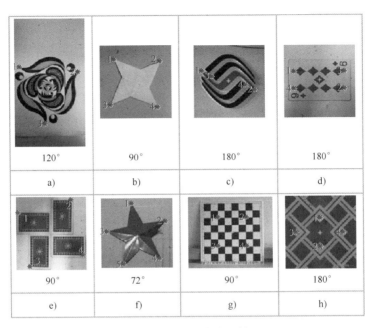

图 11-8　真实图像检测结果

表 **11-5**　图 **11-8** 中检测中心到对应点的距离标准差

图序	检测中心	手工标记对应点	标准差
a	$(107,53)$	①$(75,9)$；②$(83,101)$；③$(162,48)$	0.6376
b	$(56,57)$	①$(21,24)$；②$(24,94)$；③$(90,18)$；④$(93,90)$	1.3491
c	$(55,54)$	①$(40,13)$；②$(68,94)$ ③$(48,28)$；④$(61,80)$	0.7991 0.1212
d	$(54,56)$	①$(41,17)$；②$(67,94)$ ③$(41,94)$；④$(67,17)$	0.4737 0.4737
e	$(57,55)$	①$(25,5)$；②$(6,88)$；③$(106,23)$；④$(89,106)$	0.8438
f	$(61,60)$	①$(9,51)$；②$(37,104)$；③$(53,10)$；④$(96,95)$；⑤$(105,37)$	1.1877
g	$(56,70)$	①$(34,48)$；②$(33,93)$ ③$(78,48)$；④$(78,93)$	0.5867
h	$(57,55)$	①$(35,55)$；②$(78,55)$ ③$(56,18)$；④$(56,92)$	0.50 0

由图 11-8 可知，本章所提出理论能够准确地检测出目标的旋转对称角度，由表 11-5 可知，图 11-8 中各图像的 e_{sd} 的值均在 $0 \sim 1.414$ 之间，即在离散系统误差允许范围之内，由此可见，本章所提出的理论能够精确地检测出真实图像中旋转对称目标的旋转对称中心。

11.3 图像修复中的应用

本节将 RSE 特征应用于图像修复。图像修复的步骤如下：首先，假定检测到的旋转对称中心坐标为(x_0, y_0)，旋转对称角为 θ。对于以旋转对称中心为中心的一个局部邻域内的任意点 P_i，其坐标为(x_i, y_i)。让 P_i 绕旋转对称中心旋转 θ 角，得到一点 P_i^1，其坐标为(x_i^1, y_i^1)。其运算过程如下：

$$
\begin{bmatrix} x_i^1 - x_0 \\ y_i^1 - y_0 \end{bmatrix} = \begin{bmatrix} \cos\theta & -\sin\theta \\ \sin\theta & \cos\theta \end{bmatrix} \times \begin{bmatrix} x_i - x_0 \\ y_i - y_0 \end{bmatrix}
\tag{11-6}
$$

然后，对比 P_i 和 P_i^1 的灰度值，如果这两个点的灰度值相同或相似，那么说明 P_i 点不是有缺损的点，反之，则 P_i 和 P_i^1 中必有一点为缺损的点，在这种情况需进一步验证。将 P_i^1 绕旋转对称中心旋转 θ 角，得到一点 P_i^2，其坐标为(x_i^2, y_i^2)。其运算过程如下：

$$
\begin{bmatrix} x_i^2 - x_0 \\ y_i^2 - y_0 \end{bmatrix} = \begin{bmatrix} \cos\theta & -\sin\theta \\ \sin\theta & \cos\theta \end{bmatrix} \times \begin{bmatrix} x_i^1 - x_0 \\ y_i^1 - y_0 \end{bmatrix}
\tag{11-7}
$$

最后，再对比 P_i、P_i^1 和 P_i^2 的灰度值，如果 P_i^1 和 P_i^2 的灰度值相同或相似，那么说明 P_i 点是有缺损的点，从而将 P_i^1 或 P_i^2 的灰度值赋给 P_i 点；如果 P_i 和 P_i^2 的灰度值相同或相似，那么说明 P_i^1 点事有缺损的点，从而将 P_i 或 P_i^2 的灰度值赋给 P_i^1 点。这样，就可以对图像中的缺损点进行修复。

图 11-9 给出了旋转对称能量特征在图像修复中的应用图像。图 11-9a 列代表的是有缺损的原图像；图 11-9b 列代表的是旋转对称性检测结果图；图 11-9c 列代表的是图像修复结果图；图 11-9d 列代表的是检测到的旋转对称角度。从实验结果可知，该算法不仅可以很好地检测出带有部分缺损的图像的旋转对称中心和旋转对称角度，而且能够很好地修复这些图像中的缺损部分。

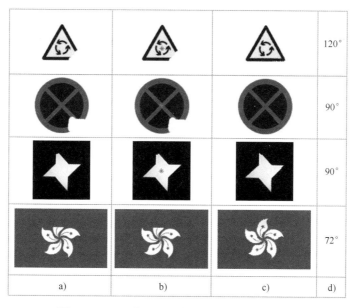

图 11-9 RSE 特征在图像修复中的应用结果图

11.4 本章小结

本章系统地介绍了基于旋转对称能量的图像旋转对称性特征检测算法。首先，给出了构造 RSE 特征的基本思想和方法；其次，给出了 RSE 特征在旋转对称性检测中的应用实验和分析；最后，给出了 RSE 特征在图像修复中的应用实验和分析。该算法不仅能够很好地用于检测旋转对称中心和旋转对称角，而且能够很好地应用于图像修复中，而且该算法对椒盐噪声和图像模糊具有很好的鲁棒性。除此之外，该算法具有很好的亮度不变性和对比度不变性。

第 12 章

新闻标题字幕自动检测技术

随着互联网和多媒体技术的发展，海量的视频/图像资源出现在互联网中，传统基于人工描述的多媒体资源搜索方式已不再适用，而基于图像内容的多媒体资源搜索技术正在快速发展。相对于视频中的颜色、亮度、纹理等低层感知内容，文字属于高层语义信息，通常用于辅助说明视频内容，获取视频文字对于视频内容理解和索引具有十分重要的价值。文字检测定位是视频文字信息提取过程中十分重要的一步，准确、快速、鲁棒地实现视频中文字的检测定位是后续进行文字识别的重要前提。

新闻视频中的文字可分为场景文字和标注文字两类。场景文字是视频在拍摄过程中摄像机拍摄到的客观存在的文字，是拍摄环境中物体自身携带的，如路标、商店名等。场景文字的出现具有随机性和不确定性，检测提取比较困难，且这些文字通常不包含与视频内容相关的信息，对于新闻视频的理解及索引作用不大。标注文字是视频在后期制作过程中人工添加的文字，又可进一步分为标题字幕和其他字幕。标题字幕是对新闻视频内容的高度概括，对于视频理解有极其重要的作用。其他字幕主要包括对话字幕及视频下方的字幕，这些字幕相对于标题字幕包含信息量较少，对于理解视频内容意义有限。图 12-1 中，粗实线矩形框标记的是标题字幕，细实线矩形框标记的是其他字幕，虚线矩形框标记的是场景文字。

图 12-1 新闻视频中三种文字类别

本章[66,67]研究并提出基于最大特征得分区域（Maximum Feature Score Region，MFSR）的新闻视频标题字幕检测定位算法及基于模板匹配的标题字幕行切分算法。

12.1 基于 MFSR 的新闻标题字幕定位方法

12.1.1 标题字幕特征分析及预处理

为对新闻视频图像中的标题字幕进行定位，这里首先总结新闻视频图像中标题字幕的主要分布特征：

- 标题字幕一般位于视频图像下方的 1/4 区域。
- 标题字幕与背景之间具有较高的颜色对比度，边缘明显。
- 标题字幕的文本尺寸比其他字幕大，且文字排列比较紧密。
- 标题字幕区域通常与图像的四周边界之间有一定的距离。

根据上述标题字幕的位置特点，这里首先将目标定位限制在新闻视频图像下方的部分区域，以降低计算复杂度。

新闻视频图像中标题字幕的定位实质上是图像分割问题，相对于背景，标题字幕区域具有丰富的边缘信息，可利用边缘信息确定标题字幕区域位置。首先将彩色图像转换为灰度图像，然后利用 Sobel 算子进行边缘检测后利用全局阈值将梯度图像二值化：

$$eM(x,y) = \begin{cases} 1, & G(x,y) \geqslant T \\ 0, & G(x,y) < T \end{cases} \tag{12-1}$$

式中，$G(x,y)$ 表示点 (x,y) 处的梯度幅值；$eM(x,y)$ 表示二值图像中的数值（0 或 1）；T 为全局阈值，由梯度图像 G 中各点梯度值的均值确定（其中 h,w 表示处理区域的高和宽）：

$$T = \sum_{x=1}^{h} \sum_{y=1}^{w} G(x,y) / (h * w) \tag{12-2}$$

图 12-2 给出了图像预处理过程，首先基于标题字幕区域的分布特性选取原始图像中的下部分区域作为处理区域，然后，进行灰度化并利用 Sobel 算子进行边缘检测，最后通过全局阈值进行二值化。

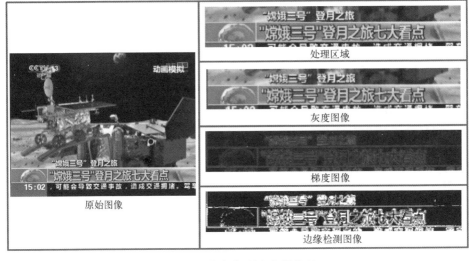

图 12-2　新闻标题字幕预处理

12.1.2　标题字幕区域定位

通常，图像文字检测定位是以文字块为对象，而非单个文字，利用矩形框将待定位的文字块框定。本节中新闻视频图像标题字幕检测定位则是以整个标题字幕区域为对象，利用矩形框将整个标题字幕区域框定。标题字幕通常存在于一个水平的矩形区域内部，若要准确定位标题字幕区域，需要获取标题字幕区域的上、下、左、右边界位置。

1. 基于投影确定上下边界

投影法由于过程简单、执行速度快且效果好，经常被应用于检测定位图像中的文字区域。基于预处理获得的边缘检测图像，这里首先利用水平投影法获取标题字幕区域的上下边界位置。基于水平投影法获取上下边界位置的具体过程如下：

（1）构造一个投影向量 V，其长度与处理区域高度相同，用以存储每一行包含的边缘点数目，即：

$$V(i) = \sum_{y=1}^{w} eM(i,y), \quad i = 1,2,\cdots,h \tag{12-3}$$

（2）设置阈值 T_1 来判断某一行是否为文字行，实验中设置 $T_1 = \delta \times \sum V(i)/h$，$\delta$ 为调整参数，用于控制阈值 T_1。若 $V(i) > T_1$，则将第 i 行标记为文字行，设置 $V(i) = 1$；反之，设置 $V(i) = 0$. 即：

$$V(i) = \begin{cases} 1, & V(i) \geqslant T_1 \\ 0, & V(i) < T_1 \end{cases} \tag{12-4}$$

（3）设置阈值 T_2 确定字幕区域的最小高度，实验中设置 $T_2 = 10$。若向量 V 中出现数值为 1 且长度大于 T_2 的连续区域，则记录连续区域的起始和终止位置。多行字幕的存在时会找到多个的连续区域，记结果为 $[U_i, D_i], i = 1, 2, \cdots, K$，其中 U_i 为第 i 个连续区域的起始位置（即文字区域的上边界位置），D_i 为第 i 个连续区域的终止位置（即文字区域的下边界位置）。

图 12-3 描述了基于水平投影法确定字幕区域上下边界位置的过程，由于处理区域中存在 3 行标注文字，故实验中会获得 3 对上下边界位置。

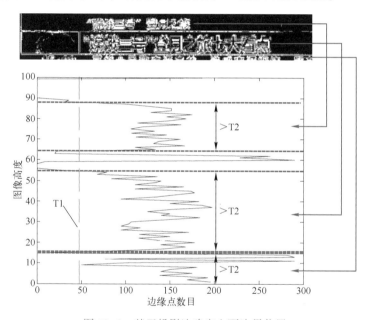

图 12-3 基于投影法确定上下边界位置

2. 基于 MFSR 确定左右边界

矩形框的上下边界位置确定后，需进一步确定矩形框的左右边界。这里将该左右边界的确定问题转化为一个极值求解问题：构造一个关于 l, r 的函数 $FS(l, r)$（l, r 分别是表示左右边界位置的变量），当 $FS(l, r)$ 取得极大值时，此时的 l, r 即为理想值，获得的矩形区域称之为最大特征得分区域，即 MFSR。其中 $FS(l, r)$ 的具体形式为：

$$FS(l, r) = \frac{B(l, r) \cdot P(l, r)}{(r - l + 1)} \tag{12-5}$$

式中，$B(l,r)$ 为有益项；$P(l,r)$ 为惩罚项。由于理想的矩形区域内部应包含尽可能多的边缘像素点，有益项定义为：

$$B(l,r) = \Big(\sum_{x \in G(l,r,U_i,D_i)} e(x) \Big)^{\gamma} \tag{12-6}$$

式中，$G(l,r,U_i,D_i)$ 表示有 l,r,U_i,D_i 构成的矩形区域；γ 是鲁棒因子，用以提高有益项的权重；$e(x)$ 的值如下确定：

$$e(x) = \begin{cases} 1, & \text{如果 } x \text{ 是边缘点} \\ 0, & \text{如果 } x \text{ 是背景点} \end{cases} \tag{12-7}$$

惩罚项 $P(l,r)$ 用于惩罚不符合预期的行为，具体形式为：

$$P(l,r) = P_L(l,r) \cdot P_R(l,r) \cdot P_M(l,r) \tag{12-8}$$

其中：

$$P_L(l,r) = a - \frac{\sum\limits_{x \in Line(l)} e(x)}{(D_i - U_i + 1)} \tag{12-9}$$

$$P_R(l,r) = a - \frac{\sum\limits_{x \in Line(r)} e(x)}{(D_i - U_i + 1)} \tag{12-10}$$

理想矩形区域的左右边界处应包含尽可能少的边缘像素点，若其包含较多边缘像素点，说明左右边界恰好定位在文字上。式（12-9）和式（12-10）中的累加运算即是计算左右边界上的边缘像素点数目，分母表示边界线的长度，引入常数 a 主要用于保证计算结果非负，实验中 $a=1.5$。

如图 12-4 所示，在同一个文字区域内，文字排列比较紧密，单个文字之间具有较小的缝隙。若一组 l,r 确定的矩形区域内包含有空白区域（区域内无任何边缘像素点），则认为该矩形区域不理想，继续寻找下一矩形区域。具体实现如下：

1）首先定义一个较小的矩形窗口，尺寸为 $(D_i-U_i-10) \times \varepsilon$，其中 ε 为矩形窗口的宽度。

2）小矩形窗口沿着 $[U_i,D_i]$ 确定的文字区域的水平中心线，自左向右滑动，计算并记录小矩形窗口中边缘像素点的数目。

3）若矩形窗口在某一位置时，窗口内无任何边缘像素点，则认为矩形窗口所在区域为空白区域，并标记该矩形窗口的中心位置，如图 12-4 所示。

4）计算惩罚项中 $P_M(l,r)$ 的值，式（12-11）所示：

$$P_M(l,r) = \begin{cases} 1, & N_B = 0 \\ 0, & N_B \geqslant 1 \end{cases} \qquad (12\text{-}11)$$

式中，N_B 表示 l,r 构成的矩形区域中标记的空白区域个数。

图 12-4　空白区域

至此，通过变化 l 和 r 的值，获取 $FS(l,r)$ 的极大值，并将极大值的矩形区域确定为目标字幕区域。

12.1.3　标题字幕区域定位算法伪代码

算法名称：MFSR
输入：$[U,\ D]$
输出：$[U,\ D,\ L,\ R]$

1：初始化：$L=1$；$R=W$；$maxFS=0$；
2：for $l=1:W/2$ do
3：　　for $r=l+10:W$ do
4：　　　　计算特征得分：$FS(l,r) = B(l,r) \cdot P(l,r)/(r\text{-}l+1)$
5：　　　　if $FS(l,r) > maxFS$ do
6：　　　　　　$maxFS = FS(l,r)$, $L=l$, $R=r$
7：　　　　end if
8：　　end for
9：end for
10：return $[U,D,L,R]$

12.1.4　标题字幕区域过滤

如图 12-5 所示，新闻视频图像中可能存在若干行标注文字，经过前面小节的检测定位操作，获得了若干个文字区域，而标题字幕区域只是其中的一个区域或多个区域，如图 12-5a、b 所示。实验中，为了提高标题字幕区域检测定位的准确度，本小节将对已定位的文字区域进行过滤，剔除不合法的文字区域，保留最终的标题字幕区域。

新闻视频图像中，标题字幕通常字体较大且占有区域较大，因此可认为标题字幕区域内的梯度信息较其他区域最为丰富。文字区域的梯度信息计算如下：

$$GI = \sum_{X \in GT} G_x(X) \cdot \sum_{X \in GT} G_y(X) \qquad (12\text{-}12)$$

式中，GT 表示前面已确定的文字区域，最大值 GI 对应的文字区域直接认定为标题字幕区域。由于一幅图像中可能存在多行标题字幕，因此，需要判断剩余的文字区域中是否仍然存在标题字幕区域，判断的依据为：

1）若存在多行标题字幕，则各行标题字幕的高度基本相同，即 $|D\text{-}U|$ 的值相近。

2）若存在多行标题字幕，则各行标题字幕的左边界位置十分临近，即 $|L_i\text{-}L_j|$ 的值较小。根据约束规则，对已定位的文字区域进行过滤，不合法的文字区域将被剔除，如图 12-5e 所示，而多行标题字幕区域被保留，如图 12-5f 所示，提高了标题字幕区域检测定位的准确度。

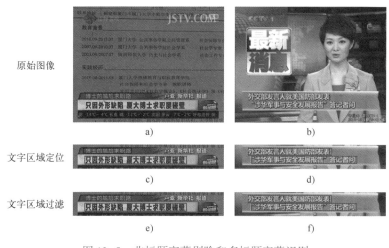

图 12-5　非标题字幕剔除和多标题字幕识别

12.2　字幕定位实验

实验过程中硬件环境为：英特尔赛扬处理器 G550（双核，2.6 GHz），内存为 2 GB；软件环境为：32 位 Windows 7 旗舰版操作系统，应用软件为 MATLAB 2012a。

12.2.1　图像集

为了验证算法的有效性，采集了 CCTV-1 新闻联播、CCTV-13 新闻视频及 BTV 新闻等多个新闻节目的 314 幅视频图像用于测试，其中 328 个标题字幕行，测试图像的分辨率为 P_4。部分测试图像如图 12-6 所示。

图 12-6　实验图像

12.2.2　参数选择

实验中，一些参数被用来控制实验效果，如控制阈值 T_1 的参数 δ。为了评价参数值的好坏，定义了过定位率（Over-location Rate，OR）和错定位率（Error-location Rate，ER），即：

$$OR = \frac{n\_o}{n\_c}, ER = \frac{n\_e}{n\_c} \tag{12-13}$$

其中，n_o 表示过定位标题字幕区域个数；n_e 表示错误定位标题字幕区域个数；n_c 表示真实标题字幕区域个数。

过定位指矩形框没有完全框定标题字幕区域，如图 12-7a、b 所示；错误定位指矩形框将多数的背景区域也框定为标题字幕区域，如图 12-7c、d 所示。图中虚线表示真实标题字幕区域，实线表示实验结果。

图 12-7 过定位和错误定位标题字幕区域

参数 δ 和 T_1 参数 T_1 用以控制文字行应包含的最少边缘点数，其值间接决定了文字区域的高度值，而 δ 用来调整 T_1 的值，因此确定 δ 的值具有十分重要的意义。若 δ 取值过小，导致阈值 T_1 较小，背景区域易被当成文字区域，出现错定位文字区域，如图 12-8c 所示；反之，阈值 T_1 较大，文字区域被割断，出现过定位文字区域，如图 12-8a 所示。为了选取合适的 δ 值，针对实验图像做了大量测试。如图 12-9 所示，随着 δ 值的增大，OR 值经过几个零值点后逐渐变大，而 ER 值则逐渐降为零值。当 δ>0.4 时，OR 值迅速增加，而 ER 值则减小得十分缓慢。δ=0.4 时，OR 值为零，同时 ER 值也十分小，为了确保标题字幕区域全被检测，且无割断现象，实验中 δ=0.4。

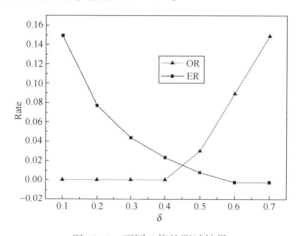

图 12-8 不同 δ 值的测试结果

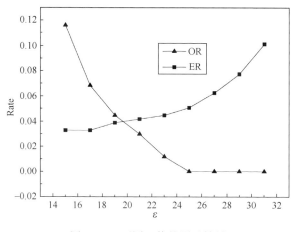

图 12-9　不同 ε 值的测试结果

参数 ε　如图 12-7 所示，标题字幕中可能存在标点符号，导致标题字幕行中文字间距变大，因此选取一个合适的宽度值 ε 对于实验结果十分重要。若 ε 值过小，易出现过定位现象，如图 12-7b 所示；反之，则易出现错定位现象，如图 12-7d 所示。实验中，针对不同 ε 值的测试结果做了统计，如图 12-9 所示，当 $\varepsilon>25$ 时，OR 值降为零，而 ER 的值增加迅速，为了确保标题字幕区域的完整性，实验中 $\varepsilon=25$。

12.2.3　结果与分析

为了清晰直观地观看实验效果，图 12-10 中罗列了不同新闻频道的部分实验结果，其中矩形框表示实验检测定位结果。为了客观地判断实验检测定位结果是否正确，这里采用如下评判标准：若实验中检测定位的标题字幕区域（Identified Caption Region，ICR）与真实标题字幕区域（Ground-truth Caption Region，GCR）的重叠区域大于前者的 75% 和后者的 95%，则认为实验结果正确。其中，GCR 是通过人工方式标记。

实验中，将实验检测定位结果分为三种类别：正确定位的标题字幕区域（Correctly Identified Caption Region，CICR）、错误定位的标题字幕区域（Incorrectly Identified Caption Region，IICR）及错误定位的非标题字幕区域（Mistakenly Identified Non-caption Region，MINR）。实际上，IICR 同样包含标题字幕区域；MINR 则是算法误将其他标注文字区域或图像背景区域当成标题字幕区域。如图 12-11a 所示，图像下方虚线框表示 CICR，图像上方虚线框表示 MINR；图 12-11b 中的虚线框表示 IICR。

图 12-10　实验结果

a）CCTV13　b）CCTV4　c）CCTV1　d）STV　e）BTV-News

f）Shanghai TV　g）JSTV　h）TVS2　i）JNTV

a）　　　　　　　　　　　　　　　　　b）

图 12-11　实验结果分类

另外，查全率（Recall Rate，RR）和误检率（False Positive Rate，FPR）被用于定量地评价算法的有效性，即：

$$RR = \frac{c}{c+m} \times 100\%, \quad FPR = \frac{f}{c+m+f} \times 100\% \qquad (12-14)$$

式中，c 表示 CICR 的总数；m 表示 IICR 的总数；f 表示 MINR 的总数。针对不同新闻视频图像，表 12-1 给出了实验结果统计数据。

表 12-1　实验结果统计

频道	图像数目	GCR 数目	m	c	f	RR（%）	FPR（%）
CCTV13	108	108	0	108	2	100	1.82
CCTV4	47	47	0	47	0	100	0
CCTV1	23	33	0	33	0	100	0
STV	23	23	0	23	1	100	4.17
BTV	20	21	0	21	0	100	0
Shanghai TV	25	25	0	25	0	100	0
其他频道	68	71	2	69	5	97.18	6.58
总计	314	328	2	326	8	99.39	2.38

　　文献[68]同样基于边缘特性检测定位图像中的文字区域，其利用垂直投影直方图确定字幕区域的左右边界位置，算法相对简单，但该算法易出现检测定位不精确的问题。为了对比两种算法的实验结果，在 MATLAB 2012a 中实现了该算法，图 12-12 罗列了两种算法的部分实验对比结果，结果表明本章算法具有更高的检测定位精度。

图 12-12　不同算法对比结果. 第一行为原始图像，第二行为文献
[68] 定位结果，第三行为本章算法定位结果

　　同时，表 12-2 列出了两种算法的统计结果，虽然本章算法的运算时间相对较高，但考虑到本章算法具有较高的 RR，同时 FPR 较低，因此本章算法还是十

分理想的。

表 12-2　对比结果统计

算法	RR（%）	FPR（%）	速度/（s/幅）
文献［68］	98.23	8.64	0.1153
本章算法	99.39	2.38	0.1503

此外，电影及电视剧中，人们通常在后期制作中添加一些对话字幕，方便观看者理解故事情节。不同的国家具有不同的语言文字，导致不同国家的电影及电视剧具有不同的对话字幕，但是对话字幕又都具有共同的特点：1）文字区域具有丰富的边缘信息；2）对话文字位于图像的下方区域内；3）对话字幕通常水平排列。本章算法基于边缘特性检测定位图像中的文字区域，而不考虑文字的其他特征，因此本章算法对不同的语言文字类型具有很好的鲁棒性。实验中，针对英文、韩文及日文的影视作品做了测试，如图 12-13 所示，实验结果表明本章算法针对不同的语言文字类型也能取得理想的结果。

图 12-13　不同语言文字
a）英文　b）中文和韩文　c）中文和日文

12.3　标题字幕文字行切分算法

进行新闻字幕文字定位以后，进行文字切分是后续进行文字识别的重要环节，本节[67]针对新闻视频图像标题字幕行的特点及分布规律，提出了一种基于模板匹配的新闻视频图像标题字幕行切分算法。

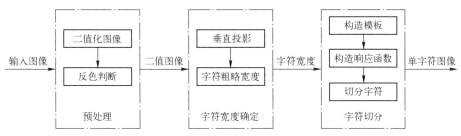

图 12-14　算法框架图

12.3.1　预处理

图像预处理主要是对原始图像进行二值处理，输出二值图像，以便进行后续操作。实验中，为了突出字符像素点并同时抑制背景像素点，本章利用文献 [69] 中提到的算法进行图像二值处理，该算法基于模糊集理论，并利用香农熵函数度量模糊度，最终实现图像二值化。本章中用到的二值图像可由式（12-15）获得，其中，IM 表示原始输入图像，r 表示 IM 的 **R** 分量图像，g 表示 IM 的 **G** 分量图像，Hftm 表示文献[69]中提到的二值算法，B_im 为获得的二值图像：

$$B\_im = Hftm(IM) \cap Hftm(r) \cap Hftm(g) \qquad (12-15)$$

为了让人们能够清晰地阅读视频图像中的文字信息，通常将文字的灰度值设为最高或最低，以提高文字和背景之间的对比度。这导致二值后的图像会出现以下两种类型：

1）黑底白字：文字像素点的灰度值为 1，背景像素点的灰度值为 0，如图 12-15a 所示。

2）白底黑字：文字像素点的灰度值为 0，背景像素点的灰度值为 1，如图 12-15b 所示。

a)　　　　　　　　　　　　　　　　b)

图 12-15　二值图像的类型

为了解决该问题，获得统一的二值图像结果（黑底白字），实验中还需要对已获得的二值图像 B_im 做进一步的处理。

通过观察原始图像二值后的结果，不难发现背景像素点占据的图像空间略大于字符占据的空间，因此，本章利用字符像素点的占空比 SR（字符像素点占据整幅图像空间的比例）来判断二值图像 B_im 的类型，占空比 SR 的计算如式

(12-16) 所示。若 B_im 为黑底白字类型，则不做任何处理，最终的二值图像即为 B_im；若 B_im 为白底黑字类型，则反转 B_im，使其转换为黑底白字类型，具体的实现过程如式（12-17）所示。其中，B_im(x,y) 表示二值图像中像素点的灰度值（1 或 0），h 和 w 表示二值图像的高和宽，B 为最终的二值图像：

$$\text{SR} = \frac{\sum_{x=1}^{h} \sum_{y=1}^{w} \text{B\_im}(x,y)}{h*w} \tag{12-16}$$

$$B = \begin{cases} \text{B\_im}; & \text{SR} \leqslant 0.5 \\ 1-\text{B\_im}; & \text{SR} > 0.5 \end{cases} \tag{12-17}$$

12.3.2　单字符宽度确定

如图 12-16 所示，在垂直投影直方图中，波谷位置通常对应于字符之间的间隙（见图 12-16 中的红色虚线），因此，利用投影直方图便可以找到字符间的缝隙位置。但是，一个完整的中文汉字可能有几部分组成，如汉字的左右结构形式（如"化"字等），这导致汉字内部存在缝隙，同样造成在投影直方图中出现波谷（图 12-16 中的黑色虚线），因此，直接利用投影直方图切分字符不够准确。

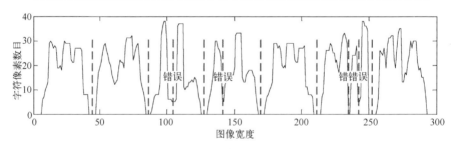

图 12-16　垂直投影直方图

本章中，V 表示二值图像中每一列所含有的字符像素数目，并且如果 $V(i)$ $\leqslant T$，则记录 i 为候选波谷位置，并将其存入到标记向量 M 中，其中阈值 T 的定义如下所示：

$$T = \sum_{i=1}^{w} V(i)/w - \sqrt{\sum_{i=1}^{w} \left(V(i) - \sum_{i=1}^{w} V(i)/w\right)^2/w} \tag{12-18}$$

式中，h 和 w 表示二值图像的高度和宽度。另外，在向量 $\boldsymbol{M}$ 中，若存在连续 $m(m \geq 1)$ 候选波谷位置，即 $\boldsymbol{M}(i), i=1, \cdots, m$，且 $\boldsymbol{M}(i+1) - \boldsymbol{M}(i) \leq 3, i=1,2,\cdots,$ $m-1$，则计算这些连续候选波谷的中间位置，并将其存入向量 $\boldsymbol{R}$，$\boldsymbol{R}$ 中元素值的计算过程如公式（12-19）所示：

$$\boldsymbol{R}(j) = \begin{cases} \sum_{i=1}^{m} \boldsymbol{M}(i)/m; & \forall V(\boldsymbol{M}(i)) \neq 0, i \in [1,2,\cdots,m] \\ \sum_{k=1}^{K} \boldsymbol{M}(z_k)/K; & \exists V(\boldsymbol{M}(z_k)) = 0, z_k \in [1,2,\cdots,m] \text{ 且 } 1 \leq K \leq m \end{cases}$$

$$(12-19)$$

式中，K 为连续 m 候选波谷中满足 $V(\boldsymbol{M}(i)) = 0$ 的个数。然后，基于向量 $\boldsymbol{R}$，获得单字符的宽度值，即：

$$\text{Width} = \sum_{j=1}^{m-1} (\boldsymbol{R}(j+1) - \boldsymbol{R}(j))/(m-1), \text{ s. t. }; m \in \{2,3,\cdots,n\}$$

$$\boldsymbol{R}(j+1) - \boldsymbol{R}(j) > 0.2 * h \text{ 且 } \boldsymbol{R}(j+1) - \boldsymbol{R}(j) < 1.2 * h$$

$$(12-20)$$

式中，n 为向量 $\boldsymbol{R}$ 中的元素数目；m 为满足条件的候选波谷数目；Width 为计算的单字符宽度值。

12.3.3　基于模板切分字符

不同于阿拉伯数字和英文字母，中文汉字可能由左右两部分组成，汉字内部存在缝隙，直接利用垂直投影直方图获得的单字符宽度值会小于真实的单字符宽度值。另外，若视频图像的分辨率较低或图像背景较复杂，字符之间会出现粘连现象，此时利用垂直投影直方图获得的单字符宽度值会大于真实的单字符宽度值。为了克服该缺点，本节利用单字符宽度值构造一个可变长的单字符模板和模板响应函数，然后根据模板响应函数值切分字符。

如图 12-17 所示，未确定单字符宽度值，本节构造了一个单字符可变长模板，图中红色区域为模板右边界的变化范围。实验中，我们设置了两个参数 δ_1 和 δ_2 用于调整模板的宽度值，且 $0 \leq \delta_1, \delta_2 \leq 1$，即模板的最小宽度值为 $(1-\delta_1) \times$ Width，该值应与文本行中的最小字符宽度值相近且大于汉字的偏旁和部首的宽度值；最大宽度值为 $(1+\delta_2) \times$ Width，该值应与文本行中的最大字符宽度值相近。在具体实验中，$\delta_1 = 0.3$ 且 $\delta_2 = 0.5$。

利用模板切分字符时，总是希望模板内部含有尽可能多的字符像素点，同时模板边缘包含尽可能多的背景像素点，且模板的面积越小越好。在利用模板切分字符之前，首先需要确定模板的左边界位置，然后变化模板右边界位置，最后根据模板函数响应值确定最优的字符左右边界位置。其中，确定字符模板左边界位置的过程为：

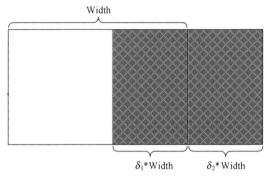

图 12-17　单字符模板

1）第一个字符模板的左边界位置：向量 V 中第一个 $V(f_1) \neq 0$，则记录第一个字符模板的左边界位置为 f_1。

2）后续字符模板的左边界位置应大于前一个字符模板的右边界位置，且同时满足 $V(f_i) \neq 0$。

另外，字符模板左边界位置确定过程的数学表达形式如下所示：

$$l = \begin{cases} f_j \\ \text{s.t.: } j=1, \ V(f_j) \neq 0 \text{ 且 } V(i) = 0; i=1,2,\cdots,f_j-1 \\ f_j \\ \text{s.t.: } j \geqslant 2, \ V(f_j) \neq 0, f_j > r_{j-1} \text{ 且 } V(i) = 0; i=r_{j-1}, r_{j-1}+1, \cdots, f_j-1 \end{cases} \tag{12-21}$$

式中，f_j 和 r_j 是第 j 字符模板的左右边界位置。另外，由于处理图像为已提取的文字行图像，具有固定的高度，因此只需针对模板内部和模板右边界构造函数，最终确定模板响应函数。模板内部需要包含尽可能多的字符像素，本章将模板内部响应函数简单定义为模板内部字符像素的总数，即 $\sum V(i)$；模板右边界需要包含尽可能多的背景像素，定义右边界响应函数为 $e^{V(r)}$。最终构造的字符模板响应函数 $\mathrm{Mr}(l,r)$ 如下所示：

$$\mathrm{Mr}(l,r) = \left(\sum_{i=l+1}^{r-1} V(i) \right)^{\gamma} / (r-l+1) \times e^{V(r)} \tag{12-22}$$

式中，l 和 r 为字符模板的左右边界位置；γ 是健壮因子，用来提高字符模板内部响应函数值的影响度，实验中 $\gamma = 1.5$。通过改变字符模板的右边界位置，逐渐增大字符模板宽度，计算对应的函数响应值 $\mathrm{Mr}(l,r)$，当 $\mathrm{Mr}(l,r)$ 取得极大值时，则认为此时模板的左右边界即为单字符的左右边界。

12.3.4　算法伪代码

算法 12-1：文字切分算法

输入：**V** ，Width

输出：字符左右边界 $[l,r]$

1：初始化：maxMr $=0$ ，mark $=0$

2：**for** pos1 $=1$ ：$w-(1+\delta_2)*$ Width **do**

3：　　**if** pos1$<$mark **or** **V**(pos1) $==0$ **then**

4：　　　　continue；

5：　　**end if**

6：　　start $=$ pos1 $+(1-\delta_1)*$ Width；

7：　　end $=$ pos1 $+(1+\delta_2)*$ Width；

8：　　**for** pos2 $=$ start：end **do**

9：　　　　mol $= \left(\sum\limits_{i=\text{pos1}+1}^{\text{pos2}-1} \mathbf{V}(i) \right)^{\gamma}$ ；

10：　　　　den $=($ pos2$-$pos1$+1)\times e^{V(\text{pos2})}$ ；

11：　　　　Mr(pos1，pos2) $=$ mol/den；

12：　　　　**if** Mr(pos1，pos2) $>$ maxMr **then**

13：　　　　　　maxMr $=$ Mr(pos1，pos2)；

14：　　　　　　$l=$ pos1，$r=$ pos2；

15：　　　　**end if**

16：　　**end for**

17：　　mark $=$ pos2；

18：**end for**

19：**return** $[l,r]$

12.4　文字行切分实验

实验过程中硬件环境为：英特尔赛扬处理器 G550（双核，2.6 GHz），内存为 2 GB；软件环境为：32 位 Windows 7 旗舰版操作系统，应用软件为 MAT-LAB2012a。由于没有面向视频图像文本的标准数据集，且本章算法主要针对新闻视频图像中的标题字幕，这样的标准图像数据更加难以寻觅。因此，为了验证本章算法的有效性，将 11 章中定位提取的 147 幅标题字幕图像用于测试，其中包含 2021 个字符。

12.4.1 参数选择

实验中，利用垂直投影直方图获得了单字符的粗略宽度值 Width，由于受到中文汉字的结构特殊性和图像质量或背景的影响，该值通常不是字符的真实宽度值，如图 12-18 所示，红色数字表示汉字的真实宽度值，黑色数字表示汉字偏旁或部首的宽度值。为了根据 Width 值，构造合适的单字符模板，实验中利用参数 δ_1 和 δ_2 来调整字符模板的宽度值。具体实验中，利用 40 幅测试图像（577 个字符）作为训练集，根据字符切分率（Character Segmentation Rate，CSR）确定 δ_1 和 δ_2 的值，其中字符切分率＝正确切分的字符/全部字符×100%。若字符被认为切分正确，则 B⊆A 且 B/A≥0.8，A 表示实验获得的字符区域，B 表示字符的真实区域。

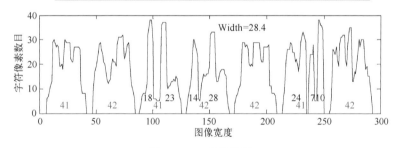

图 12-18　字符宽度

为了清晰地观察训练结果，图 12-19 列出了 3 幅字幕行图像在不同固定模板宽度值下的切分结果，不难发现，不同的字幕行图像具有不同的理想模板宽度值。当模板宽度值为 λ_2 时，图 12-19a 的切分结果十分理想，图 12-19c 的切分结果一般，而图 12-19b 的切分结果十分的不理想。而当模板宽度值为 $1.0 * Width$ 时，图 12-19c 的切分结果十分理想，图 12-19a 的切分结果一般，而图 12-19b 的切分结果十分的不理想。但是，当模板宽度值为 $1.5 * Width$ 时，图 12-19b 的切分结果最为理想，图 12-19a、c 的切分结果均不理想。

实验中，为了确定合适的模板宽度值，针对测试图像集，统计了在不同固定模板宽度值下的 CSR。如图 12-20 所示，当字符模板宽度取某一固定值时，CSR 通常比较低。虽然当字符模板的宽度值为 $0.9 * Width$ 时，字符的切分率达到了最大值，但结果仍然不理想。通过观察统计结果，不难发现当字符模板的宽度值介于 $0.7 * \text{Width}$ 和 $1.5 * \text{Width}$ 之间时，字符的切分率偏高。字符模板宽度值过小，容易造成单字符被分裂；相反，则易将多字符误认为单个字符。根据统计结果，为了提高 CSR，实验中将可变长字符模板的宽度值限于 $[0.7 * \text{Width}, 1.5 * \text{Width}]$ 区间内，即 $\delta_1 = 0.3$ 且 $\delta_2 = 0.5$。

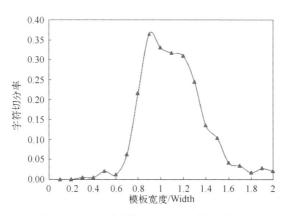

图 12-19　不同模板宽度下的实验结果

图 12-20　不同模板宽度的字符切分率

12. 4. 2　结果与分析

实验中，我们将测试图像集分成两部分：非粘连或背景简单图像集和粘连或背景复杂图像集，如图 12-21 所示，图 12-21a 为非粘连或背景简单图像集，

图 12-21b 为粘连或背景复杂图像集。另外，为了验证本章算法的有效性，实验中将本章算法与参考文献 [70-72] 中提到的算法做了对比。

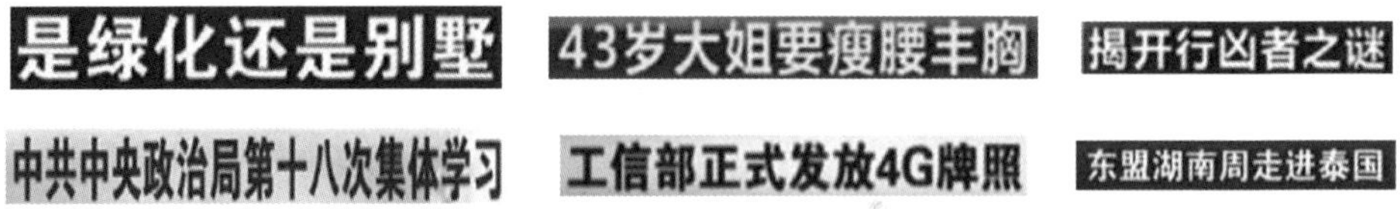

a)

b)

图 12-21　测试图像的分类

a）非粘连或背景简单图像集　b）粘连或背景复杂图像集

图 12-22 列出了部分非粘连或背景简单图像集的实验对比结果。对于这类图像，各种算法均能取得较好的效果，但是由于文献 [70] 与 [72] 是基于图像的轮廓切分字符，而文献 [71] 是基于投影直方图切分字符，造成这三种算法对于具有左右结构且左右结构之间不粘连的中文汉字的切分效果不佳，如图 12-22a 中的"别"，图 12-22c 中的"行"。另外，新闻标题中可能存在阿拉伯数字，数字的宽度小于汉字的宽度，甚至小于汉字偏旁或部首的宽度，而本章算法依据模板切分字符，导致本章算法不能准确地切分出单个的阿拉伯数字，如图 12-22b 中的"4G"，这是本章算法有待提高的地方。

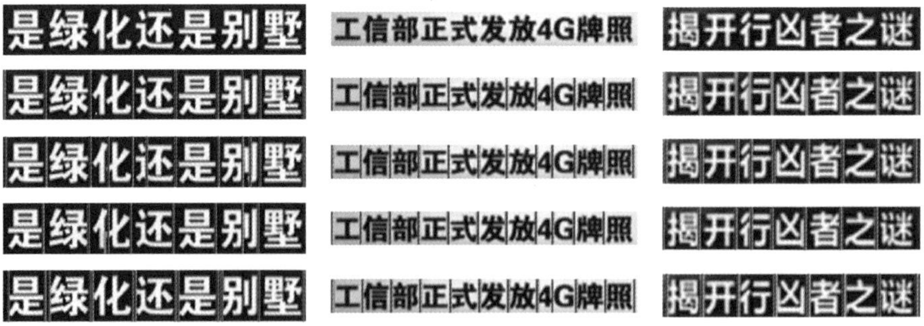

a)　　　　　　　　　　b)　　　　　　　　　　c)

图 12-22　非粘连或简单背景图像集的实验对比结果，第一行为原始图像，
第二、三、四行分别为文献 [70]、[71]、[72] 的字符分割结果，
第五行为本章算法字符分割结果

图 12-23 列出了部分粘连或背景复杂图像集的实验对比结果。对于该类图像，文献 [70] 采用梯度图像的文本高度差切分字符，该算法极易受到图像背景的干扰，造成切分结果十分不理想。文献 [71] 基于投影法切分字符，切分效果较好，但是对于粘连字符切分效果不佳，同时不能很好地切分具有左右结构的字符。文献 [72] 结合"顶部距离"及"底部距离"切分字符，该算法具有较为理想的切分结果。由于本章算法基于模板匹配技术，模板宽度是在一定范围内变化，对粘连或背景复杂图像具有一定的抗干扰性，使得该算法在处理这类图像时也能获得满意结果。

图 12-23　粘连或复杂背景图像集的实验对比结果。第一行为原始图像，
第二、三、四行分别为文献 [70]、[71]、[72] 的字符分割结果，
第五行为本章算法字符分割结果

实验中，针对 107 幅图像做了测试，其中非粘连或背景简单图像 46 幅（677个字符）和粘连或背景复杂图像 61 幅（767 个字符）。表 12-3 列出了实验统计结果，文献 [70] 和文献 [71] 对于非粘连图像的字符切分率虽然达到 80% 以上，但是对于粘连图像的字符切分率较低，效果不理想。文献 [72] 对于非粘连文字图像及粘连文字图像均具有较好的切分效果，但是该算法易分裂具有明显缝隙的左右结构字符（图 12-22a 中的"化"和"别"，图 12-23a 中的"射"和"性"），造成该算法的字符切分率低于本章算法。综上所述，虽然本章算法不能很好地切分出标题字幕行中的单个阿拉伯数字，但是考虑到较高的字符切分率，本章算法还是比较优秀的。

表 **12-3**　不同图像集的字符切分率对比结果

算　　法	非粘连图像（677）（%）	粘连图像（767）（%）	全部图像（1444）（%）
文献 [70]	85.08	10.17	45.29
文献 [71]	80.5	52.28	65.51
文献 [72]	93.35	73.66	82.89
本章算法	95.86	79.79	87.33

12.5 本章小结

本章主要面向新闻视频图像，提出了一种快速有效的标题字幕检测定位算法。算法首先基于文字丰富的边缘特征，利用水平投影法确定字幕区域的上下边界位置，然后通过获取 MFSR 确定字幕区域的左右边界位置，最后根据一些启发式约束规则剔除不合法字幕区域，获得最终的标题字幕区域。相比于其他算法，本章算法的计算复杂度较小，标题字幕区域的检测定位精度较高，对标题字幕周围的其他标注文字具有极强的抗干扰性。另外，新算法能够很好地检测定位电视剧及电影中不同国家的语言文字。

在字幕定位的基础上，提出了一种基于模板匹配的中文汉字切分算法，该算法首先利用垂直投影直方图确定单字符的粗略宽度，然后基于字符宽度值构造模板及模板响应函数利用模板切分字符。现有算法主要是以单字符为对象的局部切分算法，而本章算法是以字符整体分布为对象的全局优化切分算法。实验结果表明，新提出的算法明显优于已有方法。

第 13 章

珠宝图像目标自动定位技术

对于规则目标，具有规律的几何特征，常可以利用方程或矩阵的形式进行描述，另外，规则形体中常具有一些直线，可以利用所具有的检测直线的方法得到规则目标的具体位姿。对于不规则目标，它们的形状千奇百怪并不具有一定的规律性，描述它们的方法普适性不强，一般只能借助辅助线、支撑区域等来检测定位。

吊坠等不规则珠宝的长宽值是其重要的尺寸指标之一，一般采用人工读取游标卡尺的方式进行其尺寸的测量。随着计算机科学的发展，为实现更高效的测量技术，开始出现了基于图像的自动测量，即将目标放置在摄像头下采集一幅图像即可实现其尺寸自动测量。在该过程中实现珠宝图像中的不规则目标的定位技术是进行测量的首要环节，本章[73]研究图像中珠宝目标的自动定位问题。

13.1 常用目标定位方法

目前能够依据以下四类方式检测出不规则目标的位姿：①构造与不规则目标形状相近似的凸壳从而实现目标定位；②利用 Zernike 矩的特征获取不规则目标的旋转角度实现对物体的检测；③根据顶点链码和离散格林相结合的方法完成对不规则目标的定位；④求取目标图像的最小外接多边形完成对不规则目标的检测。

第一种方法是由于凸壳属于一种基本的几何结构，使用基于霍夫变换中投影边界线的方法，并结合极坐标下的投影区域的信息，将构造出的凸壳作为当前待检测的目标物体的外接多边形的边数趋于无穷多时的极限情况。即于投影区的边界线上选取一定浓密的点；接着计算相邻的点所描述出的直线间的交点；最后将获取得到的交点连线形成物体的凸壳来确定目标物体的位置。

第二种方法是利用 Zernike 矩在空间中具有旋转不变性和强抗噪性的特点来判断物体的旋转角度，设 Z_{nm} 和 Z'_{nm} 分别为不规则目标旋转前与旋转后的 Zernike 矩，其辐角会相差一个角度，如式（13-1）：

$$Z'_{nm} = Z_{nm} e^{-jm\beta} \tag{13-1}$$

其中，m 为在计算 Zernike 矩时的一个与 Zernike 矩的阶数 n 有关的正（负）整数；β 即为不规则目标的旋转角度，求取出的角度 β 的结果如下：

$$\beta = \frac{\arg[Z_{nm}] - \arg[Z'_{nm}]}{m} \tag{13-2}$$

第三种方法是根据图像的几何特征，利用顶点链码与凸集获得目标的行走方向链和边界坐标链，再采取离散格林将物体的曲面积分转化为物体的曲线积分来减少运算量：设当前的顶点 $P_i(x_i, y_i)$ 的路径为 D_i，则方向链码的行走可以设定如下：

$$D_i = 0 : x = x_i + t, y = y_i, dx = dt, dy = 0$$
$$D_i = 1 : x = x_i, y = y_i - t, dx = 0, dy = -dt$$
$$D_i = 2 : x = x_i - t, y = y_i, dx = -dt, dy = 0 \qquad (13-3)$$
$$D_i = 3 : x = x_i, y = y_i + t, dx = 0, dy = dt$$

利用离散格林，当 $D=1, D=3$ 时：

$$P = 0, f_1(x, y) = \int^x f(x, y) dx, Q_1 = \int_0^1 f_1(x, y - t) dt$$

$$Q_3 = -\int_0^1 f_1(x, y + t) dt \qquad (13-4)$$

$$\iint_D f(x, y) dxdy = \oint_L (Q_1 + Q_3) dy$$

当 $D=0, D=2$ 时：

$$Q = 0, f_2(x, y) = \int^y f(x, y) dy$$

$$P_0 = -\int_0^1 f_2(x + t, y) dt, P_2 = \int_0^1 f_2(x - t, y) dt \qquad (13-5)$$

$$\iint_D f(x, y) dxdy = \oint_L (P_0 + P_2) dy$$

目标物体的旋转角度 α 为：

$$\tan 2\alpha = \frac{2(M_{11} - yM_{10})}{(M_{20} - xM_{10}) - (M_{02} - yM_{01})} \qquad (13-6)$$

得到目标的方向时从而完成对不规则目标的定位。

第四种方法是构造物体的最佳外接多边形，利用外接多边形统一不规则目标的属性信息。具有代表性的是文献[70]提出的利用最小外接矩形（Minimum Bounding Rectangle，MBR）定位不规则目标的 UPER 法，主要步骤如下：

1）计算目标物体的边缘点。

2）利用边缘点计算不规则目标的质心，长短轴。

3）找出图像中不规则目标上距离主轴最高最远和最低最远的两个交点及距离短轴最高最远和最低最远的两个交点。

4）利用 3）求出的四个点估算出目标的最小外接矩形的四个顶点。

前三种方法对于不规则目标的定位都不具有强的普适性，在定位的过程中，这些算法都存在一定的缺陷，这是因为使用旋转法会使算法变得冗杂，而它的精度一般取决于其每次旋转的角度。使用投影法误差将产生于每次步进的精度且会滋生较多的运算量。第四种方法对以测量珠宝长宽尺寸值为前提，通过计算不规则目标的最小外接矩形以从全局的角度描述目标图像的形状特征完成目标的定位比计算珠宝的凸集更能达到所需珠宝属性，但是由于 UPER 算法是利用边缘点计算主轴，虽会缩短运算时间但也会降低精确度，故本章选取另一种方法构造不规则目标的最小外接矩形来实现对其的自动定位。

图像中往往包含丰富的信息，但由于在成像过程中受到的各种条件的约束和随机性干扰，所获取的图像常常不能为视觉系统所直接使用。为了能够增强我们所需求的有关信息，就需要对不规则目标定位前的原始图像做相关的预处理。常用的预处理方法有图像增强、图像分割、图像滤波、边缘检测等。采取一连串的预处理技术可提高图像的视觉效果，将图像变换为一种更容易理解和操作的形式，能够使后期对图像的处理更为高效和精确。

本章的预处理中，先对珠宝图像进行了中值滤波，使得在图像的角点边缘更加清晰；然后为了突出图像中的不规则目标，采取灰度变换加强了珠宝图像中隶属于目标的像素点，使得背景与目标珠宝间的区分更加鲜明，最后通过阈值分割，将目标从背景中提取出来。

13.2　算法流程

为更高效地验证算法的可行性，降低珠宝图像中定位目标的难度，可先将珠宝置于色彩单一的背景上拍摄，然后利用本章提出的不规则目标检测算法实现自动定位。图 13-1 为本章算法实现目标图像定位的算法流程。具体的算法步骤为：

1）对如图 13-1a 所示的形状不规则的目标图像，引入投影原理并对目标图像全扫描，采取"投票"的方式提取能量最大值点所在的方向，获取的如图 13-1b 所示的 l 即为目标物体的主轴方向。

2）寻找第二主轴方向并求主轴和第二主轴的长度。与主轴垂直且与目标轮廓构成的线段最长的直线即为第二主轴的方向，如图 13-1c 中的直线 w；如图 13-1c 线段 P_1P_2 所示，主轴的长度即求步骤 1）中得到的主轴线与目标轮廓两交点间的距离；同样的，第二主轴长度即为如图 13-1 所示的线段 P_3P_4。

3）获得初始矩形。如图 13-1d 中的矩形 $T_1T_2T_3T_4$，即为由主轴 P_1P_2 与第二主轴 P_3P_4 构成的初始矩形，其中点 Q 是矩形 $T_1T_2T_3T_4$ 的中心。

4）对初始矩形 $T_1T_2T_3T_4$ 进行姿态优化。如图 13-1e 中的矩形 $V_1V_2V_3V_4$ 即为

以点 Q 为中心对初始矩形 $T_1T_2T_3T_4$ 旋转后的结果。

5）对姿态优化后的矩形 $V_1V_2V_3V_4$ 进行尺寸优化。如图 13-1f 中矩形 $ABCD$ 即为通过对矩形 $V_1V_2V_3V_4$ 边的平移操作进行尺寸优化所求得的最终结果。

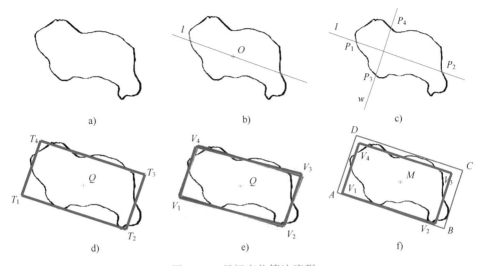

图 13-1　目标定位算法流程

13.3　目标主轴提取

13.3.1　获取待定位珠宝图像中目标的质心

为准确提取珠宝图像中目标的主轴方向，需以珠宝图像中目标的质心作为原点建立坐标系，然后以过质心的直线对图像扫描计算能量最大值。故在获取不规则目标主轴方向前需要计算出珠宝图像中目标的质心。对图像作预处理后，二值图像的不规则目标区域面积由式（13-7）所示：

$$A = \sum_{i=0}^{n-1} \sum_{j=0}^{m-1} B[i,j] \tag{13-7}$$

在二值图像中，目标图像质心的位置即为其中心点的位置，由式（13-8）与式（13-9）所示（约定 d_x, d_y 轴向上）：

$$a \sum_{i=0}^{n-1} \sum_{j=0}^{m-1} B[i,j] = \sum_{i=0}^{n-1} \sum_{j=0}^{m-1} jB[i,j] \tag{13-8}$$

$$b \sum_{i=0}^{n-1} \sum_{j=0}^{m-1} B[i,j] = \sum_{i=0}^{n-1} \sum_{j=0}^{m-1} iB[i,j] \tag{13-9}$$

式中，a 和 b 是珠宝图像中不规则目标相对于左上角图像的中心坐标，具体为：

$$a = \frac{\sum_{i=0}^{n-1} \sum_{j=0}^{m-1} jB[i,j]}{A} \tag{13-10}$$

$$b = \frac{\sum_{i=0}^{n-1} \sum_{j=0}^{m-1} iB[i,j]}{A} \tag{13-11}$$

13.3.2 提取不规则目标的主轴方向

图像中包含着丰富的纹理，空间分布和形状等信息，将这些信息有效的表达是获得珠宝图像中不规则目标主轴的关键。由于霍夫变换是根据图像点检测得到的直线，将会造成最终求得的主轴方向不够精确，为此本章基于投影原理提出一种计算目标珠宝图像上每一个点的投影能量值的算法以求取不规则目标的主轴方向。如图 13-2 所示，以图像的质心 M 构造坐标系，然后，对过点 M 的每一条直线上所有隶属于目标的点根据投影累加求它们的能量值。由于圆具有对称性，因此只需将过点 M 的扫描线的倾角范围设置为 $0° \sim 180°$ 即可，具体的算法流程如下：

1）以珠宝图像中不规则目标的质心 M 为原点建立直角坐标系。

2）对目标图像 $180°$ 扫描：求珠宝图像中过目标的质心 M，倾角为 $\theta \in (0°, 180°)$ 的直线上的每一个像素点，并将像素点的坐标值记录于数组 $J(\theta; x_i, y_i)$ 中。

3）将数组 $J(\theta; x_i, y_i)$ 中所标识的倾角为 θ 的直线记为 L，计算垂直于 L 的直线簇并记为 $\{p_i, i=1,2,\cdots,n\}$，令直线 p_i 上像素值等于 1 的像素数量为直线 L 与直线 p_i 交点 O 的能量聚集值 λ，记为 $E(\theta, \lambda)$。

4）以数组 $E(\theta, \lambda)$ 中的最大值 λ 所对应的角度 θ 为主轴方向，点 O 为投影中心。

实际运算过程中上述过程运算量较大，可将原始二值图像的直角坐标系转换到极坐标系下并利用 Hough 变换技术实现，利用 Hough 变换求图像主轴方向的具体算法流程为：

1）建立合适的直角坐标系并映射到相应的极坐标系。

2）在相应的极坐标系下建立累加数组 $D(\theta, \lambda)$ 并将 $D(\theta, \lambda)$ 初始化置 0。

3）利用直线的极坐标方程 $\rho = x\cos\theta + y\sin\theta$ 及不同的 θ 取值（从 $0° \sim 180°$ 取值间隔为 $1°$），把图像上属于珠宝区域的点映射到相应的极坐标累加数组上。为提高程序的执行速度，在同样的 (θ, ρ) 的情况下，只需找到隶属于珠宝的图像点，

则数组 $D(\theta,\lambda)$ 加 1，随后仅改变 (θ,ρ) 的值，接着进行运算。

4）统计累加数组 $D(\theta,\lambda)$ 中对应的每个 θ，求出非零点对应的 $\lambda_{max}-\lambda_{min}$ 的值 λ_{θ}。

5）求最小的 λ_{θ}，则投影方向：$\theta>90°$ 时，为 $\theta-90°$；$\theta<90°$ 时，为 $\theta+90°$。

计算的主轴方向如图 13-1b 中过点 O 的直线 l。其中，点 O 为能量值最大点，直线 l 为所求珠宝的主轴。

13.3.3 目标主轴及第二主轴的长度计算

1）求垂直于第一主轴且外接于珠宝图像中不规则目标的两条包夹直线。

2）获取第一主轴与步骤 1 求得的两条直线间的交点，则两交点间的直线段即为目标第一主轴的长度。如图 13-1c，遍历主轴 l 上的点，将得到与能量聚集最大的点 O 距离最远的上下两个点分别记为点 P_1 和点 P_2，则线段 P_1P_2 即为主轴的长度。

3）在获得主轴后的目标图像上寻找垂直于直线 H 的所有直线，且这些直线需满足与珠宝图像所构成的直线段的长度为最大，然后将找到的直线段与目标的两个交点分别记为点 P_3 和点 P_4，则线段 P_3P_4 的长度即为第二主轴的长度。此时，可描述出如图 13-1d 所示的初始矩形 $T_1T_2T_3T_4$。

13.4 姿态优化

由于在求珠宝图像中的不规则目标主轴方向时引入了投影原理，因此在一定精度下会产生误差且初始矩形并不一定能够刚好外接于目标珠宝图像，故需对找到的初始矩形做姿态优化使得获取到的初始矩形方向为最佳。

- **优化区间**：主轴是利用能量最大值点检测出的直线，旋转是对计算得到的主轴获取的初始矩形进行的操作，故在姿态优化时只需对初始矩形采取小角度的旋转即可，这样既缩小了姿态优化区间，又减少了程序运算量。
- **优化方向**：将目标珠宝图像以初始矩形的中心为旋转中心，首先以逆时针方向对初始矩形旋转，计算优化一次后的矩形所包含的二值图像像素个数，若比优化前的初始矩形所包含的目标图像面积小，那么就以顺时针方向进行优化。
- **优化过程**：

（1）将计算得到的初始矩形的中心 $Q(x_0,y_0)$ 平移至坐标原点 O 并变换矩阵为 K_{s1}。

（2）令目标绕坐标原点 O 以逆时针方向旋转 θ 角，并变换矩阵为 K_r。

（3）将旋转中心从坐标原点平移至原位置 $Q(x_0,y_0)$，变换矩阵为 $\boldsymbol{K}_{s2}$。

因此，珠宝图像中不规则目标绕任意点 $Q(x_0,y_0)$ 的旋转优化过程，即为将每一个像素点的齐次坐标行向量的右乘变换矩阵，如式（13-12）所示。

$$
\begin{bmatrix} x' \\ y' \\ 1 \end{bmatrix} = \boldsymbol{K}_{s1} \cdot \boldsymbol{K}_r \cdot \boldsymbol{K}_{s2} \cdot \begin{bmatrix} x \\ y \\ 1 \end{bmatrix} = \begin{bmatrix} 1 & 0 & 0 \\ 0 & 1 & 0 \\ x_0 & y_0 & 1 \end{bmatrix} \cdot \begin{bmatrix} \cos\theta & -\sin\theta & 0 \\ \sin\theta & \cos\theta & 0 \\ 0 & 0 & 1 \end{bmatrix} \cdot \begin{bmatrix} 1 & 0 & 0 \\ 0 & 1 & 0 \\ -x_0 & -y_0 & 1 \end{bmatrix} \cdot \begin{bmatrix} x \\ y \\ 1 \end{bmatrix}
$$

$$
= \begin{bmatrix} (x-x_0)\cos\theta+(y-y_0)\sin\theta+x_0 \\ -(x-x_0)\sin\theta+(y-y_0)\cos\theta+y_0 \\ 1 \end{bmatrix} \tag{13-12}
$$

即：

$$
\begin{cases} x' = (x-x_0)\cos\theta+(y-y_0)\sin\theta+x_0 \\ y' = (x-x_0)\sin\theta+(y-y_0)\cos\theta+y_0 \end{cases} \tag{13-13}
$$

如图 13-1e 所示，以中心点 Q 对初始矩形姿态优化后找到的最优矩形 $V_1V_2V_3V_4$。

13.5 尺寸优化

姿态最优矩形并不一定是珠宝图像中目标的外接矩形，其边有可能与目标相交，因此需将姿态优化后的矩形采取尺寸优化。由于我们是对二值图像采取的操作，故只需对尺寸优化后的矩形判断其是否涵盖的像素数增多即可，且需要重复的次数是有限的。

设目标图像上点 $P'(x',y')$ 通过平移操作后得到的点为 $P(x,y)$，其中，Δx 是 x 方向的平移量；Δy 是 y 方向平移量。点 $P(x,y)$ 的坐标能够表示为：

$$
\begin{cases} x = x'+\Delta x \\ y = y'+\Delta y \end{cases} \tag{13-14}
$$

利用齐次坐标，将尺寸优化前后的图像中目标的点 $P'(x',y')$ 和点 $P(x,y)$ 间的转换关系使用如式（13-15）表示：

$$
\begin{bmatrix} x \\ y \\ 1 \end{bmatrix} = \begin{bmatrix} 1 & 0 & \Delta x \\ 0 & 1 & \Delta y \\ 0 & 0 & 1 \end{bmatrix} \begin{bmatrix} x' \\ y' \\ 1 \end{bmatrix} \tag{13-15}
$$

如图 13-1f 所示的目标最小外接矩形 $ABCD$，即为将图 13-1e 获取的最优姿态矩形进行尺寸优化后所得到，其中 M 点为此时最小外接矩形的中心。

13.6　实验

13.6.1　模拟图像实验

1. 实验图像

实验中的模拟图像原图是利用 Visio 画出的：首先在 Visio 中画出一些矩形线框，然后在画好的矩形线框中描绘出形态不一的不规则图形，并保证第一步画出的矩形线框在理论上恰好为不规则图形的最小外接矩形。如图 13-2a 所示，图中列出了 21 个形态不一的不规则图形的最小外接矩形。如图 13-2b 所示为采取 UPER 算法[74] 对这 21 个不规则图形计算其最小外接矩形的结果；如图 13-2c 所示为采取本章的算法对这 21 个不规则图形计算的最小外接矩形结果。

2. 实验配置

实验中发现，本章提出的珠宝定位算法计算的最小外接矩形面积更小，但由于在提取主轴时，采取的是投影法投票计算出的能量极大值的方向，且在寻找最优姿态矩形的过程中利用旋转的方式优化，因此本章算法在一定精度上会存在细微的误差，为更好的证明算法的有效性，定义以下误差与 UPER 算法做对比：

$$d_{\text{Euclidean}}([x_1,y_1],[x_2,y_2]) = \sqrt{((X_{\text{MBR}}-X_{\text{real}})^2+(Y_{\text{MBR}}-Y_{\text{real}})^2)} \quad (13-16)$$

相对误差 η 为算法计算得到的最小外接矩形面积和真实值差的比值，能够直观地体现出算法的准确性：

$$\eta = \frac{|S_{\text{MBR}}-S_{\text{real}}|}{S_{\text{real}}} \quad (13-17)$$

矩形度差 R 为珠宝面积与算法计算的最小外接矩形面积的比值与真实值的比值的差，利用目标面积对于提取到的其最小外接矩形的充满程度以侧面反映出算法的精确性：

$$R = \left| \frac{A}{S_{\text{MBR}}} - \frac{A}{S_{\text{real}}} \right| \quad (13-18)$$

偏心率差 E 为算法检测得到的目标最小外接矩形的长宽比值与真实长宽比值之差。偏心率又记作伸长度，能够反映出目标区域的紧凑性：

$$E = \left| \frac{L_{\text{MBR}}}{W_{\text{MBR}}} - \frac{L_{\text{real}}}{W_{\text{real}}} \right| \quad (13-19)$$

中心距偏差 ξ 为算法计算出的最小外接矩形质心和理想的最小外接矩形中心的欧氏距离，与理想最小外接矩形二分之一对角线的比值，能够表达出算法所提取的最小外接矩形的中心偏离程度：

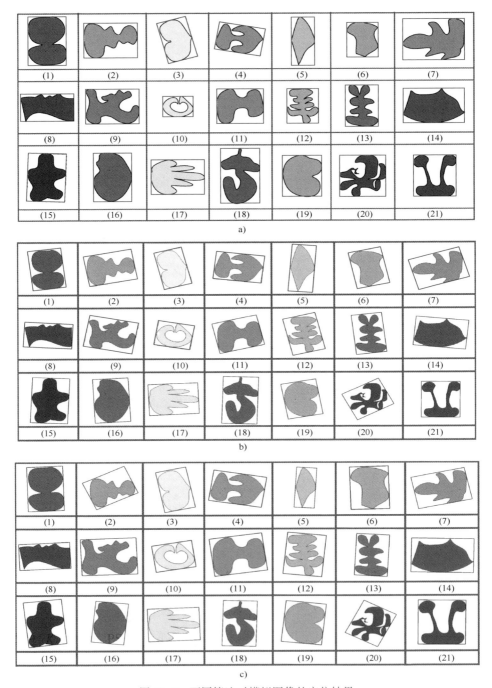

图 13-2 不同算法对模拟图像的定位结果

a）原始图像 b）UPER 算法 c）本章算法

$$\xi = \frac{d_{\text{Euclidean}}}{2H_{\text{real}}} \qquad (13-20)$$

式中，A 为珠宝图像的目标区域面积；S_{real} 为理想最小外接矩形面积；L_{real} 为理想最小外接矩形长轴长度；W_{real} 为理想最小外接矩形短轴长度；H_{real} 为理想最小外接矩形的对角线长；$(X_{\text{real}}, Y_{\text{real}})$ 为理想最小外接矩形的中心坐标；S_{MBR} 为算法提取的最小外接矩形面积；L_{MBR} 为算法计算的最小外接矩形的长轴长度；W_{MBR} 为算法获取的最小外接矩形的短轴长度；$(X_{\text{MBR}}, Y_{\text{MBR}})$ 为算法得到的最小外接矩形的中心坐标。

3. 结果分析

由于在利用投影原理采取"投票"的方式计算最大能量点时，边缘上的点不一定能够被准确检测出来，因此会在一定精度上有所误差；而在姿态优化过程中，旋转的步进度不同会有细小的误差。如表 13-1 所示，表中给出了 21 个不规则的模拟图形利用本文算法及 UPER 算法得出的每一个图的相对误差、矩形度差、偏心率差及中心距偏差。

表 13-1　不同算法在模拟图像上的误差结果

编号	相对误差		矩形度差		偏心率差		中心距偏差	
	PRT（Our）	UPER	PRT（Our）	UPER	PRT（Our）	UPER	PRT（Our）	UPER
（1）	0.000	0.013	0.000	0.010	0.008	0.010	0.014	0.021
（2）	0.002	0.040	0.001	0.023	0.041	0.001	0.064	0.104
（3）	0.004	0.014	0.003	0.010	0.016	0.001	0.017	0.008
（4）	0.003	0.061	0.002	0.039	0.013	0.028	0.007	0.008
（5）	0.001	0.007	0.001	0.004	0.041	0.013	0.029	0.017
（6）	0.002	0.019	0.001	0.012	0.025	0.025	0.037	0.067
（7）	0.003	0.017	0.002	0.009	0.122	0.126	0.060	0.080
（8）	0.005	0.105	0.003	0.068	0.002	0.072	0.020	0.022
（9）	0.001	0.157	0.001	0.085	0.001	0.029	0.010	0.047
（10）	0.006	0.053	0.003	0.026	0.023	0.029	0.029	0.022
（11）	0.000	0.001	0.000	0.001	0.023	0.086	0.020	0.091
（12）	0.007	0.025	0.004	0.014	0.010	0.092	0.007	0.045
（13）	0.002	0.024	0.001	0.013	0.015	0.055	0.009	0.041
（14）	0.001	0.021	0.001	0.014	0.002	0.054	0.008	0.015
（15）	0.001	0.002	0.001	0.001	0.077	0.002	0.029	0.006
（16）	0.007	0.022	0.005	0.016	0.020	0.000	0.013	0.004
（17）	0.002	0.003	0.001	0.002	0.006	0.003	0.010	0.006
（18）	0.002	0.006	0.001	0.004	0.004	0.004	0.013	0.008
（19）	0.004	0.053	0.003	0.040	0.015	0.012	0.007	0.034

（续）

编号	相对误差		矩形度差		偏心率差		中心距偏差	
	PRT（Our）	UPER	PRT（Our）	UPER	PRT（Our）	UPER	PRT（Our）	UPER
（20）	0.000	0.032	0.000	0.015	0.128	0.218	0.008	0.024
（21）	0.003	0.007	0.001	0.003	0.037	0.004	0.026	0.018
平均值	0.003	0.032	0.002	0.020	0.030	0.042	0.021	0.033

从表 13-1 给出的误差数据能够分析得出：

1）UPER 算法的相对误差约为本章算法的 10 倍，本章算法获得的不规则目标的最小外接矩形更接近理想值。

2）本章算法计算的图像最小外接矩形所得的矩形度差为 UPER 算法的 10%，使得目标珠宝填充的更为饱满，反映出本章算法的准确性。

3）由偏心率结果可知，本章算法提取的目标最小外接矩形与理想的最小外接矩形长宽比值更为相似。

4）由中心距偏离可得，本章提取的不规则图像最小外接矩形的中心位置比 UPER 算法更准确。

图 13-3 给出了本章算法和 UPER 算法的检测误差曲线，其中，图 13-3a 为本章算法和 UPER 算法检测得到的目标图像的最小外接矩形的面积，可以看出，本章检测得到的矩形面积比 UPER 算法小或与 UPER 算法的结果值相接近；图 13-3b 是在求取最小外接矩形时与真实值的相对误差曲线，从图中看到，本章算法的相对误差值均低于 2%，效果较好；图 13-3c 是在求取最小外接矩形时与真实值的中心距偏离的误差曲线，图中本章算法产生的中心距偏差 70% 以上都要低于 UPER 算法，说明本章算法得到的矩形中心更贴近于理想值。实验结果表明，本章提出的定位检测目标珠宝最小外接矩形的算法精确并具有强鲁棒性。

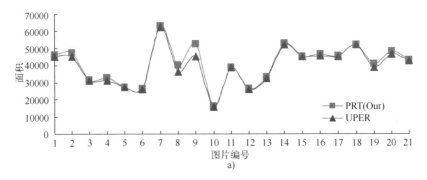

图 13-3　不同算法对模拟图像的误差曲线

a）最小外接矩形面积

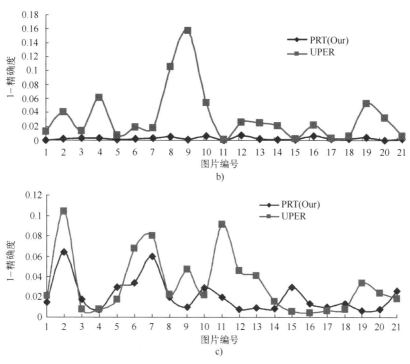

图 13-3　不同算法对模拟图像的误差曲线

b）相对误差比较　c）中心距偏差比较

13.6.2　真实图像实验

由于珠宝的形状复杂难以描述，因此无法直接获取其理想化的最小外接矩形，而在图像处理中，在无法确定理想值时，可利用多人刻画得到多组数据求出平均值作为最优值的方式来比较不同算法产生的误差。故对于实验中的所有珠宝图像均找多个人来描述目标的最小外接矩形，然后计算出目标图像的各个属性的平均值作为理想值来计算本章算法和 UPER 算法存在的误差，这样对算法误差分析作比较更具有公平性和真实性。

图 13-4 中对每一枚珠宝均采用三幅图展示，第一列为所拍摄的珠宝原图，第二列为利用 UPER 算法得到的结果，第三列为使用本章算法检测的结果。实验中，将珠宝图像中的不规则目标按照凹凸性分为实体图形、空心图形和混合图形三类：图 13-4a 类别一为"实体珠宝"，即珠宝图像中目标分布较为集中，基本不存在镂空；图 13-4b 类别二为"空心珠宝"，即珠宝图像中包含类似环形的形状；图 13-4c 类别三为"混合型珠宝"，即珠宝分布不太均匀图像当中有镂

空。由直观的视觉观察可知，本章算法获取的最小外接矩形小于 UPER 算法检测的结果。

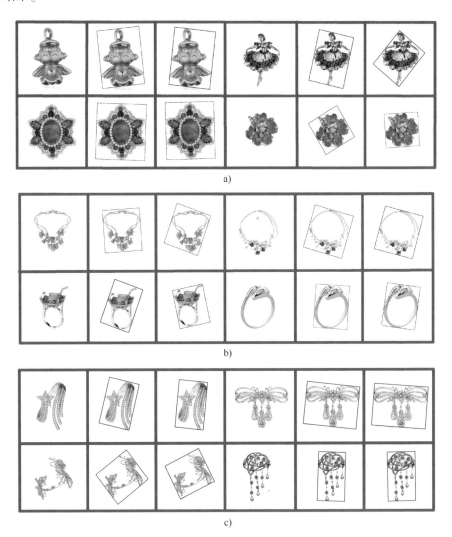

图 13-4　不同算法对真实图像的检测结果

a）类别1　b）类别二　c）类别三

　　表 13-2 分别给出了利用本章算法与 UPER 算法提取的目标最小外接矩形所获得的各个误差比较。表 13-3 给出了使用本章算法与 UPER 算法所得到的各误差平均值，平均值1，平均值2 和平均值3 分别对应于珠宝类别1，珠宝类别2和珠宝类别3。从表 13-2 中的误差数据显示，本章算法的误差较小，说明检测

定位较准确，优于 UPER 算法；按表 13-3 中不同类别珠宝的误差平均值可得，本章算法具有强鲁棒性和普适性，且在检测与类别二相似的珠宝时误差最小；从相对误差总平均值可得，本章算法约为 UPER 算法的 6.8%，说明本章算法具有较高的精确度。

表 13-2　不同算法对真实图像的误差结果

误差	相对误差		矩形度差		偏心率差		中心距偏差	
	PRT（Our）	UPER	PRT（Our）	UPER	PRT（Our）	UPER	PRT（Our）	UPER
类别 1	0.004	0.008	0.002	0.004	0.002	0.007	0.000	0.000
	0.010	0.316	0.005	0.133	0.018	0.155	0.026	0.069
	0.000	0.019	0.000	0.001	0.018	0.018	0.006	0.004
	0.002	0.101	0.001	0.058	0.007	0.045	0.006	0.027
类别 2	0.000	0.070	0.000	0.015	0.006	0.156	0.037	0.123
	0.002	0.090	0.000	0.011	0.028	0.054	0.009	0.039
	0.004	0.139	0.001	0.033	0.111	0.017	0.114	0.097
	0.003	0.019	0.001	0.003	0.010	0.017	0.009	0.007
类别 3	0.003	0.023	0.001	0.006	0.003	0.031	0.010	0.244
	0.014	0.021	0.003	0.004	0.003	0.016	0.028	0.034
	0.004	0.055	0.001	0.012	0.011	0.022	0.009	0.081
	0.013	0.014	0.004	0.004	0.006	0.002	0.006	0.026

表 13-3　不同算法对真实图像的误差平均值

误差	相对误差		矩形度差		偏心率差		中心距偏差	
	PRT（Our）	UPER	PRT（Our）	UPER	PRT（Our）	UPER	PRT（Our）	UPER
平均值 1	0.004	0.111	0.02	0.049	0.011	0.056	0.009	0.025
平均值 2	0.002	0.080	0.000	0.015	0.039	0.061	0.042	0.067
平均值 3	0.008	0.028	0.002	0.006	0.005	0.018	0.013	0.096
总平均值	0.005	0.073	0.002	0.024	0.019	0.045	0.022	0.063

图 13-5 给出了使用本章算法和 UPER 算法的误差曲线，其中，图 13-5a 为本章算法与 UPER 算法检测得到的珠宝真实图像的最小外接矩形的面积；图 13-5b 是在获取珠宝图像最小外接矩形时本章算法和 UPER 算法的相对误差曲线；图 13-5c 是在求取珠宝图像最小外接矩形时本章算法和 UPER 算法的中心距偏离的误差曲线图。由误差曲线图的对比能够看出，采取本章算法计算的珠宝图像的最小外接矩形更为准确。

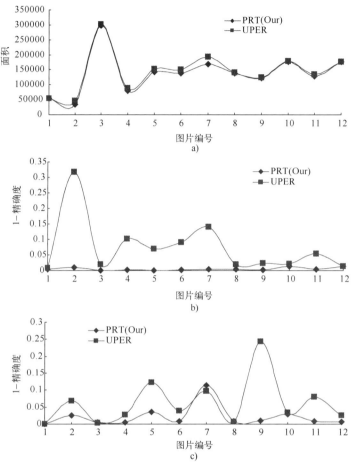

图 13-5　不同算法下的真实图像误差曲线

a) 最小外接矩形面积　b) 相对误差比较　c) 中心距偏差比较

13.7　本章小结

　　本章针对面向珠宝应用的图像中不规则目标定位做了一定的研究，提出了定位目标位姿的新方法，并通过对模拟图像及真实图像的实验证明了本章算法的可行性及准确性。在提取主轴时，通过对多种方法的研究，设计一种基于投影采用投票累加的方法计算点的能量值确定主轴方向的新方法，提高了算法的精确性；在对检测出的珠宝图像的初始矩形姿态优化时，兼顾到运算量的增加首先判断旋转的方向使得算法更加高效。实验表明，本章提出的针对珠宝图像中的目标自动定位算法结果准确，并具有较好的鲁棒性，能够应用于实际的珠宝图像定位。

第 14 章

珠宝尺寸自动测量技术

本章从珠宝测量技术这一实际应用出发，在实际拍摄过程中，将珠宝放置于模板后，想要确定珠宝的实际尺寸值，就要将珠宝定位得到的目标位姿转换到实际空间中的坐标系。因此，要建立空间参考平面与单目系统拍摄到的图像平面间特征点的一一对应关系，需首先使用相机标定构造图像平面与参考模板的坐标映射关系，然后根据所求的对应关系最终将在珠宝图像中提取的目标长宽值转化为空间中珠宝的真实尺寸值。

14.1 相机模型

目标于三维空间中的坐标与其在二维图像中的坐标的映射关系取决于相机成像的几何模型，因此，我们能够通过处理不规则目标的二维图像，计算需要的特征点进而实现对三维空间的表达。摄像机成像的模型的理解如图14-1所示，具体的坐标转换流程步骤如下。

（1）将世界坐标系下的一点转换到摄像机坐标系中的点能够采用一个旋转矩阵 R 及一个平移矩阵 T 来表示。可由如下变换公式描述：

$$\begin{bmatrix} x_c \\ y_c \\ z_c \end{bmatrix} = R \begin{bmatrix} x_w \\ y_w \\ z_w \end{bmatrix} + T \tag{14-1}$$

式中，正交旋转矩阵 R 是一个 3×3 的矩阵，平移向量 T 为一个三维的向量，将式（14-1）转换成齐次坐标的形式如下：

$$\begin{bmatrix} x_c \\ y_c \\ z_c \\ 1 \end{bmatrix} = \begin{bmatrix} R & R \\ 0_3^T & 1 \end{bmatrix} \begin{bmatrix} x_w \\ y_w \\ z_w \\ 1 \end{bmatrix} \tag{14-2}$$

（2）根据焦距 f，物距 u 及相距 v 间的关系将摄像机坐标系变换于图像的物理坐标系下：

$$x_u = f \frac{x_c}{z_c}, \ y_u = f \frac{y_c}{z_c} \tag{14-3}$$

式中，x_u，y_u 是在平面图像坐标系下的坐标，将式（14-3）转换为齐次坐标的形式为：

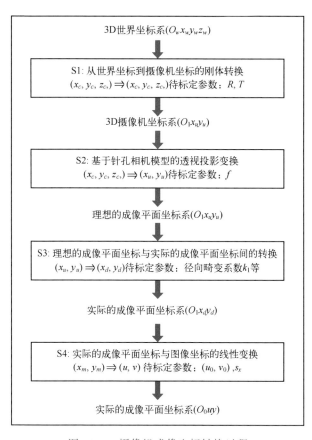

图 14-1 摄像机成像坐标转换过程

$$z_c \begin{bmatrix} x_u \\ y_u \\ 1 \end{bmatrix} = \begin{bmatrix} f & 0 & 0 & 0 \\ 0 & f & 0 & 0 \\ 0 & 0 & 1 & 0 \end{bmatrix} \begin{bmatrix} x_c \\ y_c \\ z_c \\ 1 \end{bmatrix} \tag{14-4}$$

（3）对畸变图像的校正。在实际生活中，由于摄像机镜头的工艺差别等因素，导致摄像机在获取原始图像的过程中会存在畸变的可能，故想对发生畸变的图像直接利用线性模型进行坐标转换，就需对含有畸变的图像利用式（14-5）进行矫正：

$$\begin{aligned} x_u &= x + \delta_x(x, y) \\ y_u &= y + \delta_y(x, y) \end{aligned} \tag{14-5}$$

式中，$(x_u，y_u)$ 为图像点坐标的理想值；$(x，y)$ 为实际像点的坐标；$(\delta_x，\delta_y)$ 为非线性畸变的值。

（4）将图像的物理坐标系变换至其像素坐标系。由于转换存在的误差，图像物理坐标系的原点与图像的中心点会存在一定的偏离。设图像物理坐标系的原点于图像中的坐标为 $(u_0，v_0)$，像面上的任意一个像素点在水平及垂直方向上的长度分别为 $d_x，d_y$，图像中的每一点在这两个坐标系中的关系满足如式（14-6）：

$$\begin{cases} u = x_u/d_x + u_0 \\ v = y_u/d_y + v_0 \end{cases} \tag{14-6}$$

其矩阵形式为：

$$\begin{bmatrix} u \\ v \\ 1 \end{bmatrix} = \begin{bmatrix} \dfrac{1}{d_x} & 0 & u_0 \\ 0 & \dfrac{1}{d_y} & v_0 \\ 0 & 0 & 1 \end{bmatrix} \begin{bmatrix} x_u \\ y_u \\ 1 \end{bmatrix} \tag{14-7}$$

则将空间坐标变换至实际图像坐标的对应关系如式（14-8）所示：

$$z_c \begin{bmatrix} u \\ v \\ 1 \end{bmatrix} = \begin{bmatrix} \dfrac{1}{d_x} & & u_0 \\ 0 & \dfrac{1}{d_y} & v_0 \\ 0 & 0 & 1 \end{bmatrix} \begin{bmatrix} f & 0 & 0 & 0 \\ 0 & f & 0 & 0 \\ 0 & 0 & 1 & 0 \end{bmatrix} \begin{bmatrix} R & T \\ 0^T & 1 \end{bmatrix} \begin{bmatrix} x_w \\ y_w \\ z_w \\ 1 \end{bmatrix}$$

$$\tag{14-8}$$

$$= \begin{bmatrix} \alpha & 0 & u_0 & 0 \\ 0 & \beta & v_0 & 0 \\ 0 & 0 & 1 & 0 \end{bmatrix} \begin{bmatrix} R & T \\ 0^T & 1 \end{bmatrix} \begin{bmatrix} x_w \\ y_w \\ z_w \\ 1 \end{bmatrix} = M_1 M_2 \widetilde{x}_w = M \widetilde{x}_w$$

式中，参数 M_1 为标定的内参数；参数 M_2 是外部参数。

14.2　相机标定

我们通过二维图像理解三维图像的一个关键步骤是对相机的标定，它的最主要的问题是要找到三维空间与二维图像间的坐标转换的映射关系。将空间中的坐标与像面间的坐标的对应关系用一个矩阵的形式表达，我们称这个矩阵为单应矩阵。在计算机视觉发展的过程中，单应矩阵已被应用于多个领域内，下面根据诸多的研究成果阐述单应矩阵的有关理论。

14.2.1　标定原理

在视觉测量中，依据摄像机小孔成像原理，假设世界坐标中任意一点 $p = [X, Y, Z]^T$，对应图像平面下的点 $m = [u, v]^T$，则其齐次坐标分别为 $p' = [X, Y, Z, 1]^T$ 及 $m' = [u, v, 1]^T$，空间点 p 和像点 m 的变换如下：

$$\varphi m' = \Psi [R \quad T] p' \tag{14-9}$$

式中，φ 为非零常数比例因子；α、γ 是摄像机焦距；β 是图像平面坐标轴的倾斜程度；(u_0, v_0) 为像面中心坐标；R 是旋转矩阵；T 为平移向量。

$$\Psi = \begin{bmatrix} \alpha & \beta & u_0 \\ 0 & \gamma & v_0 \\ 0 & 0 & 1 \end{bmatrix} \tag{14-10}$$

当选取的世界坐标系下的 XY 平面与参考平面重合时，则在世界坐标系下的参考平面能够描述为 $Z = 0$。令矩阵 R 的第 i 列的元素由 r_i 表示，则式（14-9）可表达为：

$$\varphi \begin{bmatrix} u \\ v \\ 1 \end{bmatrix} = \Phi [r_1 \quad r_2 \quad r_3 \quad T] \begin{bmatrix} X \\ Y \\ 0 \\ 1 \end{bmatrix} = \Phi [r_1 \quad r_2 \quad T] \begin{bmatrix} X \\ Y \end{bmatrix} \tag{14-11}$$

此时，p' 应为 $p' = [X \quad Y \quad 1]$，将式（14-9）简化为：

$$\varphi m' = H p' \tag{14-12}$$

其中，

$$H = \frac{1}{\varphi} \Phi [r_1 \quad r_2 \quad T] = \begin{bmatrix} h_{11} & h_{12} & h_{13} \\ h_{21} & h_{22} & h_{23} \\ h_{31} & h_{32} & h_{33} \end{bmatrix} \tag{14-13}$$

14.2.2　映射关系

单应性矩阵是一个大小为 3×3 的矩阵 H，若满足给定的一个点 $p_1 = [x_1, y_1, w_1]^T$，矩阵 H 可将点 p_1 变成一个新的点 $p_2 = [x_2, y_2, w_2]^T = H p_1$。由于均为齐次坐标，故对应的图像上的两点可分别表示为 $\left[\dfrac{x_1}{w_1}, \dfrac{y_1}{w_1} \right]$ 与 $\left[\dfrac{x_2}{w_2}, \dfrac{y_2}{w_2} \right]^T$。

若给定一个单应性矩阵 $H = \{h_{ij}\}$，给它所有的元素乘上同一个数 c，所得到的单应矩阵 cH 和矩阵 H 的作用相同，由于新的单应矩阵无非把齐次点 p_1 变成了齐次点 cp_2，点 cp_2 和 p_2 所对应的图像上的点相同。一个单应性矩阵中仅有 8 个自由元素，一般令右下角的那一个元素 $h_{33}=1$ 来对单应矩阵进行归一化处理。由于单应性矩阵有 8 个未知数，因此至少需要 8 个方程来求解，之所以 4 对点能够求解单应，是由于一对点提供两个方程。假设图像上有两个点 $[x_1，y_1]^T$ 和 $[x_2，y_2]^T$，它们的齐次坐标分别为 $[x_1，y_1，1]^T$ 和 $[x_2，y_2，1]^T$，代入到 $p_2 = Hp_1$ 计算即可得到：

$$x_2 = \frac{x_1h_{11}+y_1h_{12}+h_{13}}{x_1h_{31}+y_1h_{32}+1}，\quad y_2 = \frac{x_1h_{21}+y_1h_{22}+h_{23}}{x_1h_{31}+y_1h_{32}+1} \tag{14-14}$$

等价的矩阵形式为：

$$Au=v \tag{14-15}$$

其中：

$$A = \begin{bmatrix} x_1 & y_1 & 1 & 0 & 0 & 0 & -x_1x_2 & -x_2y_1 \\ 0 & 0 & 0 & x_1 & y_1 & 1 & -x_1y_2 & -y_1y_2 \end{bmatrix} \tag{14-16}$$

$$u = \begin{bmatrix} h_{11} & h_{12} & h_{13} & h_{21} & h_{22} & h_{23} & h_{31} & h_{32} \end{bmatrix}^T \tag{14-17}$$

$$v = \begin{bmatrix} x_2 & y_2 \end{bmatrix}^T \tag{14-18}$$

如果有 4 对不共线匹配的特征点对，此方程组就垒至 8 行，存在唯一解，若有 $N>4$ 对点，方程就垒到 $2N$ 行，利用 SVD 分解就可以求解 H。

14.3 珠宝图像中目标测量算法

本章的应用背景为对不规则珠宝的定位测量，采用单目视觉系统，实验平台的结构示意图如图 14-2 所示，将相机放置于由散光材料制成的平台顶部，摄像头向下垂直于实验台。

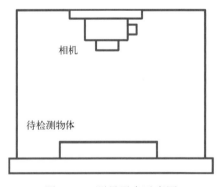

图 14-2 测量平台示意图

14.3.1 算法流程

珠宝的尺寸信息是其重要的属性指标之一，本章对珠宝测量提出的算法，首先需要建立一个空间参考平面，然后将珠宝放置于模板上拍摄采取其图片并计算像面中与空间参考平面相对应的点构成的单应矩阵，最后通过测量得到的像面上的目标尺寸值及构成的单应矩阵推导出珠宝在空间中的实际长宽值。流程如图 14-3 所示，具体步骤为：

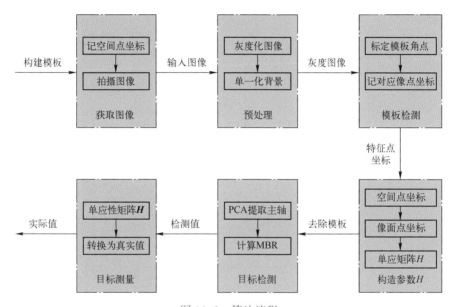

图 14-3　算法流程

（1）获取图像　在空间中构造方格参考平面：即在方形模板的 4 个角上构建 4 个边长为 40 mm 的单元方块，两方块间的中心距离均设置为 120 mm；记录 4 个方块的 16 个顶点的空间平面坐标；将待检测珠宝放置于模板上拍摄图像。

（2）预处理　将珠宝图像输入转化为灰度图像进行背景处理。

（3）模板检测　标定图像中模板特征点并记录 16 个角点的像面坐标。

（4）构造参数 H　即计算空间参考平面与图像平面的映射关系。利用步骤（1）和步骤（3）得到的 16 组对应特征点坐标求解单应矩阵 H。

（5）目标检测　采取基于主成分分析的检测算法对珠宝图像中的不规则目标进行检测得到珠宝像面上的长宽值。

（6）目标测量　将步骤（5）检测出的目标长宽值通过步骤（4）构造出的单应性矩阵转换得到珠宝的真实长宽尺寸值。

14.3.2　特征点提取

在相机进行标定时，需找到空间场景与图像平面的映射关系，因此需提前找到靶标图像上的角点，与建立空间模板时记录的点一一对应，以此找到图像平面与空间平面的单应矩阵，为后续的珠宝测量环节奠定基础。本章特征点的提取利用文献［54］所提的算法，首先定位出正方形靶标的中心点，并获得组成正方形的边缘点，利用 Hough 变换获取组成正方形的 4 条直线，计算直线的交点准确定位正方形靶标的四个角点，更详细的过程可参阅第 8 章内容。

14.3.3　基于主成分分析的目标检测

主成分分析（Principle Component Analysis，PCA）常用于对数据的降维及压缩上，简而言之其作用就是既要突出主元的重要性，同时将主特征和次特征强烈的区分开[75]。PCA 的基本原理为如图 14-4 所示，在原坐标系下能够使用 $y = kx + b$ 来表示一条直线，现在将其写成坐标的形式即（$x, kx + b$），此时 u_1 的方向上包含了大部分的数据信息，故能够利用 u_1 方向的长轴代替原先的长轴和短轴描述数据，这样就能将二维降低为一维，图中辅助图形椭圆的长短轴差距越大，就越能够利用长轴表示大部分的信息。

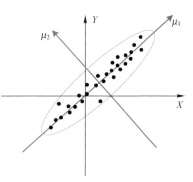

图 14-4　主成分分析法提取主轴

PCA 的过程其实就是求协方差的特征向量和特征值，然后再做数据转换。设 $x^{(i)}$ 为一个 $m \times n$ 的随机向量，$x_j^{(i)}$ 为第 i 个向量的第 j 个特征，μ 是 $x^{(i)}$ 的均值，σ_j 为 $x_j^{(i)}$ 的第 j 个特征的标准差。根据最大方差理论解释其过程如下：

设投影后的每一个样本点的每一维的特征均值全为 0，故方差为：

$$\frac{1}{m} \sum_{i=1}^{m} (x^{(i)\mathrm{T}} u)^2 = \frac{1}{m} \sum_{i=1}^{m} u^{\mathrm{T}} x^{(i)} x^{(i)\mathrm{T}} u = u^{\mathrm{T}} \left[\frac{1}{m} \sum_{i=1}^{m} x^{(i)} x^{(i)\mathrm{T}} \right] u \qquad (14-19)$$

用 λ 表示 $\dfrac{1}{m} \sum\limits_{i=1}^{m} (x^{(i)\mathrm{T}} u)^2$，用 Σ 表示 $\dfrac{1}{m} \sum\limits_{i=1}^{m} x^{(i)} x^{(i)\mathrm{T}}$ 即协方差，将式（14-19）写为：

$$\lambda = u^{\mathrm{T}} \Sigma u \qquad (14-20)$$

由于 u 为单位向量，上式可简化为 $u\lambda = uu^{\mathrm{T}} \Sigma u = \Sigma u$，因此：

$$\Sigma u = \lambda u \qquad (14-21)$$

λ 即为协方差 $\boldsymbol{\Sigma}$ 的特征值，u 就是特征向量，主方向即为特征值 λ 对应的最大特征向量，第二大方向即为 λ 对应的第二大特征向量。如图 14-4 所示，最大特征值 u_1 即对应主轴方向。

基于上述原理，本节基于主成分分析的目标检测可概括为以下三个步骤：

（1）提取目标图像的质心

设 A 是得到的二值图像的区域面积，设点 (x_i, y_i)，$i = 1, 2, \cdots, n$ 为 A 的 n 个边界点的坐标，则 A 的质心 $(\bar{x}, \bar{y})$ 可以定义为：

$$\bar{x} = \frac{1}{n} \sum_{i=1}^{n} x_i, \ \bar{y} = \frac{1}{n} \sum_{i=1}^{n} y_i \tag{14-22}$$

（2）利用主成分分析提取主轴

① 由式（14-23）和式（14-24）分别求目标的均值和其协方差矩阵 $\boldsymbol{\Sigma x}$

$$\begin{bmatrix} \bar{x} \\ \bar{y} \end{bmatrix} = E \begin{bmatrix} x \\ y \end{bmatrix} \tag{14-23}$$

$$\boldsymbol{\Sigma x} = E \left\{ \begin{bmatrix} x - \bar{x} \\ y - \bar{y} \end{bmatrix} \begin{bmatrix} x - \bar{x} & y - \bar{y} \end{bmatrix} \right\} \tag{14-24}$$

② 由式（14-25）获得协方差矩阵 $\boldsymbol{\Sigma x}$ 的特征值 λ_1 及 λ_2（本征多项式为零）：

$$\left| \begin{bmatrix} E\{(x-\bar{x})^2\} - \lambda & E\{(x-\bar{x})(y-\bar{y})\} \\ E\{(x-\bar{x})(y-)\} & E\{(y-\bar{y})\} - \lambda \end{bmatrix} \right| = 0 \tag{14-25}$$

③ 将特征值 λ_1 和 λ_2 代入 $\boldsymbol{\Sigma x} \bar{\mu}_i = \lambda \bar{\mu}_i$ 中，并求出与特征值所对应的两个相互垂直的特征向量 $\bar{\mu}_1$ 及 $\bar{\mu}_2$，则 $\bar{\mu}_1$ 和 $\bar{\mu}_2$ 的方向即为不规则珠宝图像的主轴方向和与主轴垂直的短轴方向。如图 14-5 所示，图 14-5a 为利用主成分分析提取到的珠宝图像中目标的主轴和短轴。

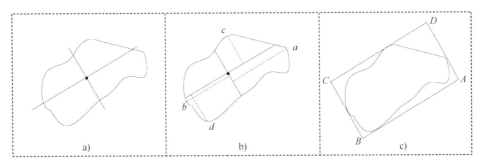

图 14-5　珠宝图像的最小外接矩形获取流程

（3）计算不规则珠宝图像的最小外接矩形

在找到珠宝图像的主轴方向后并无法直接得到目标的外接矩形，为此需将边缘检测后的珠宝图像按已找到的主轴方向和短轴方向，计算最高最远和最低最远的边缘点，最后得出外接矩形的四个顶点完成对不规则珠宝轮廓的描述。

① 确定边界最远点

令 (x_i^p, y_i^p)，$i=1,2,\cdots,n$，是目标的 n 个边界点，将主轴表达为：

$$(y-\overline{y})-\tan\theta(x-\overline{x})=0 \qquad (14-26)$$

式中，θ 为找到的主轴与水平线的夹角。

定义 $f(x,y)=(y-\overline{y})-\tan\theta(x-\overline{x})$。若 $f(x_i^p,y_i^p)>0$，点 (x_i^p,y_i^p) 分类为较高位置的边缘点；如果 $f(x_i^p,y_i^p)<0$，点 (x_i^p,y_i^p) 分类为较低位置的边缘点。从分类后的边缘点中找出目标图像上距离主轴最高最远和最低最远的两个交点，如图 14-5b 所示，点 a 为距离主轴最高最远的点，点 b 为距离主轴最低最远的点。

类似地，将短轴表达为：

$$(y-\overline{y})+\cot\theta(x-\overline{x})=0 \qquad (14-27)$$

定义 $f'(x,y)=(y-\overline{y})-\cot\theta(x-\overline{x})$。若 $f'(x_i^p,y_i^p)>0$，点 (x_i^p,y_i^p) 分类为较高位置的边缘点；如果 $f'(x_i^p,y_i^p)<0$，点 (x_i^p,y_i^p) 分类为较低位置的边缘点。从分类后的边缘点中找出目标图像上距短轴最高最远和最低最远的两个交点，如图 14-5b 所示，点 c 为距离短轴最高最远的点，点 d 为距离短轴最低最远的点。

② 获取最小外接矩形

在获得边界的最远点后，就能够得到最小外接矩形的四个顶点。令点 (x_1^p,y_1^p) 和点 (x_2^p,y_2^p) 为珠宝图像中距离主轴最高最远和最低最远的两个交点；点 (x_3^p,y_3^p) 和点 (x_4^p,y_4^p) 为珠宝图像中距离短轴最高最远和最低最远的两个交点，则如图 14-5c 中点 A,B,C,D 所示，珠宝最小外接矩形的 4 个顶点可表示为：

$$A_x=\frac{x_1^p\tan\theta+x_3^p\cot\theta+y_3^p-y_1^p}{\tan\theta+\cot\theta},A_y=\frac{y_1^p\cot\theta+y_3^p\tan\theta+x_3^p-x_1^p}{\tan\theta+\cot\theta}$$

$$B_x=\frac{x_1^p\tan\theta+x_4^p\cot\theta+y_4^p-y_1^p}{\tan\theta+\cot\theta},B_y=\frac{y_1^p\cot\theta+y_4^p\tan\theta+x_4^p-x_1^p}{\tan\theta+\cot\theta}$$

$$C_x=\frac{x_2^p\tan\theta+x_3^p\cot\theta+y_3^p-y_2^p}{\tan\theta+\cot\theta},C_y=\frac{y_2^p\cot+y_3^p\tan\theta+x_3^p-x_2^p}{\tan\theta+\cot\theta} \qquad (14-28)$$

$$D_x=\frac{x_2^p\tan\theta x_4^p\cot\theta+y_4^p-y_2^p}{\tan\theta+\cot\theta},D_y=\frac{y_2^p\cot\theta+y_4^p\tan\theta+x_4^p-x_2^p}{\tan\theta+\cot\theta}$$

获取珠宝图像中目标的最小外接矩形后，可通过后续的姿态优化与尺寸优化，获取更精确的目标最小外接矩形。姿态优化和尺寸优化的方法可参阅 13.4、13.5 节内容。

14.3.4 基于单应矩阵的珠宝测量

由于单幅图像不足以提供足够的空间信息，故采用单应矩阵来找到空间场景与图像的映射关系[76]。利用标定原理构造出参考平面与图像平面间的一一对应关系即可求解出单应矩阵 $\boldsymbol{H}$，再利用单应矩阵和图像平面的坐标，就能够反推出对应空间中点的坐标。

对于空间参考平面 P 对应的图像 M，利用参考平面 P 与像面 M 之间的 16 组对应点，就能够计算出它们之间的单应矩阵 $\boldsymbol{H}$。令 $(x_i, y_i) \in P$，$(w_i, j_i) \in M$ 为一组对应点，其中 $i = 1, 2, \cdots, 16$。根据空间参考平面 P 与图像平面 M 之间的单应关系，每一组对应点都能够得到两个线性方程：

$$\begin{cases} (0, 0, 0, -x_i, -y_i, -1, x_i j_i, y_i j_i, j_i) h = 0 \\ (x_i, y_i, 1, 0, 0, 0, -x_i w_i, -y_i w_i, -w_i) h = 0 \end{cases} \tag{14-29}$$

式中，h 是矩阵 $\boldsymbol{H}$ 的向量形式，

$$\boldsymbol{h} = (h_0, h_1, h_2, h_3, h_4, h_5, h_6, h_7, h_8)^{\mathrm{T}} \tag{14-30}$$

得到 2×16 个关于参数 $h_0, h_1, h_2, h_3, h_4, h_5, h_6, h_7, h_8$ 的方程，写成矩阵的形式为：

$$\boldsymbol{C} \cdot \boldsymbol{h} = 0 \tag{14-31}$$

式中，

$$\boldsymbol{C} = \begin{bmatrix} 0 & 0 & 0 & -x_1 & -y_1 & -1 & x_1 j_1 & y_1 j_1 & j_1 \\ x_1 & y_1 & 1 & 0 & 0 & 0 & -x_1 w_1 & -y_1 w_1 & -w_1 \\ \cdots & \cdots & \cdots & \cdots & \cdots & \cdots & \cdots & \cdots & \cdots \\ 0 & 0 & 0 & -x_{16} & -y_{16} & -1 & x_{16} j_{16} & y_{16} j_{16} & j_{16} \\ x_{16} & y_{16} & 1 & 0 & 0 & 0 & -x_{16} w_{16} & -y_{16} w_{16} & -j_{16} \end{bmatrix}$$

以图 14-6 为例，图 14-6a 为空间参考平面，图 14-6b 对应的图像平面，"+" 标识的为根据 14.3.2 节所述方法提取的 16 个特征点，该 16 个特征点与图 14-6a 中相同标号的 16 个点一一对应，具体坐标值见表 14-1。依据参考平面与图像中的 16 组对应点，可构造式（14-31）中的矩阵 $\boldsymbol{C}$；对矩阵 $\boldsymbol{C}$ 进行奇异值分解法，得到最小特征值对应的特征向量，归一化后得出的单应矩阵 $\boldsymbol{H}$ 如下：

$$\boldsymbol{H} = \begin{bmatrix} 1.3310 & 0.0139 & 39.4668 \\ 0.0014 & 1.3071 & 13.5763 \\ 0.0001 & 0.0000 & 1.0000 \end{bmatrix}$$

根据式（14-32），即可计算出图像平面中任意一点所对应的空间坐标。

$$p = \boldsymbol{H}^{-1} \cdot m \tag{14-32}$$

如图 14-6b 所示，图像平面中的 A 点坐标为 $(x_{m1}, y_{m1}, 1)^{\mathrm{T}}$，B 点坐标为 $(x_{m2},$

$y_{m2},1)^{\mathrm{T}}$，则 A、B 两点在参考平面中的坐标可计算为 $p_1 = H^{-1} \cdot (x_{m1},y_{m1})^{\mathrm{T}}$，$p_2 = H^{-1} \cdot (x_{m2},y_{m2},1)^{\mathrm{T}}$，计算 p_1、p_2 间的距离值即可得到图中珠宝目标的真实长度值。

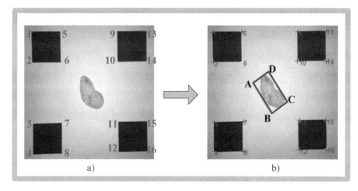

图 14-6　测量值与实际值的转换示意图

a）空间平面　b）图像平面

表 14-1　特征点坐标

序　号	空间坐标	像面坐标	序　号	空间坐标	像面坐标
1	(0,0)	(40,13)	9	(120,0)	(196,16)
2	(0,40)	(40,65)	10	(120,40)	(195,66)
3	(0,120)	(41,171)	11	(120,120)	(197,166)
4	(0,160)	(41,222)	12	(120,160)	(196,218)
5	(40,0)	(91,13)	13	(160,0)	(246,12)
6	(40,40)	(94,66)	14	(160,40)	(248,63)
7	(40,120)	(94,169)	15	(160,120)	(249,169)
8	(40,160)	(94,220)	16	(160,160)	(248,216)

14.4　实验

14.4.1　目标定位实验

实验图像

由于珠宝的轮廓形状复杂，并不具有规律的几何特征，无法直接获取其理想的轮廓检测凸壳，因此需利用多人描绘不规则目标的最小外接矩形求得平均值的方式作为最佳值，以此比较不同方法的误差。在实验四五百个珠宝后随机抽取了如图 14-7 所示的 12 个珠宝，对于每个珠宝其第 1 行为使用本章算法得到的结果，第 2 行为使用投影法得出的结果，第 3 行为利用最小二乘法（LSF）得出的结果。

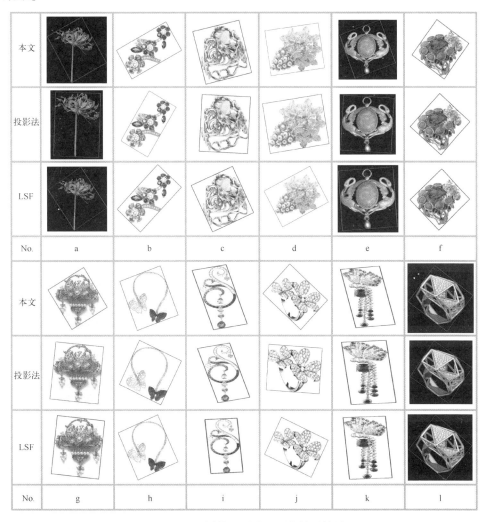

图 14-7　不同算法下珠宝图像检测结果

本章继续采用第 13 章定义的相对误差（式（13-17））、矩形度差（式（13-18））和偏心率差（式（13-19））定量地比较各个算法的优劣。图 14-8 是不同算法对珠宝图像中目标检测的最小外接矩形的相对误差曲线，其中横坐标是目标图像的编号，纵坐标表示相对误差百分比，本章算法获取的相对误差要明显低于其他两种算法，说明其精度更高。图 14-9 评估了不同算法计算主轴的时间用时，横

坐标是每个待检测目标的图像编号，纵坐标表示算法提取主轴的时间，本章算法
与 LSF 算法更为高效。

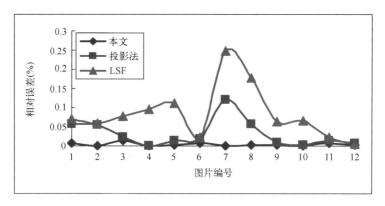

图 14-8　不同算法下的珠宝图像相对误差曲线

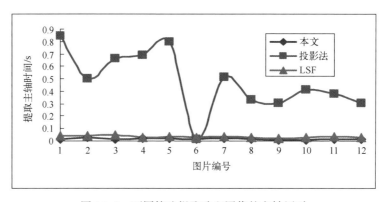

图 14-9　不同算法提取珠宝图像的主轴用时

　　如表 14-2 给出了本章算法、投影法及 LSF 算法检测不规则珠宝得到的误差
值。本章算法使用主成分分析提取主轴方向，因此与珠宝图像的轮廓形状有关，
对于较细长、对称性较强的物体可以获得更好的结果；从表中各种算法的误差平
均值对比可知，相对误差、偏心率差都体现出本章算法准确性更高，且主轴提取
也更高效。

表 14-2　不同算法的误差结果

编　号	相　对　误　差			矩　形　度　差			偏　心　率　差			主　轴　用　时		
	本文	投影法	LSF	本文	投影法	LSF	本文	投影法	LSF	本文	投影法	LSF
a	0.007	0.056	0.071	0.000	0.003	0.004	0.017	0.062	0.233	0.016	0.843	0.039
b	0.001	0.055	0.058	0.001	0.069	0.073	0.003	0.060	0.062	0.024	0.500	0.039

（续）

编 号	相 对 误 差			矩 形 度 差			偏 心 率 差			主 轴 用 时		
	本文	投影法	LSF	本文	投影法	LSF	本文	投影法	LSF	本文	投影法	LSF
c	0.013	0.023	0.078	0.038	0.068	0.217	0.007	0.090	0.006	0.013	0.664	0.045
d	0.000	0.000	0.096	0.001	0.000	0.103	0.002	0.393	0.064	0.017	0.692	0.025
e	0.003	0.014	0.110	0.001	0.005	0.035	0.000	0.018	0.042	0.017	0.800	0.031
f	0.007	0.018	0.023	0.029	0.072	0.091	0.027	0.031	0.043	0.015	0.013	0.028
g	0.001	0.121	0.248	0.002	0.191	0.351	0.012	0.042	0.048	0.019	0.512	0.033
h	0.002	0.056	0.178	0.003	0.073	0.207	0.002	0.170	0.015	0.011	0.328	0.021
i	0.001	0.008	0.064	0.006	0.037	0.279	0.003	0.022	0.049	0.009	0.303	0.023
j	0.000	0.002	0.066	0.000	0.003	0.118	0.443	0.445	0.434	0.010	0.414	0.025
k	0.006	0.014	0.022	0.015	0.034	0.056	0.018	0.050	0.084	0.014	0.380	0.033
l	0.003	0.006	0.006	0.001	0.003	0.002	0.005	0.192	0.008	0.012	0.302	0.025
平均值	0.004	0.031	0.085	0.008	0.047	0.128	0.045	0.131	0.091	0.015	0.479	0.030

14.4.2　珠宝尺寸测量实验

1. 实验图像

实验中采用的图像是将珠宝放置于构造好的模板之上并在不同方位拍摄所得到。由于本章为珠宝测量技术的实现，因此在实验一两百枚不规则珠宝后随机抽取了如图 14-10 所示的 20 枚珠宝。为统一不规则目标的尺寸值，将其最小外接矩形的长宽值记为真实值。

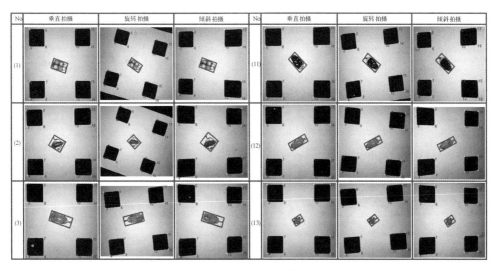

图 14-10　珠宝测量结果

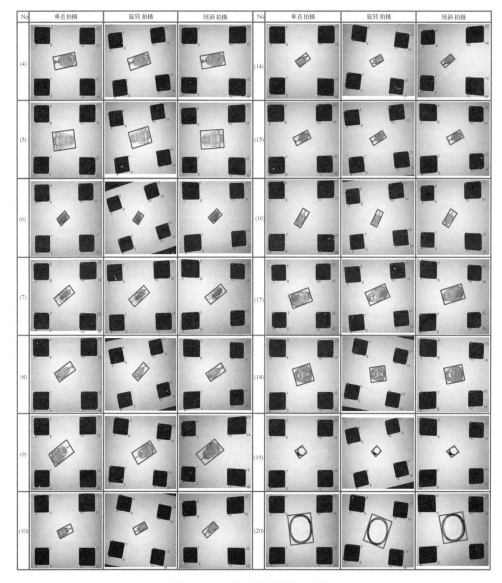

图 14-10　珠宝测量结果（续）

　　从测量结果可看出所拍图像存在几何扭曲变形，简单的平移校正并不能满足测量的正确准确性要求，采用基于单应矩阵的方法，对图像的形变、拉伸和旋转形变都有较好的校正。

　　对于"测量准确性"，Rowley 等在文献［78］中采取的标准是：与手工标定位置的方式相比，计算得到的尺寸误差不高于 20%。因此，本章对珠宝图像进行垂直、旋转及倾斜三种方位的拍摄来测试所提出算法的准确性。

2. 实验配置

由于不规则珠宝的长宽值很难得到唯一的测量值，因此采取多人使用游标卡尺测多组数据再求平均值的方式，将珠宝的尺寸信息进行统一并以此记为实际值，然后与本章算法得到的测量值进行对比。

由于拍摄得到的图像会产生微小形变及在提取特征点和检测像面目标长宽值时会产生一定的误差，故定义下列误差用来检验算法的准确性：

- 绝对误差：

$$\delta = M - T \qquad (14-32)$$

式中，T 为珠宝实际值；M 为测量的结果值。绝对误差能够直观地看出测量差距。

- 拉伸度：

$$\gamma = \left| \frac{M_l}{M_w} - \frac{T_l}{T_w} \right| \qquad (14-33)$$

式中，T_l 为珠宝实际长的值；T_w 为珠宝实际宽的值；M_l 为算法测量出的长的值；M_w 为算法测量出的宽的值。拉伸度为测量长宽比值与实际长宽比值的差，从长宽比值看出图像产生形变后算法得到的误差。

- 相对误差：

$$\eta = \frac{M - T}{T} \qquad (14-34)$$

相对误差体现测量值的误差。

- 长宽比的相对误差：

$$\lambda = \left| \frac{T_w M_l}{T_l M_w} - 1 \right| \qquad (14-35)$$

长宽比相对误差为拉伸度与实际长宽比的比值，得到的百分比能够看出算法的准确性。

- 标准差：

$$\sigma = \sqrt{\frac{1}{N} \sum_{i=1}^{N} (x_i - \mu)^2} \qquad (14-36)$$

式中，x_i 为绝对误差、拉伸度、相对误差或长宽比相对误差每组的所得值；μ 为绝对误差、拉伸度、相对误差或长宽比相对误差的平均值。标准差为测量数据与平均值之差的平方的算术平均数的平方根，反映得到的测量数据的离散程度，更能体现算法的稳定性。

3. 实验结果及分析

表 14-3 给出了针对这 20 个不规则珠宝长宽实际的测量值及在垂直、旋转、

倾斜拍摄情况下所得到的长宽测量值。

设 δ_V 为垂直拍摄时的绝对误差，δ_R 为旋转拍摄时的绝对误差，δ_D 为倾斜拍摄时的绝对误差；γ_V 为垂直拍摄时的拉伸度，γ_R 为旋转拍摄时的拉伸度，γ_D 为倾斜拍摄时的拉伸度；λ_V 为垂直拍摄时的长宽比相对误差，λ_R 为旋转拍摄时的长宽比相对误差，λ_D 为倾斜拍摄时的长宽比相对误差；η_V 为垂直拍摄时的相对误差，η_R 为旋转拍摄时的相对误差，η_D 为倾斜拍摄时的相对误差。从表 14-3 看出，垂直拍摄和旋转拍摄时图像形变微小产生的误差小，倾斜拍摄时比前两者误差要大但都能够较精确地得到测量值。

表 14-3　不同方式拍摄下的测量结果

编　号	实际测量值		垂 直 拍 摄		旋 转 拍 摄		倾 斜 拍 摄	
	长	宽	长	宽	长	宽	长	宽
（1）	38.953	23.180	39.289	23.346	39.086	23.484	39.854	24.625
（2）	33.200	29.390	32.729	29.392	33.723	29.416	34.281	30.123
（3）	54.370	22.310	54.817	22.784	54.873	22.619	54.399	22.333
（4）	58.865	30.260	59.104	30.562	59.016	30.671	60.429	31.770
（5）	57.860	42.510	58.063	42.838	57.919	42.545	60.077	44.682
（6）	30.700	19.930	30.767	19.997	31.144	20.371	30.886	20.372
（7）	51.400	22.940	51.873	22.948	51.930	23.782	51.844	23.250
（8）	47.760	23.400	48.049	23.614	47.790	23.514	48.741	23.402
（9）	58.160	34.040	59.329	34.199	58.485	34.500	60.355	36.770
（10）	38.670	19.100	38.924	19.161	38.852	19.245	41.374	20.466
（11）	41.400	23.560	41.790	23.948	42.670	24.223	46.824	24.440
（12）	45.790	17.810	46.849	18.613	46.896	18.474	46.160	18.006
（13）	24.500	18.000	24.511	18.305	24.889	18.323	24.533	18.333
（14）	33.340	17.170	33.478	17.481	33.480	17.458	33.350	17.603
（15）	39.105	20.270	39.223	20.309	39.166	20.542	39.746	20.768
（16）	41.310	17.860	42.484	18.182	42.780	18.516	45.270	20.299
（17）	57.220	34.540	58.144	35.177	57.864	35.190	57.800	34.573
（18）	44.300	39.110	44.815	39.438	44.554	39.157	45.109	38.384
（19）	23.610	19.800	23.697	20.191	23.618	19.900	23.701	19.882
（20）	68.440	57.450	68.443	58.246	68.844	58.553	68.924	57.663

表 14-4 给出了在三种不同方位下拍摄所得到的长、宽及长宽比测量值的绝对误差并利用式 （14-36） 得到了绝对误差的标准差。从表 14-4 可以看出，采

取垂直拍摄和旋转拍摄时的绝对误差，不论是长还是宽或是长宽比 δ_V 与 δ_R 基本不超过 0.5 mm，而 δ_D 之所以会较大是由于倾斜拍摄图片时，模板上的正方形会按一定比例被拉伸为平行四边形导致角点坐标的不准确，但从长宽比之差 γ_D 可得，误差依然较小为 0.032 mm，从绝对误差的标准差可得，垂直、旋转及倾斜拍摄所得的珠宝尺寸数据都较稳定。

表 14-4 不同方式拍摄下的绝对误差

拍 摄 方 式	垂 直 拍 摄			旋 转 拍 摄			倾 斜 拍 摄		
绝对误差	长	宽	长宽比	长	宽	长宽比	长	宽	长宽比
（1）	0.336	0.166	0.002	0.133	0.304	0.016	0.901	1.445	0.062
（2）	0.529	0.002	0.018	0.522	0.026	0.017	1.081	0.733	0.008
（3）	0.447	0.474	0.031	0.503	0.309	0.011	0.029	0.023	0.001
（4）	0.239	0.302	0.011	0.151	0.410	0.021	1.564	1.510	0.043
（5）	0.203	0.328	0.006	0.059	0.035	0.000	2.217	2.172	0.017
（6）	0.067	0.067	0.002	0.444	0.441	0.012	0.186	0.442	0.024
（7）	0.473	0.008	0.020	0.530	0.842	0.057	0.444	0.310	0.011
（8）	0.289	0.214	0.006	0.030	0.114	0.009	0.981	0.002	0.042
（9）	1.169	0.159	0.026	0.325	0.460	0.013	2.195	2.730	0.067
（10）	0.254	0.061	0.007	0.182	0.145	0.006	2.704	1.366	0.003
（11）	0.390	0.388	0.012	1.270	0.663	0.004	5.424	0.880	0.159
（12）	1.059	0.803	0.054	1.106	0.664	0.033	0.370	0.196	0.007
（13）	0.011	0.305	0.022	0.389	0.323	0.003	0.033	0.333	0.023
（14）	0.138	0.311	0.027	0.140	0.288	0.024	0.009	0.433	0.047
（15）	0.118	0.039	0.002	0.061	0.272	0.023	0.641	0.498	0.015
（16）	1.174	0.322	0.024	1.470	0.656	0.003	3.960	2.439	0.083
（17）	0.924	0.637	0.004	0.644	0.650	0.012	0.580	0.033	0.015
（18）	0.515	0.328	0.004	0.254	0.047	0.005	0.809	0.274	0.013
（19）	0.087	0.391	0.019	0.008	0.100	0.006	0.091	0.081	0.000
（20）	0.003	0.796	0.016	0.404	1.103	0.016	0.484	0.213	0.004
平均值	0.421	0.305	0.016	0.431	0.393	0.014	1.235	0.806	0.032
标准差	0.377	0.236	0.013	0.416	0.295	0.013	1.433	0.849	0.038

表 14-5 给出了在三种不同方位下拍摄所得到的长、宽及长宽比测量值的相对误差并利用式（14-36）得到了相对误差的标准差。从表 14-5 可以得出，垂直拍摄时，相对误差 η_V 约为 1%；旋转拍摄时，相对误差 η_R 约为 1.2%；倾斜拍摄时，相对误差 η_D 约为 3%，是由于拍摄产生的图像畸变，坐标的查找不够精确。从长宽比相对误差能够计算得出三种情况下产生的相对误差约为 1%，说明本章提出的算法具有足够的稳定性。

表 14-5　不同方式拍摄下的相对误差

拍摄方式	垂直拍摄			旋转拍摄			倾斜拍摄		
绝对误差	长	宽	长宽比	长	宽	长宽比	长	宽	长宽比
（1）	0.009	0.007	0.001	0.003	0.013	0.010	0.023	0.062	0.037
（2）	0.016	0.000	0.016	0.016	0.001	0.015	0.033	0.025	0.007
（3）	0.008	0.021	0.013	0.009	0.014	0.005	0.001	0.001	0.000
（4）	0.004	0.010	0.006	0.003	0.014	0.011	0.027	0.050	0.022
（5）	0.004	0.008	0.004	0.001	0.001	0.000	0.038	0.051	0.012
（6）	0.002	0.003	0.001	0.014	0.022	0.007	0.006	0.022	0.016
（7）	0.009	0.000	0.009	0.010	0.037	0.025	0.009	0.014	0.005
（8）	0.006	0.009	0.003	0.001	0.005	0.004	0.021	0.000	0.020
（9）	0.020	0.005	0.015	0.006	0.014	0.008	0.038	0.080	0.039
（10）	0.007	0.003	0.003	0.005	0.008	0.003	0.070	0.072	0.002
（11）	0.009	0.016	0.007	0.031	0.028	0.002	0.131	0.037	0.090
（12）	0.023	0.045	0.021	0.024	0.037	0.013	0.008	0.011	0.003
（13）	0.000	0.017	0.016	0.016	0.018	0.002	0.001	0.019	0.017
（14）	0.004	0.018	0.014	0.004	0.017	0.012	0.000	0.025	0.024
（15）	0.003	0.002	0.001	0.002	0.013	0.012	0.016	0.025	0.008
（16）	0.028	0.018	0.010	0.036	0.037	0.001	0.096	0.137	0.036
（17）	0.016	0.018	0.002	0.011	0.019	0.007	0.010	0.001	0.009
（18）	0.012	0.008	0.003	0.006	0.001	0.005	0.018	0.007	0.011
（19）	0.004	0.020	0.016	0.000	0.005	0.005	0.004	0.004	0.000
（20）	0.000	0.014	0.014	0.006	0.019	0.013	0.007	0.004	0.003
平均值	0.009	0.012	0.009	0.010	0.016	0.008	0.028	0.032	0.018
标准差	0.008	0.010	0.006	0.010	0.012	0.006	0.034	0.035	0.021

图 14-11 给出了利用本文算法得到的误差曲线图。其中，图 14-11a 是在求取不规则珠宝长的绝对误差曲线图。横坐标为图片的编号，纵坐标为利用式（14-36）计算的误差；图 14-11b 是在求取不规则珠宝长的相对误差曲线图。横坐标为图片的编号，纵坐标为利用式（14-36）计算的误差。图 14-11c 是在求取不规则珠宝宽的绝对误差曲线图。横坐标为图片的编号，纵坐标为利用式（14-36）计算的误差；图 14-11d 是在求取不规则珠宝宽的相对误差曲线图。横坐标为图片的编号，纵坐标为利用式（14-38）计算的误差。图 14-11e 是在求取不规则珠宝拉伸度的曲线图。横坐标为图片的编号，纵坐标为利用式（14-37）计算的误差；图 14-11f 是在求取不规则珠宝长宽比相对误差的曲线图。横坐标为图片的编号，纵坐标为利用式（14-39）计算的误差。

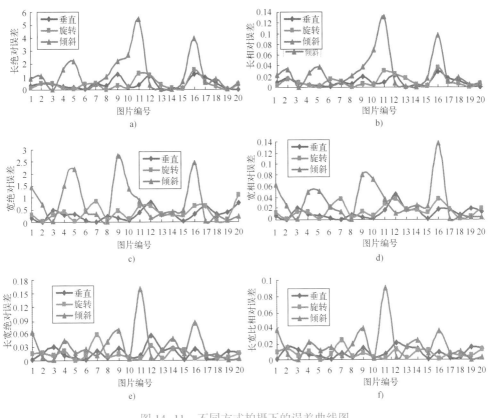

图 14-11 不同方式拍摄下的误差曲线图

a）长轴绝对误差曲线图　b）长轴相对误差曲线图

c）短轴绝对误差曲线图　d）短轴相对误差曲线图

e）长宽比绝对误差曲线图　f）长宽比相对误差曲线图

可以得到：在绝对误差中，三种情况拍摄下长的平均绝对误差为 $\delta_l = 0.7$ mm，计算而得的平均标准差为 0.74 mm；宽的平均绝对误差为 $\delta_w = 0.5$ mm，计算而得的平均标准差为 0.46 mm；平均拉伸度为 $\gamma = 0.02$ mm，计算而得的平均标准差为 0.02 mm。在相对误差中，三种情况拍摄下长的平均相对误差为 $\eta_l = 1.6\%$，计算而得的平均标准差为 1.7%；宽的平均相对误差为 $\eta_w = 1.9\%$，计算而得的平均标准差为 1.9%；长宽比相对误差为 $\lambda = 1.2\%$，计算而得的平均标准差为 1.1%。实验结果表明，本章提出的求不规则珠宝实际尺寸值的测量算法具有强鲁棒性和准确性。

14.5　本章小结

本章针对不规则珠宝提出了基于单应矩阵的测量技术。根据相机标定的相关概念，建立空间与图像间的映射关系，继而利用构造出的单应矩阵及在珠宝图像中检测出的目标位姿反推出空间中珠宝的实际尺寸值，并通过实验证明了本章提出的算法的有效性。其中，本章在计算空间与像间对应关系时，使用 16 个特征点构造单应矩阵，使得获得的映射关系更为准确；在提取靶标的角点时，考虑到伪角点的问题，本章采取了先检测出组成靶标的直线，再利用检测出的直线获取交点最终得到有序的模板角点；在检测不规则目标时，采用基于主成分分析的目标定位算法的步骤较少，减少了算法的运算时间。实验证明，本章提出的算法高效可行稳定准确，为基于图像的珠宝测量系统提供了技术支撑。

第 15 章

手镯尺寸自动测量技术

随着计算机视觉的发展，基于图像的自动测量越来越受到人们的重视和广泛应用。作为一种常见的特征，圆特征在各种工业零件、人工场景中广泛存在。手镯是人们日常生活中常见的饰品，其直径和厚度等尺寸是佩戴的两个重要参数。在实际应用中，利用游标卡尺手动测量这两个参数。然而，不同于标准化的工业产品，每个手镯都是独一无二的，手镯的尺寸需要逐一测量。这不仅费时费力，而且数据存储不便。因此，有必要提供一种自动测量手镯尺寸的方法。

翡翠手镯的样式各异，每个都是独一无二的，很难找到两个一模一样的。根据手镯的形状，翡翠手镯大致可分为圆形手镯和椭圆形手镯，本章重点讨论更常见的圆形手镯自动测量方法。根据其横截面形状，圆形翡翠手镯又可分为圆条手镯和扁条手镯。圆条手镯的截面形状为圆形，扁条手镯的内侧是平的，外侧为圆弧形，截面形状近似为半圆。如图 15-1 所示，可以看出，手镯的内外轮廓呈同心圆状结构。

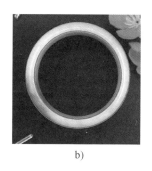

a)   b)

图 15-1　圆形手镯分类

a) 圆条手镯　b) 扁条手镯

本章[77]方法流程图如图 15-2 所示，主要包括两部分：同心圆检测和手镯尺寸测量。其中同心圆检测分为三步，第一步提取手镯边缘；第二步根据距离分布定义特征能量函数，获得输入图像的特征能量函数图（Feature Energy Distribution Map，FEDM）；第三步定位手镯的中心并获取内、外径值。手镯尺寸测量基于给定的黑色模板，该模板上有四个定位白点，用于提供实际的距离信息。

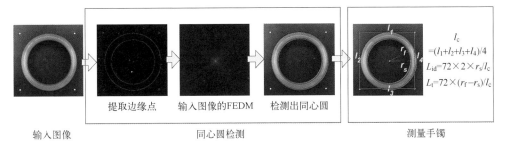

图 15-2　本章方法流程图

15.1　手镯边缘提取

首先利用边缘图来确定手镯的内外边缘。对于翡翠手镯，其纹理及颜色富于变化，这赋予了翡翠手镯的独一无二性，但是手镯内部的纹理也为其内外边缘检测添加了干扰；同时，进行手镯图像采集时，光源在手镯表面形成的强反光也会产生很强的伪边缘，导致误检测；对于扁条手镯，如图 15-1b 所示，在拍摄时其内壁也会产生较强的边缘，严重影响了手镯内径的检测。图 15-1 中红色圆表示手镯的内、外同心圆，扁条手镯的内壁与背景产生明显的边缘，而实际的内边缘则较弱。因此，不能直接利用单一的边缘检测方法来准确地提取手镯的内外边缘。本章基于形态学的方法对手镯图像进行预处理，以剔除错误的边缘，获取准确的手镯边缘图，具体步骤如下：

（1）提取手镯区域　提取相机所采集得彩色图像的绿色分量图，利用 Otsu 算法确定分割阈值，将绿色分量图转换为二值图像，获取图像中的手镯区域。由于大部分手镯均呈现不同程度的绿色，且对于不同的手镯图片（如图 15-3 所示）其原始图像的绿色分量图与其灰度图的区别不大。所以对于采集获得的原始彩色图像，本章方法提取其绿色分量图作为后续处理的输入图像。同时，使用 Otsu 算法可自适应的获取图像的分割阈值，避免了实验参数的人为设定。提取出的手镯区域如图 15-4a 所示。

（2）获取手镯粗糙边缘　对于分割获取的手镯区域，利用 MATLAB 图像处理工具箱中的 bwperim 函数获取其边缘图，并使用圆盘形的结构元素对其边缘图进行膨胀，结果如图 15-4b 所示。从图中可以看出，该步骤排除了手镯内部纹理以及反光造成的伪边缘。但是由于二值化是对图像较粗糙的分割，因此分割后区域的边缘并不准确对应于原始图像中的边缘。

（3）获取手镯精细边缘　使用 Canny 算子提取绿色分量图的边缘图，如图 15-4c 所示。从图中可以看出，Canny 算子可以检测出图像中准确的边缘，但

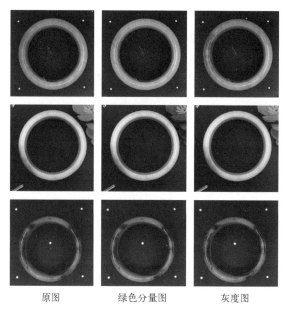

原图　　　　　　　绿色分量图　　　　　　　灰度图

图 15-3　不同手镯图像绿色分量图与灰度图像的比较

是手镯内部纹理、强反光及内壁所产生的干扰边缘也被检测出来。

（4）准确定位手镯边缘　对步骤（2）和（3）的结果进行"与"操作，准确定位手镯的内外边缘。此处的"与"操作是保留步骤（2）和（3）结果中所共有的边缘点。对图 15-4b 和 15-4c 的结果进行"与"操作，其运算结果在原始图像上的叠加效果如图 15-3d 所示，准确定位的手镯边缘点用红色标识出。

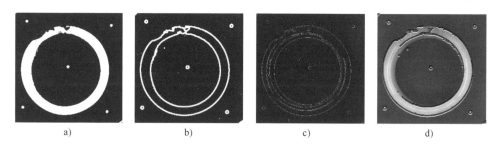

a)　　　　　　　　b)　　　　　　　　c)　　　　　　　　d)

图 15-4　提取手镯的边缘点

a）提取的手镯区域　b）手镯粗糙边缘图　d）手镯精细边缘图　d）检测的边缘结果

由结果可以看出，本章提出的边缘检测方法能够有效地检测出手镯的内、外边缘并消除部分手镯纹理、反光及内壁的影响，为随后的同心圆检测提供可靠的边缘。同时，也为后续的同心圆检测减少了计算量及存储空间，提高了计算效率及准确性。

15.2 手镯内外径检测

所获得的手镯边缘点为后续同心圆检测提供了有用的边缘信息。本节首先介绍像素点特征能量函数的定义，它与该像素点到手镯边缘点的距离有关，然后根据图像中所有像素的特征能量值实现同心圆圆心的定位及同心圆半径的获取。

15.2.1 特征能量函数

对于图像上的任一像素表示为 $X(x,y)$，I_e 为提取边缘点后获得的边缘图。计算点 X 到 I_e 中各边缘点的距离，其中 (x_i,y_i) 表示第 i 个边缘点的位置。则两点之间的距离为

$$d=\sqrt{(x-x_i)^2+(y-y_i)^2} \tag{15-1}$$

统计不同距离值出现的次数，获得像素点 X 处的距离分布

$$\boldsymbol{H}(X)=[h_1,h_2,\cdots h_d,\cdots,h_{dm}] \tag{15-2}$$

式中，$h_d(1\leqslant d\leqslant dm)$ 表示到点 X 距离为 d 的边缘点的个数，dm 表示到点 X 的最大距离值。

图 15-5a 所示为手镯图像及指定像素点 A 和 B，其中点 A 为同心圆的圆心。图 15-5b 为像素点 A 的距离分布图，图 15-5c 为像素点 B 的距离分布图。由图 15-5b 可以看出，A 点的距离分布曲线在 202 和 274 处出现明显的冲击峰，这两个位置对应于同心圆的内外半径，在其他距离值出现的次数较少。对于而非圆心点，其距离分布曲线在各个距离处出现的次数相对均匀，例如图 15-5c 所示。

记像素点 X 距离分布图上最大和次大波峰的峰值分别为 E_f 和 E_s，峰值对应的 2 个距离值分别定义为该像素点的**第一、第二特征半径**，分别记为 r_f 和 r_s，为了准确定位 E_f 和 E_s，本节给出一个自动峰值检测算法，步骤如下：

（1）使用带宽大小为 $2\Delta+1$ 的一维线性滤波器对 $\boldsymbol{H}(X)$ 进行滤波，得到平滑后的距离分布曲线 $\boldsymbol{H}'(X)$。滤波函数表示为 $w(n)=\begin{cases}1, & -\Delta\leqslant n\leqslant\Delta \\ 0, & 其他\end{cases}$。这里，平滑是为了减少距离分布曲线上的扰动，突出波峰。图 15-6 虚线显示了平滑后的距离分布曲线，较小的扰动被抑制。

（2）获得滤波后距离分布曲线 $\boldsymbol{H}'(X)$ 的最大峰值 E_f' 和次大峰值 E_s'，公式如下：

$$\begin{aligned}E_f'&=\max(\boldsymbol{H}'(X)) & d\in[1,dm] \\ E_s'&=\max(\boldsymbol{H}'(X)) & d\in[1,r_f'-\Delta']\end{aligned} \tag{15-3}$$

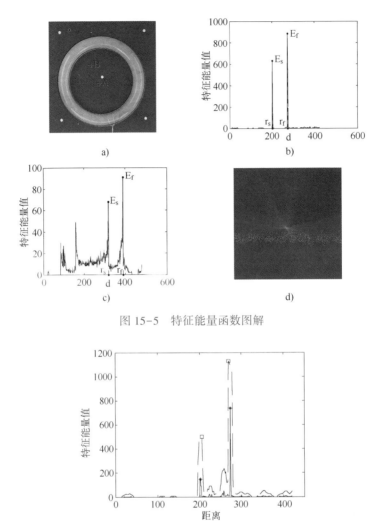

图 15-5　特征能量函数图解

图 15-6　定位像素点距离分布图的最大和次大峰值点

式中 E'_f 对应的距离值为 r'_f。为了准确检测出同心圆，要确保 E_f 和 E_s 分别位于两个明显的波峰处，Δ' 值的选取是为了避免 E'_f 附近的值对次大波峰 E'_s 的定位产生干扰。由于真实手镯的厚度通常大于 45 个像素，所以 Δ' 可设置为 35，从而缩小了计算范围。

（3）对于 $H(X)$，按照公式（15-4）准确定位出最大和次大波峰峰值 E_f 和 E_s：

$$E_f = \max(\boldsymbol{H}(X)) \quad d \in \left[r'_f - \Delta, r'_f + \Delta \right]$$
$$E_s = \max(\boldsymbol{H}(X)) \quad d \in \left[r'_s - \Delta, r'_s + \Delta \right] \tag{15-4}$$

式中 E'_r 对应距离值为 r'，$\Delta = 5$。对应于 E_f 和 E_s 的距离值分别为 r_f 和 r_s。E_f 和 E_s 值如图 15-6 中星号所示。

对于任一像素点 X，其特征能量定义为：

$$E_X = E_f + E_s \qquad (15-5)$$

图 15-5b、c 中，分别对最大峰值 E_f 和次大峰值 E_s 及其对应的特征半径 r_f 和 r_s 进行了标记。像素点 A 处的特征能量为 1341，像素点 B 处的特征能量为 426。

15.2.2　同心圆检测

一旦获得每个像素的特征能量，即可获得整幅图像的特征能量分布图（feature energy distribution map，FEDM）。对于呈现同心圆结构的手镯边缘轮廓，同心圆圆心处的特征能量值最大。因此，可检测图像 FEDM 图上的最大值获得同心圆的中心，同时根据中心点的距离分布曲线可获得同心圆的内外径值。

基于特征能量检测同心圆的具体步骤为：

（1）计算像素点的距离分布　对图像中的任一像素点 $X(x,y)$，根据式（15-2）统计该点处的距离分布 $H(X)$。

（2）定位最大和次大波峰值　对于任意一个像素点 $X(x,y)$，根据式（15-4）在 $H(X)$ 上定位 E_f 和 E_s。

（3）计算图像特征能量分布图　根据式（15-5）计算图像中任一像素的特征能量，获得图像的特征能量分布图。

（4）确定同心圆圆心和半径　对于图像的特征能量分布图，最大值所在的位置即为同心圆的圆心；圆心处像素点的第一、第二特征半径分别对应外、内同心圆的半径。

图 15-5d 所示为输入图像的特征能量分布图，为了便于显示，特征能量值被归一化到 0~255 范围内，图中最亮的位置对应于像素点 A 所在的位置。以像素点 A 为圆心、A 点距离分布曲线的第一和第二特征半径分别为外半径和内半径，获得的同心圆如图 15-5a 红色圆所示。

15.3　手镯尺寸大小测量

当检测出同心圆后，获得了图像中手镯的内外径值，但该值仅与像素点个数有关（假设每个像素的大小为 1×1），非实际的尺寸值，需进一步将检测值转化为实际的尺寸值。为了获得实际尺寸大小，特制了一个校准模板。该模板颜色为黑色，在其上、下、左、右四个角处各有一个直径为 2 mm 的圆点，以四个圆点的中心为顶点可构成边长为 72 mm 的正方形。为了获得真正的尺寸值和像素个数之间的对应关系，我们用第 8 章给出的方法在输入图像上找到模板上四个圆点的中心，并计算出正方形的边长（该边长与像素点个数有关）。此外，考虑到校准模板的倾斜，用四边的平均长度 l_C 作为正方形的边长，如图 15-1 中标记所示。

为了实现自动测量手镯尺寸大小的目的，将手镯放置在模板上进行拍照，用此图像进行实验。首先检测出同心圆，获取手镯的内外圆，得到手镯的圈口（内圆的直径）和厚度（外径与内径的差值），单位均为像素点个数，圈口的实际距离 L_{id} 用式（15-6）获得：

$$L_{id} = 72 \times 2 \times r_s / l_C \tag{15-6}$$

厚度 L_t 用式（15-7）计算：

$$L_t = 72 \times (r_f - r_s) / l_C \tag{15-7}$$

15.4　实验结果

本节将分三部分对所提方法进行验证：首先测试检测方法在不同噪声水平下的鲁棒性，然后在不同背景下真实图片上进行手镯自动检测和测量；最后对测量结果和精度进行评估。经典的 Hough 变换方法和近期提出的 EDCircles 方法和 PLDD 方法被用来和本章方法进行比较。实验所用图片均用自制装置获得。

15.4.1　鲁棒性测试

在一幅比较理想的手镯图像上分别添加高斯噪声（均值为 0，方差分别为 0.025、0.05 和 0.1）和椒盐噪声（噪声强度分别为 0.05、0.1、0.15），分别用 Hough 变换方法、EDCircles 方法、PLDD 算法和本章方法对手镯同心圆进行检测。结果如图 15-7 和图 15-8 所示。由图 15-7c 和图 15-8c 可以看出，Hough 变换方法在没有噪声的情况下可准确检测出内外圆，但是在噪声干扰下，均检测失败。如图 15-4d 和 15-5d 所示，EDCircles 方法能够检测到全部边缘，其中包括模板上的小圆形和光反射造成的伪边缘；随着噪声水平的提高，光反射造成的干扰随之减少，可准确检测出手镯的内外圆及模板上的小圆形；但当噪声水平较高时，如图中高斯噪声方差为 0.1 和椒盐噪声强度为 0.15 时，此方法不能很好地检测出内外圆。PLDD 算法在噪声干扰小的情况下能很好地检测出同心圆，但当高斯噪声方差为 0.1 和椒盐噪声强度为 0.15 时，其无法检测出外圆。作为对比，本章方法在不同噪声干扰下，均能很好地检测出手镯的内外圆，说明本章所提方法对噪声具有很好的鲁棒性。

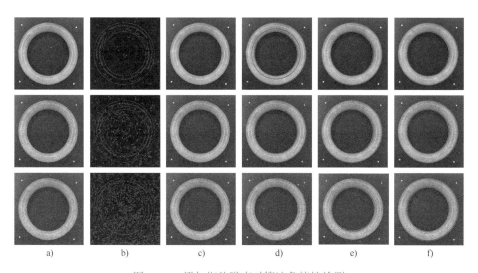

图 15-7 添加椒盐噪声时算法鲁棒性检测

a）原始图像及噪声图像 b）边缘图 c）Hough 变换检测结果

d）EDCircles 方法检测结果 e）PLDD 方法检测结果 f）本章方法检测结果

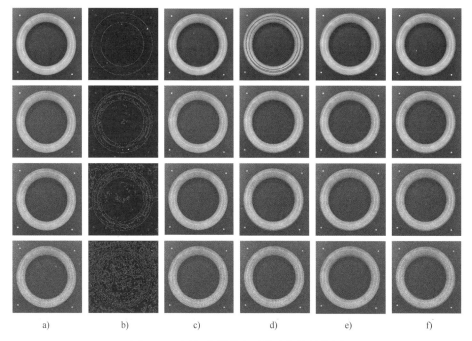

图 15-8 添加高斯噪声时算法鲁棒性检测

a）原始图像及噪声图像 b）边缘图 c）Hough 变换检测结果

d）EDCircles 方法检测结果 e）PLDD 方法检测结果 f）本章方法检测结果

15.4.2 真实图像实验结果

在进行实验前,将手镯放置在不同背景模板上进行拍照,然后采用此图片进行实验。背景模板可以分为简单背景和复杂背景,简单背景对于同心圆的检测基本没有干扰,而复杂背景在同心圆检测时引入了大量的干扰边缘,如图 15-9a 第 3~6 幅图像所示。

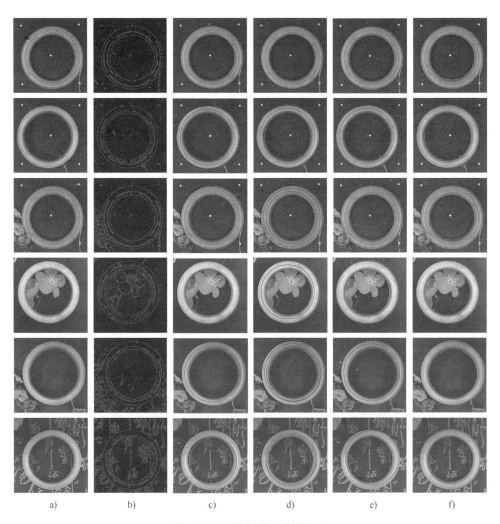

图 15-9　不同背景下检测结果

a)不同背景下的原始图像　b)边缘图　c)Hough 变换检测结果
d)EDCircles 方法检测结果　e)PLDD 方法检测结果　f)本章方法检测结果

同心圆的检测结果如图 15-9 所示。图 15-9a 中第 1 和第 3 幅图像是圆条手镯，剩下的为扁条手镯。EDCircles 方法能够检测到全部边缘，其中包括模板上的小圆形和光反射造成的伪边缘。对于圆条手镯，不论在简单背景还是复杂背景下，如图 15-9 中的第一行和第三行结果所示，除了 EDCircles 方法，其他方法都可准确检测出内外圆。对于扁条手镯，如图 15-9 第二行所示，在简单背景下，Hough 变换和 PLDD 方法可准确检测出外圆，但是内圆有一定的偏差，而本章方法能够准确检测出内外圆。在复杂背景下，由结果可以看出，背景越复杂，如图 15-9 中的第 5~7 行，Hough 变换和 PLDD 方法检测同心圆的准确性下降，而本章方法几乎不受背景的影响，能够准确检测出内外圆。对于扁条手镯，由于其真实内边缘处的梯度变化不明显，导致点到边缘点方向线的距离分布较为分散，不利于内边缘的检测，PLDD 方法在计算距离分布时用的是点线距离，故 PLDD 算法的结果不稳定。而本章方法在计算距离分布时使用的是两点之间的距离，该距离值具有较好的稳定性，因此能更好地检测出内边缘，增强了算法的稳定性。由上述结果可知，本章所提方法适用于不同背景下手镯的内外圆检测。

15.4.3　尺寸测量及误差

手镯的实际应用是佩戴，在检测到手镯内外圆后需要测量其实际尺寸。本节测试本章方法在测量手镯尺寸方面的准确性。手镯的实际内径 L_{idr} 和厚度 L_{tr} 通常是由游标卡尺手工测量获得，然后人工读取数据后再进行保存，这会产生不可避免的误差，而且耗费人力和时间。本章方法测量的内径 L_{id} 由式（15-6）获得，厚度 L_t 由式（15-7）计算。则内径测量误差（Id_e）表示为：

$$Id_e = \left| L_{idr} - L_{id} \right| \tag{15-8}$$

厚度误差（T_e）为：

$$T_e = \left| L_{tr} - L_t \right| \tag{15-9}$$

表 15-1 给出了本章方法检测手镯内外圆的结果图和用不同方法进行测量的误差对比结果，Id_e 和 T_e 分别表示内径误差和厚度误差。由于 EDCircles 方法能够检测到全部边缘，其中包括模板上的小圆形和光反射造成的伪边缘，因此对于 EDCircles 方法，在测量部分，忽略其由于反光检测到的结果以及模板上 4 个角上的小圆形，只选取检测到的内外圆用于结果对比。由结果可知，对于圆条手镯，4 种方法的测量误差均在 1 mm 范围内，误差较小，能够满足实际的应用需求。其中用 EDCircles 方法得到内径误差最小，为 0.053 mm，其次是 Hough 变换方法和本章方法。本章方法得到的厚度误差最小，为 0.072 mm，其次是 Hough 变换方法和 PLDD 方法。对于扁条手镯，三种方法的测量误差均有所增大，其原

因在于手镯内壁在拍摄时会产生一定的视角形变，对同心圆检测产生影响。本章方法在圈口和厚度两个参数上均取得最小误差，误差均值分别为 1.336 mm 和 0.209 mm，其次是 PLDD 方法和 EDCircles 方法，误差最大的是 Hough 变换方法。上述结果说明本章所提方法可以应用于手镯尺寸的自动测量。

表 15-1　不同方法手镯尺寸测量误差　　　　　　　　（单位：mm）

方　法	参数	圆 条 手 镯				误差均值	扁 条 手 镯				误差均值
Hough	Id_e	0.15	0.068	0.229	0.021	0.117	7.759	0.029	0.415	7.959	4.041
	T_e	0.096	0.015	0.071	0.231	0.103	3.191	0.482	0.434	2.429	1.634
BDCircles	Id_e	0.037	0.001	0.095	0.078	0.053	2.164	0.069	4.601	0.629	1.866
	T_e	0.045	0.23	0.116	0.026	0.104	1.903	0.512	1.686	1.244	1.336
PLDD	Id_e	0.119	0.201	0.847	0.516	0.421	1.935	0.282	0.55	3.644	1.602
	T_e	0.308	0.15	0.744	0.365	0.392	1.656	0.488	0.636	0.675	0.864
本章方法	Id_e	0.191	0.066	0.498	0.289	0.243	1.431	0.012	1.068	2.835	1.336
	T_e	0.039	0.015	0.064	0.171	0.072	0.107	0.555	0.038	0.134	0.209

图 15-10 给出了不同算法下测量手镯误差的折线图，其中图 15-10a 是圈口误差比较折线图，图 15-10b 是厚度误差比较折线图。从图中可以看出，Hough 变换方法的误差值波动最大，其次是 EDCircles 方法。相较于其他方法，本章方法的两种误差值波动较小，尤其是厚度误差，且大部分误差值低于其他三种方法，说明本章的方法在测量手镯尺寸的精度更高。

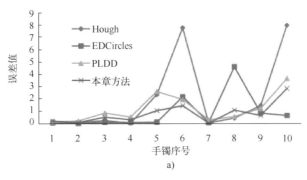

图 15-10　不同算法测量手镯误差的折线图
a）圈口误差折线图

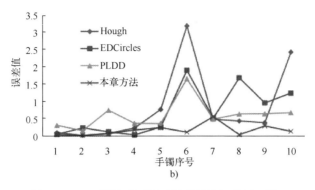

图 15-10　不同算法测量手镯误差的折线图（续）

b）厚度误差折线图

15.5　本章小结

　　本章提出一种基于特征能量的手镯尺寸自动测量方法。针对手镯内外边缘呈现出同心圆结构，本章首先基于形态学处理较为准确地获取手镯的内外边缘；然后基于距离信息定义特征能量函数，使其在同心圆圆心处取得最大值，同时获取同心圆的内外半径值；在此基础上，基于模板的标定信息，获取手镯的圈口和厚度尺寸。实验结果表明，本章方法可用于手镯尺寸的准确测量，对噪声具有较好的鲁棒性，且背景的变化不会对其检测结果造成大的影响。相较于现有的检测同心圆的方法，本章算法利用同心圆的几何特性，构造特征能量函数，一步实现圆心和半径的同时检测，简单、直接，易于实现，具有较好的应用性。

参 考 文 献

［1］ 樊彬．图像特征匹配研究［D］．北京：中国科学院自动化研究所，2011.

［2］ 王志衡．图像特征检测与匹配技术研究［D］．北京：中国科学院自动化研究所，2009.

［3］ Moravec H P. Rover visual obstacle avoidance［C］// International Joint Conference on Artificial Intelligence. Morgan Kaufmann Publishers Inc. 1981：785-790.

［4］ Lowe D G. Distinctive image features from scale-invariant key-points［J］. International Journal of Computer Vision. 2004, 60（2）：91-110.

［5］ Harris C A, Stephens M J. A combined corner and edge detector［J］. Proc Alvey Vision Conf, 1988（3）：147-151.

［6］ Mokhtarian F, Suomela R. Robust Image Corner Detection Through Curvature Scale Space［J］. Pattern Analysis & Machine Intelligence IEEE Transactions on, 1998, 20（12）：1376-1381.

［7］ Lindeberg T. Feature Detection with Automatic Scale Selection［J］. International Journal of Computer Vision, 1998, 30（2）：79-116.

［8］ Mikolajczyk K, Schmid C. Indexing based on scale invariant interest points［C］// Computer Vision, 2001. ICCV 2001. Proceedings. Eighth IEEE International Conference on. IEEE, 2002（1）：525-531.

［9］ Smith S M, Brady J M. SUSAN—A New Approach to Low Level Image Processing［J］. International Journal of Computer Vision, 1997, 23（1）：45-78.

［10］ He X C, Yung N H C. Curvature scale space corner detector with adaptive threshold and dynamic region of support［C］// International Conference on Pattern Recognition. IEEE, 2004（2）：791-794.

［11］ Zhang X, Lei M, Yang D, et al. Multi-scale curvature product for robust image corner detection in curvature scalespace［J］. Pattern Recognition Letters, 2007, 28（5）：545-554.

［12］ Zhong B, Liao W. Direct Curvature Scale Space：Theory and Corner Detection［J］. IEEE Transactions on Pattern Analysis & Machine Intelligence, 2007, 29（3）：508.

［13］ Arrebola F, Sandoval F. Corner detection and curve segmentation by multiresolution chain-code linking［J］. Pattern Recognition, 2005, 38（10）：1596-1614.

［14］ Gao X, Sattar F, Quddus A, et al. Multiscale contour corner detection based on local natural scale and wavelet transform［J］. Image & Vision Computing, 2007, 25（6）：890-898.

［15］ Kang S K, Choung Y C, Park J A. Image Corner Detection Using Hough Transform［C］// Iberian Conference on Pattern Recognition and Image Analysis. Springer Berlin Heidelberg, 2005：279-286.

［16］ Kthe U. Integrated Edge and Junction Detection with the Boundary Tensor［C］// IEEE International Conference on Computer Vision. IEEE Computer Society, 2003：424.

［17］ Mikolajczyk K, Schmid C. Scale & Affine Invariant Interest Point Detectors ［J］. International Journal of Computer Vision, 2004, 60 (1)：63-86.

［18］ Kadir T, Brady M. Saliency, scale and image description ［J］. International Journal of Computer Vision, 2001, 45 (2)：83-105.

［19］ Alvarez L, Morales F. Affine MorphologicalMultiscale Analysis of Corners and Multiple Junctions ［J］. International Journal of Computer Vision. 1997, 2 (25)：95-107.

［20］ Lindeberg T, Garding J. Shape-adapted smoothing in estimation of 3-D shape cues from affine distortions of local 2-D brightness structure ［J］. Image & Vision Computing, 1997, 15 (6)：415-434.

［21］ Baumberg A. Reliable feature matching across widely separated views ［C］ // Computer Vision and Pattern Recognition, 2000. Proceedings. IEEE Conference on. IEEE, 2000 (1)：774-781.

［22］ Schaffalitzky F, Zisserman A. Multi-view Matching for Unordered Image Sets, or " How Do I Organize My Holiday Snaps?" ［C］ // European Conference on Computer Vision. Springer, Berlin, Heidelberg, 2002：414-431.

［23］ Canny J F. A computational approach to edge detection ［J］. IEEE Trans Pattern Analysis & Machine Intelligence, 1986, 8 (6)：679-698.

［24］ Rivera M, Marroquin J L. Adaptive rest condition potentials：first and second order edge-preserving regularization ［M］ // Computer Vision—ECCV 2002. Springer Berlin Heidelberg, 2002：76-93.

［25］ Gijbels I, Lambert A, Qiu P. Edge-preserving image denoising and estimation of discontinuous surfaces ［J］. IEEE Transactions on Pattern Analysis & Machine Intelligence, 2006, 28 (7)：1075.

［26］ Elder J H, Zucker S W. Local Scale Control for Edge Detection and Blur Estimation ［J］. IEEE Trans Pattern Analysis & Machine Intelligence, 1998, 20 (7)：699-716.

［27］ Nguyen T B, Ziou D. Contextual and non-contextual performance evaluation of edge detectors ［J］. Pattern Recognition Letters, 2000, 21 (9)：805-816.

［28］ Basu M. Gaussian-based edge-detection methods-a survey ［J］. Systems Man & Cybernetics Part C Applications & Reviews IEEE Transactions on, 2002, 32 (3)：252-260.

［29］ Goulermas J Y, Liatsis P. Genetically fine-tuning the Hough transform feature space, for the detection of circular objects ［J］. Image & Vision Computing, 1998, 16 (9-10)：615-625.

［30］ Zhang S C, Liu Z Q. A robust, real-time ellipsedetector ［J］. Pattern Recognition, 2005, 38 (2)：273-287.

［31］ Qiao Y, Ong S H. Arc-based evaluation and detection of ellipses ［J］. Pattern Recognition, 2007, 40 (7)：1990-2003.

［32］ Laha A, Sen A, Sinha B P. Parallel algorithms for identifying convex and non-convex basis polygons in an image ［J］. Parallel Computing, 2005, 31 (3)：290-310.

［33］ Barnes N, Loy G, Shaw D. The regular polygon detector［J］. Pattern Recognition, 2010, 43 (3): 592-602.

［34］ Manay S, Paglieroni D W. Matching Flexible Polygons to Fields of Corners Extracted from Images［C］// International Conference Image Analysis and Recognition. Springer, Berlin, Heidelberg, 2007: 447-459.

［35］ Shi J, Xiao Z H, Qian C. An Algorithm for Recognizing Geometrical Shapes Automatically Based on Tunable Filter［J］. Journal of North University of China, 2009, 30 (5): 467-471.

［36］ Croitoru A, Doytsher Y. Right-Angle Rooftop Polygon Extraction in Regularised Urban Areas: Cutting the Corners［J］. Photogrammetric Record, 2004, 19 (108): 311-341.

［37］ Ferreira A, Jr Manuel, Fonseca J, et al. Polygon Detection from a Set of Lines［J］. IN PROCEEDINGS OF 12 O ENCONTRO PORTUGUÊS DE COMPUTAçãO GRÁFICA (12TH EPCG), 2003: 159-162.

［38］ Matas J, Chum O, Urban M, et al. Robust wide-baseline stereo from maximally stable extremal regions［J］. Image & Vision Computing, 2004, 22 (10): 761-767.

［39］ Nistér D, Stewénius H. Linear Time Maximally Stable Extremal Regions［J］. Lecture Notes in Computer Science, 2008: 183-196.

［40］ Tuytelaars T, Gool L V. Matching Widely Separated Views Based on Affine Invariant Regions［J］. International Journal of Computer Vision, 2004, 59 (1): 61-85.

［41］ Kadir T, Zisserman A, Brady M. An Affine Invariant Salient Region Detector［C］// Proc European Conference on Computer Vision. 2004: 228-241.

［42］ 王志衡, 吴福朝, 王旭光. 基于局部方向分布的角点检测及亚像素定位［J］. 软件学报, 2008, 19 (11): 2932-2942.

［43］ Chen X, Yuille A L. Detecting and reading text in natural scenes［C］// IEEE Computer Society Conference on Computer Vision and Pattern Recognition. IEEE Computer Society, 2004: 366-373.

［44］ Wolf C, Jolion J M. Extraction and recognition of artificial text in multimedia documents［J］. Formal Pattern Analysis & Applications, 2004, 6 (4): 309-326.

［45］ Hartley R, Zisserman A. Multiple view geometry in computer vision［C］// Cambridge University Press, 2000: 1865 - 1872.

［46］ 王志衡, 吴福朝. 伪球滤波和边缘检测［J］. 软件学报, 2008, 19 (4): 803-816.

［47］ Aubin T. A Course in Differential Geometry［J］. Graduate Texts in Mathematics, 1978, 27: 184.

［48］ 王志衡, 吴福朝. 内积能量与边缘检测［J］. 计算机学报, 2009, 32 (11): 2211-2220.

［49］ Elder J H, Zucker S W. Local Scale Control for Edge Detection and Blur Estimation［J］. IEEE Trans Pattern Analysis & Machine Intelligence, 1998, 20 (7): 699-716.

［50］ Wang X. Laplacian operator-based edge detectors.［J］. IEEE Transactions on Pattern Analysis & Machine Intelligence, 2007, 29 (5): 886-890.

［51］ Wang Z H, Song Q F, Liu H M, et al. Absence Importance and Its Application to Feature Detection andMatching ［J］. International Journal of Automation & Computing, 2016, 13 (5)：480−490.

［52］ 王志衡, 刘红敏. 图像斑状特征位置与尺寸的自动检测 ［J］. 中国图象图形学报, 2012, 17 (5)：656−664.

［53］ 刘红敏, 王志衡, 邓超, 等. 基于基元表示的多边形检测方法 ［J］. 自动化学报, 2011, 37 (9)：1050−1058.

［54］ Liu H, Wang Z. PLDD：Point−lines distance distribution for detection of arbitrary triangles, regular polygons andcircles ［J］. Journal of Visual Communication & Image Representation, 2014, 25 (2)：273−284.

［55］ Wu G, Liu W, Xie X, et al. A Shape Detection Method Based on the Radial Symmetry Nature and Direction−Discriminated Voting ［C］ // IEEE International Conference on Image Processing. IEEE, 2007：VI−169 − VI − 172.

［56］ Liu H, Wang Z. Geometric property based ellipse detectionmethod ［J］. Journal of Visual Communication & Image Representation, 2013, 24 (7)：1075−1086.

［57］ Xie Y, Ji Q. A New Efficient Ellipse Detection Method ［C］ // International Conference on Pattern Recognition, 2002. Proceedings. IEEE, 2002 (2)：957−960.

［58］ Liu Z Y, Qiao H. Multiple ellipses detection in noisy environments：A hierarchical approach ［J］. Pattern Recognition, 2009, 42 (11)：2421−2433.

［59］ Guo X, Cao X. MIFT：A framework for feature descriptors to be mirror reflection invariant ［J］. Image & Vision Computing, 2012, 30 (8)：546−556.

［60］ 刘红敏, 熊文俊, 霍占强, 等. 基于IOMSD曲线匹配的反射对称性检测 ［J］. 计算机工程, 2016, 42 (10)：249−254.

［61］ 刘红敏, 熊文俊, 赵伟, 等. 基于改进均值标准差曲线描述子的反射对称轴检测 ［J］. 电子学报, 2017, 45 (7)：1701−1706.

［62］ Zabrodsky H, Peleg S, Avnir D. Symmetry as a Continuous Feature ［J］. IEEE Transactions on Pattern Analysis & Machine Intelligence, 1995, 17 (12)：1154−1166.

［63］ 王志衡, 智珊珊, 刘红敏. 基于亮度序的均值标准差描述子 ［J］. 模式识别与人工智能, 2013, 26 (4)：409−416.

［64］ Wang Z, Wu F, Hu Z. MSLD：A robust descriptor for linematching ［J］. Pattern Recognition, 2009, 42 (5)：941−953.

［65］ 王志衡, 宋沁峰, 郝银星, 等. 旋转对称能量与旋转对称性检测 ［J］. 北京邮电大学学报, 2017, 40 (2)：106−109.

［66］ Wang Z H, Guo C, Liu H M, et al. MFSR：Maximum feature score region−based captions locating in news video images ［J］. International Journal of Automation & Computing, 2015：1−8.

［67］ 王志衡, 郭超, 刘红敏. 基于模板匹配的新闻图像字幕行切分算法 ［J］. 北京邮电大学

学报, 2016, 39（3）: 49-53.

［68］ Wang Z H, Guo C, Liu H M, et al. MFSR: Maximum feature score region-based captions locating in news video images ［J］. International Journal of Automation & Computing, 2015: 1-8.

［69］ Huang L K, Wang M JJ. Image thresholding by minimizing the measures of fuzziness ［J］. Pattern Recognit, 1995, 28（1）: 41-51.

［70］ Shivakumara P, Bhowmick S, Su B, et al. A New Gradient Based Character Segmentation Method for Video Text Recognition ［C］// International Conference on Document Analysis and Recognition. IEEE, 2011: 126-130.

［71］ Huang X, Ma H, Zhang H. A new video text extraction approach ［C］// IEEE International Conference on Multimedia and Expo. IEEE, 2009: 650-653.

［72］ Sharma N, Shivakumara P, Pal U, et al. A New Method for Character Segmentation from Multi-oriented Video Words ［C］// International Conference on Document Analysis and Recognition. IEEE, 2013: 413-417.

［73］ 侯占伟, 贾玉兰, 王志衡, 等. 基于最小外接矩形的珠宝定位技术研究 ［J］. 计算机工程, 2016, 42（2）: 254-260.

［74］ Chaudhuri D, Samal A. A simple method for fitting of bounding rectangle to closed regions ［J］. Pattern Recognition, 2007, 40（7）: 1981-1989.

［75］ 何晓群. 多元统计分析 ［M］. 北京: 中国人民大学出版社, 2015.

［76］ Hartley R, Zisserman A. Multiple view geometry in computer vision ［J］. Kybernetes, 2004, 30（9/10）: 1865 - 1872.

［77］ Liu H, Li L, Wang Z, et al. A Method to Measure the Bracelet Based on FeatureEnergy ［J］. Sensing & Imaging, 2017, 18（1）: 14.